# 中国食品药品检验年鉴

# STATE FOOD AND DRUG TESTING YEARBOOK 2022

中国食品药品检定研究院　组织编写

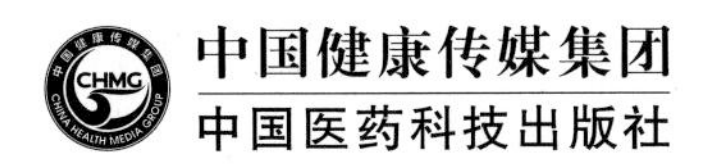

## 内容提要

《中国食品药品检验年鉴2022》是一部反映中国食品药品检定研究院及各地方食品药品检验检测机构2022年在药品、生物制品、医疗器械、化妆品等方面的监督检验工作及科研成就的年度资料性工具书，由中国食品药品检定研究院组织编写。书中包括特载、第一至第十五部分及附录。第一至第十五部分主要包括检验检测，标准物质与标准化研究，药品、医疗器械、化妆品技术监督，化妆品安全技术评价，医疗器械标准管理，质量管理，科研管理，系统指导，国际交流与合作，信息化建设，党的工作，综合保障，部门建设，大事记，地方食品药品检验检测等。本书可供关注中国食品药品检验检测事业发展的人士、各级食品药品监管部门的管理者参阅。

**图书在版编目（CIP）数据**

中国食品药品检验年鉴.2022／中国食品药品检定研究院组织编写.—北京：中国医药科技出版社，2024.5

ISBN 978-7-5214-4562-6

Ⅰ.①中… Ⅱ.①中… Ⅲ.①食品检验-中国-2022-年鉴 ②药品检定-中国-2022-年鉴 Ⅳ.①TS207.4-54 ②R927.1-54

中国国家版本馆CIP数据核字（2024）第067507号

**美术编辑** 陈君杞
**版式设计** 南博文化

出版 **中国健康传媒集团** | 中国医药科技出版社
地址 北京市海淀区文慧园北路甲22号
邮编 100082
电话 发行：010-62227427 邮购：010-62236938
网址 www.cmstp.com
规格 889×1194mm 1/16
印张 正文：15 1/2 彩插：1 3/4
字数 447千字
版次 2024年5月第1版
印次 2024年5月第1次印刷
印刷 河北环京美印刷有限公司
经销 全国各地新华书店
书号 ISBN 978-7-5214-4562-6
**定价 298.00元**



获取新书信息、投稿、为图书纠错，请扫码联系我们。

# 编辑委员会

# 编纂说明

《中国食品药品检验年鉴 2022》是由中国食品药品检定研究院编纂出版的一部综合反映中国药检系统对食品、药品、保健食品、化妆品、医疗器械等监督检验、科研成就的大型年度资料性工具书。

《中国食品药品检验年鉴 2022》编辑委员会主任、副主任由中国食品药品检定研究院院领导担任，编辑委员会委员由中国食品药品检定研究院各所、处（室）、中心主要负责人担任，执行委员由中国食品药品检定研究院办公室主要负责同志担任。

《中国食品药品检验年鉴 2022》框架设置包括特载、第一至第十五部分及附录，其中，第一至第十四部分为有关中国食品药品检定研究院检验检测，标准物质与标准化研究，药品、医疗器械、化妆品技术监督，化妆品安全技术评价，医疗器械标准管理，质量管理，科研管理，系统指导，国际交流与合作，信息化建设，党的工作，综合保障，部门建设，大事记；第十五部分为地方食品药品检验检测，收载各省、市级（含副省级）食品、药品、药用包材辅料检验机构，通过国家资质认可的各有关医疗器械检验机构共 26 个单位的 2022 年工作内容。收载范围包括：重要会议、领导讲话、报告、政策法规等；机构调整改革及重要人事变动相关信息；检验检测中的重要活动、举措和成果；食品药品安全突发事件应急检验；具有统计意义、反映现状的基本数据和专业性信息资料。书末列有附录。本书可供关注中国食品药品检验检测事业发展的人士、各级食品药品监管部门的管理者参阅。

▲ 2022 年 1 月 21 日，中国食品药品检定研究院召开党史学习教育总结大会。

▲ 2022 年 2 月 23 日，中国食品药品检定研究院安全委员会在京组织召开全体委员会议。

▲ 2022 年 3 月 9 日，中国食品药品检定研究院组织召开巡视整改专项检查工作动员部署会议。

▲ 2022 年 6 月 13 日至 14 日，中国食品药品检定研究院开展疫苗国家监管体系实验室和批签发板块第 2 次预演工作。

▲ 2022 年 7 月 1 日，中国食品药品检定研究院退休职工李守悌同志参加国家市场监督管理总局 2022 年“光荣在党 50 年”纪念章颁发仪式。

▲ 2022 年 8 月 17 日，全国政协常委、国家市场监督管理总局原副局长马正其一行来中国食品药品检定研究院调研。

▲ 2022 年 8 月 23 日，中国食品药品检定研究院 LT 板块和 LR 板块分别以高分通过 WHO-NRA 评估。

▲ 2022 年 8 月 25 日至 26 日，中国合格评定国家认可委员会评审组对中国食品药品检定研究院进行为期 2 天的实验室认可现场评审。

▲ 2022 年 1 月 12 日，中国食品药品检定研究院在京召开 2022 年全院质量工作会议。

▲ 2022 年 2 月 22 日至 26 日，中国食品药品检定研究院接受了中国合格评定国家认可委员会为期 5 天的实验动物饲养和使用机构现场监督评审。

▲ 2022 年 3 月 23 日，实验动物生产与实验许可证换证现场评审。

▲ 2022 年 3 月 29 日，中国食品药品检定研究院召开 2021 年度实验动物饲养与使用管理体系管理评审会议。

▲ 2022年4月15日，国家药品监督管理局器械监管司王者雄司长一行5人来中国食品药品检定研究院调研新冠检测试剂检验工作。

▲ 2022年4月20日，中国食品药品检定研究院实验动物福利伦理审查委员会举办“世界实验动物日”专题讲座。

▲ 2022 年 4 月 22 日上午，中国食品药品检定研究院召开了 2021 年度检验检测体系管理评审输出专题工作会议。

▲ 2022 年 5 月 16 日，中国食品药品检定研究院以视频会议形式组织召开了第五届全国药用辅料与药包材检验检测技术研讨会。

▲ 2022 年 6 月 10 日，中国食品药品检定研究院在大兴办公区开展新冠病毒感染疫情处置应急演练。

▲ 2022 年 8 月 1 日上午，中国食品药品检定研究院组织召开猴痘病毒核酸检测试剂国家参考品专家评审会。

▲ 2022 年 9 月 8 日，北京协和医学院党委书记姚建红一行来中国食品药品检定研究院调研。

▲ 2022 年 9 月 27 日至 28 日，中国食品药品检定研究院举办了 2022 年度实验动物从业人员上岗培训。

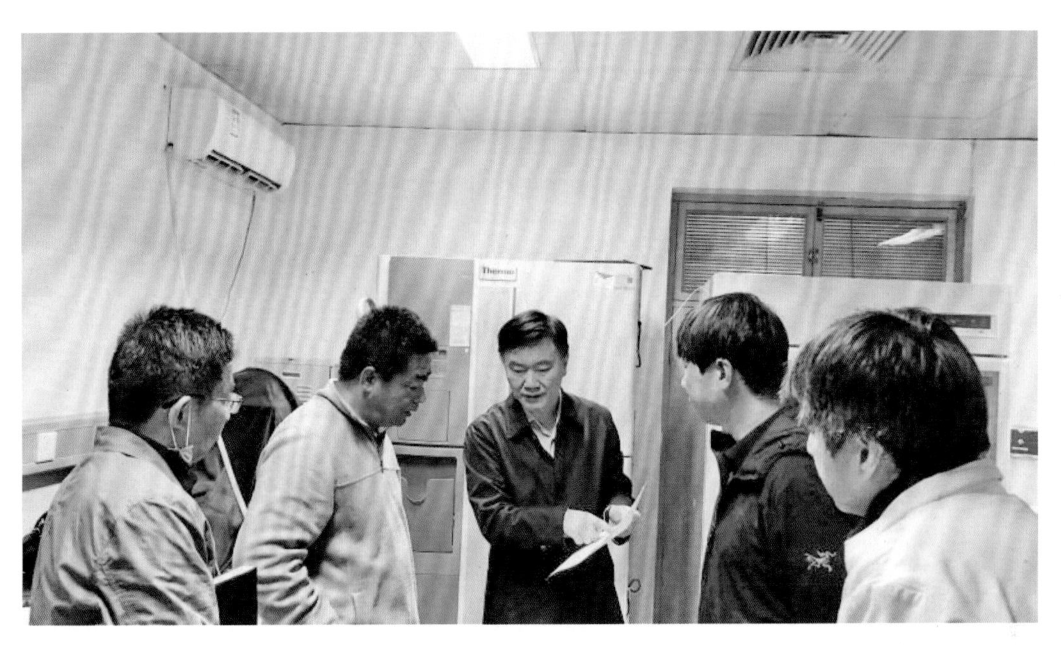

▲ 2022 年 10 月 13 日，中国食品药品检定研究院组织对相关部门开展风险排查交互检查。

▲ 2022 年 10 月 14 日，中国食品药品检定研究院与默克公司共同举办“中检院—默克 2022 年世界标准日标准物质线上研讨会”。

▲ 2022 年 10 月 17 日，中国食品药品检定研究院召开中央专项绩效评价自查自评布置会。

▲ 2022 年 11 月 4 日，中国食品药品检定研究院开展了全院 2022 年度消防安全培训。

▲ 2022 年 11 月 10 日，中国食品药品检定研究院进行 2022 年度标准物质生产者体系年度内审。

▲ 2022 年 11 月 17 日，中国食品药品检定研究院召开了 2023 年度信息化项目预算专家论证会。

▲ 2022 年 2 月 16 日，中国食品药品检定研究院召开第一次纪委全体（扩大）会议。

▲ 2022 年 3 月 31 日，中国食品药品检定研究院召开 2022 年第一次党委理论学习中心组学习会议。

▲ 2022 年 4 月 29 日，中国食品药品检定研究院胡晋君同志被授予“2021—2022 年度国家市场监督管理总局直属机关优秀共青团员”和“2021—2022 年度国家药品监督管理局优秀共青团员”荣誉称号。

▲ 2022 年 7 月 8 日，中国食品药品检定研究院召开新任职干部集体廉政谈话会议。

▲ 2022 年 9 月，中国食品药品检定研究院举办“金秋八段锦”比赛活动。

▲ 2022 年 10 月 27 日，中国食品药品检定研究院召开违规借贷、违规买卖股票专项治理暨警示教育动员大会。

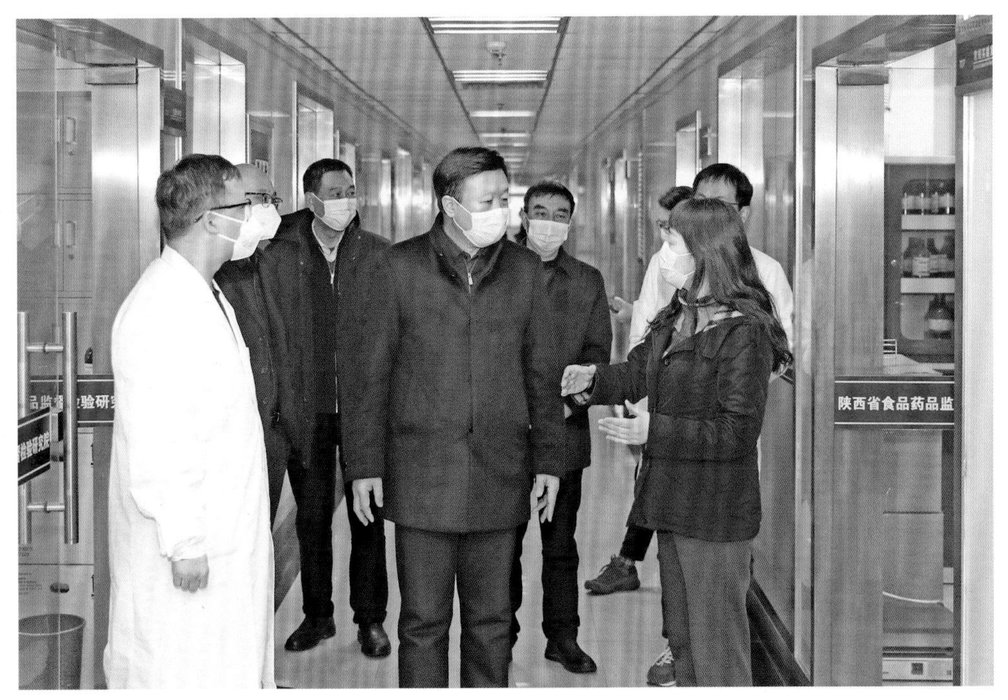


▲　2022 年 1 月 26 日，陕西省药品监督管理局党组书记、局长应宏锋一行到陕西省食品药品检验研究院调研指导工作。

▲　2022 年 4 月 3 日，河南省药品医疗器械检验院（河南省疫苗批签中心）举行揭牌仪式。

▲ 2022 年 6 月 10 日，康希诺生物股份公司赠送锦旗，感谢天津市药品检验院在疫情期间全方位助力企业高质量发展。

▲ 2022 年 6 月 29 日，中国食品药品检定研究院院长李波、副院长张辉一行到四川省药品检验研究院督导调研 NRA 工作。

▲ 2022 年 7 月 4 日，广西壮族自治区人民政府副主席秦如培实地调研广西壮族自治区食品药品检验所药品检验检测能力建设工作。

▲ 2022 年 7 月 26 日，浙江省食品药品检验研究院与玉环市政府签订战略合作协议，举行了浙江省食品药品检验研究院玉环科创中心、陈悦专家工作站揭牌仪式。

▲ 2022 年 8 月 31 日，云南省政协副主席董华、副秘书长杨桂红率第 273 号重点提案联合调研组到云南省食品药品监督检验研究院调研云南省疫苗等生物制品批签发实验室建设项目。

▲ 2022 年 9 月 21 日，陕西省政协医药卫生界委员工作室挂牌仪式在陕西省食品药品检验研究院朱雀院区举行。

▲ 2022 年 11 月 24 日，浙江省“安全用药月”启动仪式暨中药鉴定技能竞赛活动在杭州市举行。

▲ 2022 年 12 月 9 日，广西壮族自治区食品药品检验所联合抖音平台组织开展了线下线上同步直播的 2022 年实验室公众开放日活动。

▲ 2022年12月13日，宁夏回族自治区药品检验研究院召开宁夏枸杞检验检测标准化技术委员会成立大会暨第一届委员会会议。

# 目 录

## 特 载



## 第一部分 检验检测

# 第二部分　标准物质与标准化研究



# 第三部分　药品医疗器械化妆品技术监督

## 第四部分　化妆品安全技术评价



## 第五部分　医疗器械标准管理

# 第六部分　质量管理



# 第七部分　科研管理

## 第八部分　系统指导



## 第九部分　国际交流与合作

# 第十部分 信息化建设

## 第十一部分　党的工作



## 第十二部分　综合保障

# 第十三部分　部门建设

## 第十四部分　大事记



## 第十五部分　地方食品药品检验检测

# 附　录

# Contents

## Important Notes



## Part Ⅰ Inspection and Testing

# Part Ⅱ Reference Material and Standardization Research



# Part Ⅲ Technical Supervision of Drugs, Medical Devices and Cosmetics

## Part Ⅳ Technical Evaluation of Cosmetics Safety



## Part V Standard Management of Medical Devices

# Part Ⅵ Quality Management

# Part Ⅶ Scientific Research Management



# Part Ⅷ System Guidance

# Part Ⅸ International Exchange and Cooperation

## Part X Informatization Construction

# Part XII Comprehensive Support

## Part XIV Chronicle of Events



## Part XV Local Food and Drug Inspection and Testing

## Appendix

# 记　事

## 新冠病毒疫苗注册检验

按照国家药品监督管理局（以下简称“国家药监局”）“统一指挥、早期介入、随到随审、科学审批”的原则，中国食品药品检定研究院（以下简称“中检院”）建立应急机制，主动服务、精准指导，与药品审评、药品核查等部门配合，加快开展新冠病毒疫苗注册检验工作。2022 年，中检院共完成 25 款、266 批次新冠病毒疫苗注册检验，覆盖全部五条技术路线，服务了相关产品的研发和审评审批。目前国内 40 多款疫苗获批临床。其中 13 款新冠病毒疫苗产品获附条件批准上市或紧急使用，3 款新冠病毒疫苗被世界卫生组织（WHO）纳入紧急使用清单。此外，按照国家药监局“统筹安排、确保底线、属地为主、能力匹配”总体原则，统筹协调全国 18 家省级药检机构，共同开展全国新冠病毒疫苗第三方检验工作。全国 2022 年共计签发新冠病毒疫苗 2856 批、11 亿剂次，其中，中检院签发 610 批、3.0 亿剂次，有力支撑了中央部署的疫苗保质量保供应工作。

## 新冠诊断试剂检验和标准物质研制

完成 1122 批次新冠病毒试剂相关的检验，其中抗原试剂 238 个 715 批次、核酸试剂 69 个 211 批次。完成国家药监局监督抽检 41 个批次新冠抗原试剂，支援地方药监局完成 25 个批次新冠核酸检测试剂的省级监督抽检。研制了第七轮新冠 Omicron-N 基因（假病毒）核酸试剂评价性样本，完成对获批后新冠核酸试剂进行的变异株检测能力评价研究。换批完成 2 批次新冠抗原国家参考品和 1 批次新冠核酸国家参考品，共计 4950 套；研制了新冠病毒（野生株）抗原国家标准品、新冠病毒（奥密克戎株）抗原国家标准品、新冠病毒（奥密克戎株）核酸国家标准品等三种标准品合计 18000 支。研制了猴痘病毒核酸检测试剂国家参考品，完成 36 批次猴痘核酸检测试剂的检验工作。

## 世界卫生组织（WHO）国家疫苗监管体系（NRA）评估

2022 年 7 月 8 日至 29 日，世界卫生组织（WHO）组织来自瑞士、新西兰、葡萄牙、埃及、克罗地亚等不同国家和地区的 18 名专家对我国疫苗国家监管体系（NRA）进行评估。7 月 18 日至 28 日，WHO 三位评估专家通过远程方式、分组平行对中检院疫苗实验室 LT 板块和批签发 LR 板块开展评估。专家组详细检查了 LT 板块的 10 个主指标 28 个亚指标，涵盖实验室承担相关检验职能的法律法规依据、文件、生检实验室全质量要素、绩效评价等；LR 板块包括 6 个主指标、17 个亚指标，涵盖我国疫苗批签发机构职能和分工的法律法规依据、疫苗批签发程序全环节要素及各监管部门协调联动等要素。8 月 23 日，中检院 LT 板块和 LR 板块分别以 99 分和 98 分高分通过 WHO－NRA 评估，表明我国疫苗批签发实验室质量管理和技术能力达到了世界领先水平。

# 第一部分　检验检测

## 2022 年检验检测工作

### 概　况

中检院2022年度受理19001批检验检测工作（以批/检样数计），较2021年减少4122批，降幅为17.8%。2022年度完成17315份报告，较2021年减少3284份，降幅为15.9%。

注：2022年度统计时间2022年1月1日至12月31日，其他类别包括细胞、毒种、菌种、人血浆、人血清及其他。环境设施检验与环境监测自2018年度单独分类。进口检验包括常规进口和进口生物制品批签发（生物制品批签发，以下简称“批签发”）。检品受理，指受理检验的样品批数（进口药品按检样数计，批签发除外），包括退撤检批次。检验报告书完成，指授权签字人签发检验报告书的检品批数（检样数），不包括函复结果或出具研究性报告的检品批数。

### 检品受理情况

2022年度受理检品19001批，同比下降17.8%。

按检品分类计，2022年度受理化学药品1623批（8.5%），中药、天然药物645批（3.4%），药用辅料142批（0.8%），生物制品10295批（54.2%），医疗器械1021批（5.4%），体外诊断试剂2089批（11.0%），药包材194批（1.0%），食品及食品接触材料（以下简称“食品”）100批（0.5%），保健食品53批（0.3%），化妆品614批（3.2%），实验动物393批（2.1%），环境设施检验与环境监测313批（1.6%），其他类别1519批（8.0%）（图1-1）。

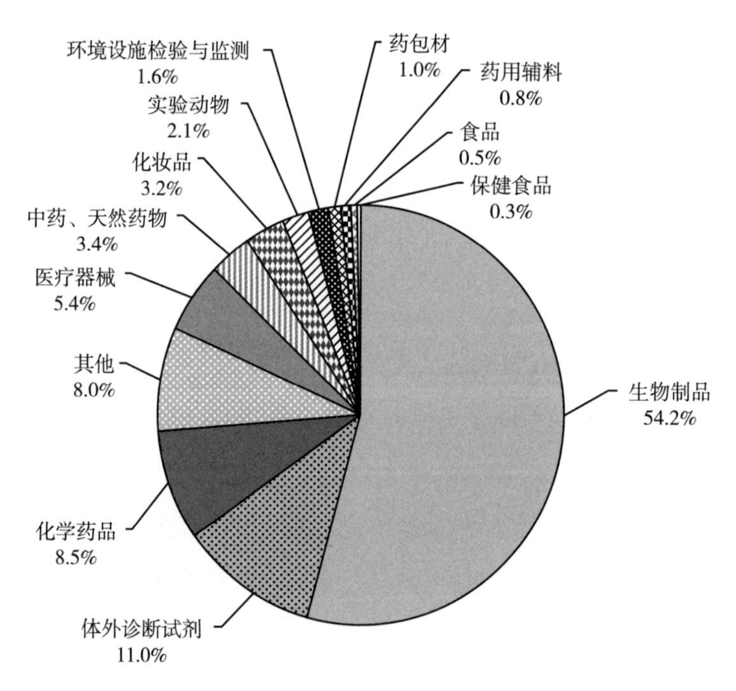


**图1-1　2022年度各类检品受理情况**

2022年度检品受理同比变化情况：食品增长88.7%，体外诊断试剂增长65.9%，药用辅料增长57.8%，药包材增长32.9%，医疗器械增长16.6%，中药、天然药物下降7.7%，化学药品下降15.0%，实验动物下降23.2%，生物制品下降25.7%，其他类别下降26.6%，化妆品下降39.1%，环境设施检验与环境监测下降42.5%，保健食品下降49.0%（图1－2）。

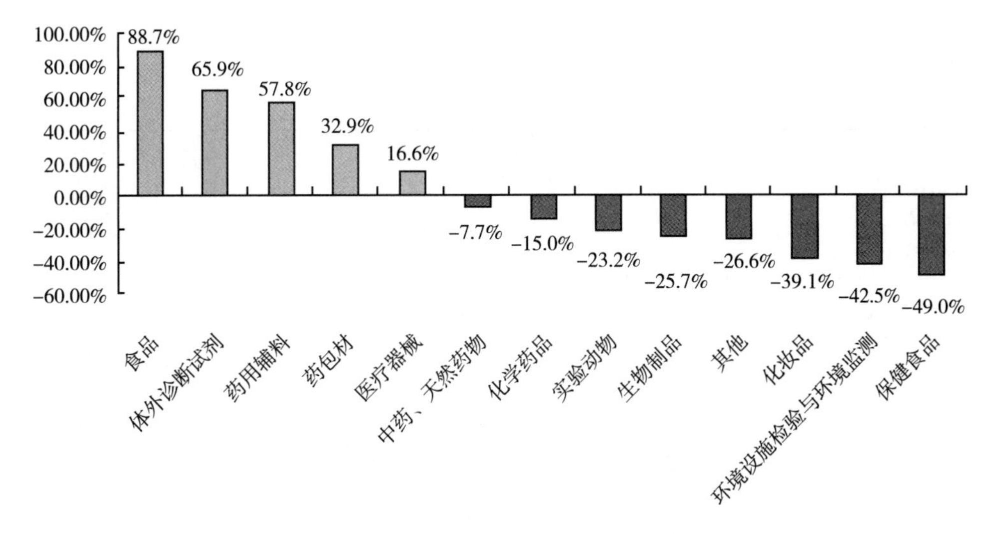


**图1－2　2022年各类检品受理同比变化情况**

按检验类型计，2022年度受理监督检验1631批（占总受理量的8.6%，包括国家药品抽验835批，国家医疗器械抽检179批，保健食品化妆品抽验617批），注册/许可检验2783批（14.7%），进口检验1034批（5.4%，其中进口批签发471批），国产生物制品批签发5247批（27.6%），委托检验646批（3.4%），合同检验7222批（38.0%），复验/复检146批（0.8%），认证认可及能力考核检验（以下简称“认证认可检验”）292批（1.5%）（图1－3）。

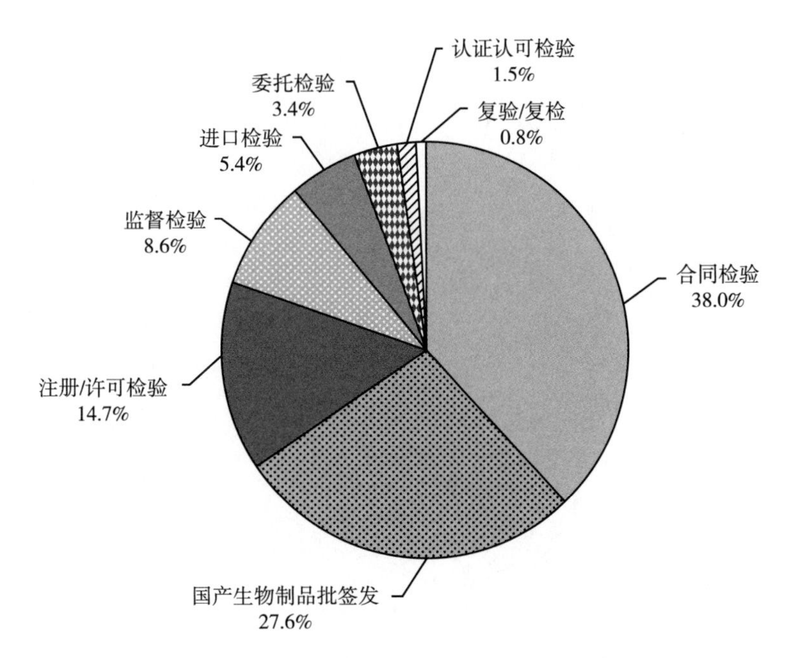


**图1－3　2022年度各类检定业务检品受理情况**

2022年度检品受理同比变化情况：监督检验增长72.6%，认证认可检验增长54.5%，进口检验下降5.8%，国产生物制品批签发下降14.4%，合同检验下降22.5%，注册/许可检验下降25.8%，委托检验下降53.0%，复验/复检下降54.8%（图1-4）。

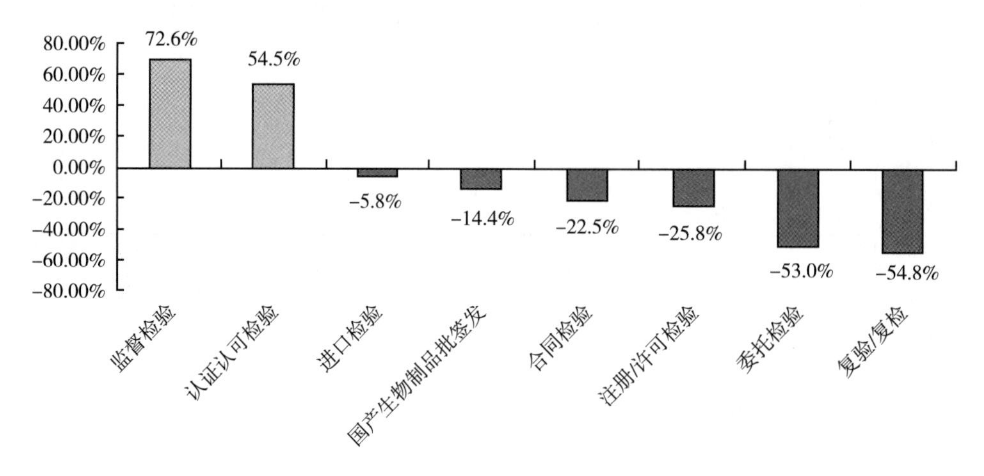


图1-4　2022年度各类检定业务检品受理同比变化情况

## 报告书完成情况

2022年度完成17315份报告，同比下降15.9%。

按检品分类计，2022年度完成化学药品检验报告1290份（7.4%），中药、天然药物563份（3.2%），药用辅料101份（0.6%），生物制品9814份（56.7%），医疗器械759份（4.4%），体外诊断试剂1925份（11.1%），药包材120份（0.7%），食品68份（0.4%），保健食品53份（0.3%），化妆品604份（3.5%），实验动物417份（2.4%），环境设施检验与环境监测321份（1.9%），其他类别1280份（7.4%）（图1-5）。

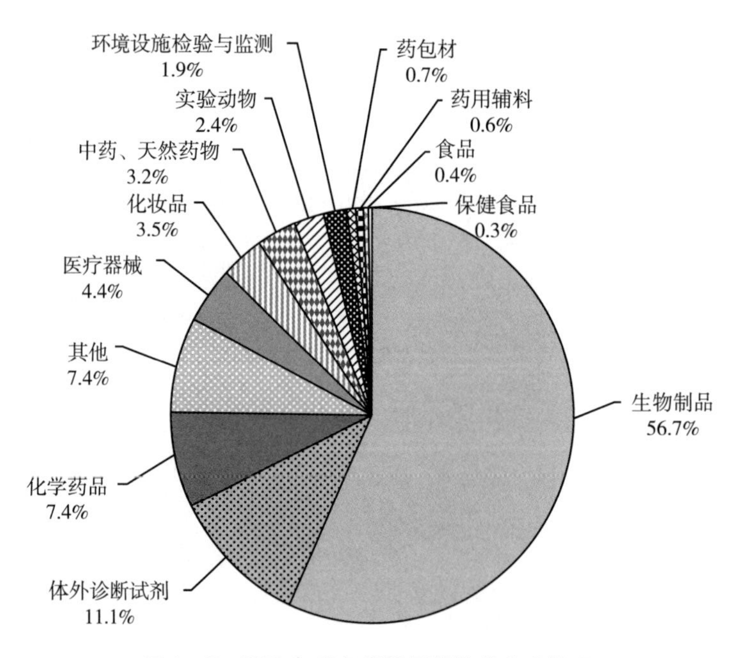


图1-5　2022年度各类检品报告书完成情况

2022年度完成报告同比变化情况：食品增长423.1%，药包材增长192.7%，药用辅料增长188.6%，保健食品增长60.6%，体外诊断试剂增长60.1%，其他类别增长0.6%，医疗器械下降11.6%，中药、天然药物下降14.8%，化学药品下降18.9%，实验动物下降21.2%，生物制品下降24.0%，环境设施检验与环境监测下降27.2%，化妆品下降40.3%（图1－6）。

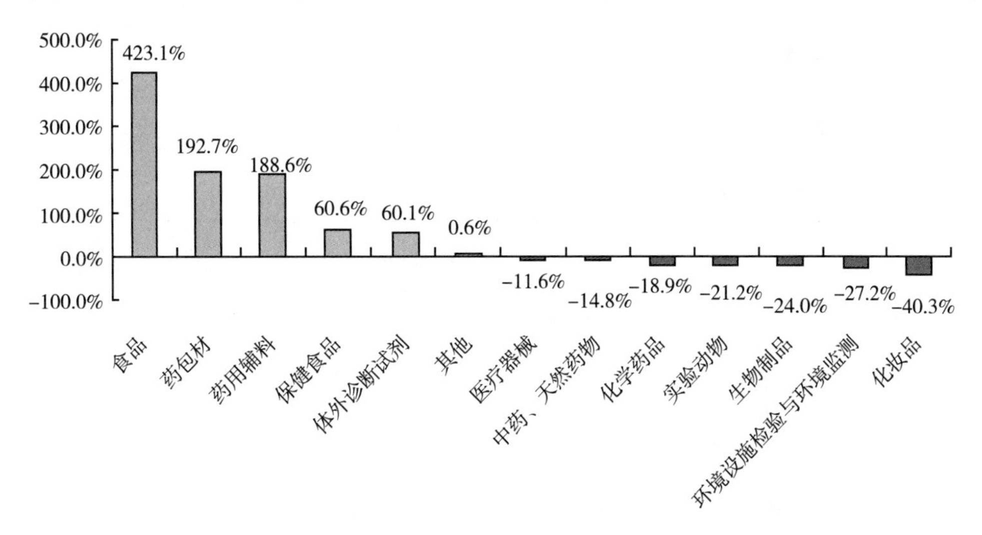


**图1－6　2022年度各类检品报告书完成同比变化情况**

按检验类型计，2022年度完成监督检验报告1626份（占总签发量的9.4%，包括国家药品抽验830份，国家医疗器械抽检179份，保健食品化妆品抽验617份），注册/许可检验2828份（16.3%），进口检验1032份（6.0%，其中进口批签发456批），国产生物制品批签发5215份（30.1%），委托检验596份（3.5%），合同检验5710份（33.0%），复验/复检146份（0.8%），认证认可检验162份（0.9%）（图1－7）。

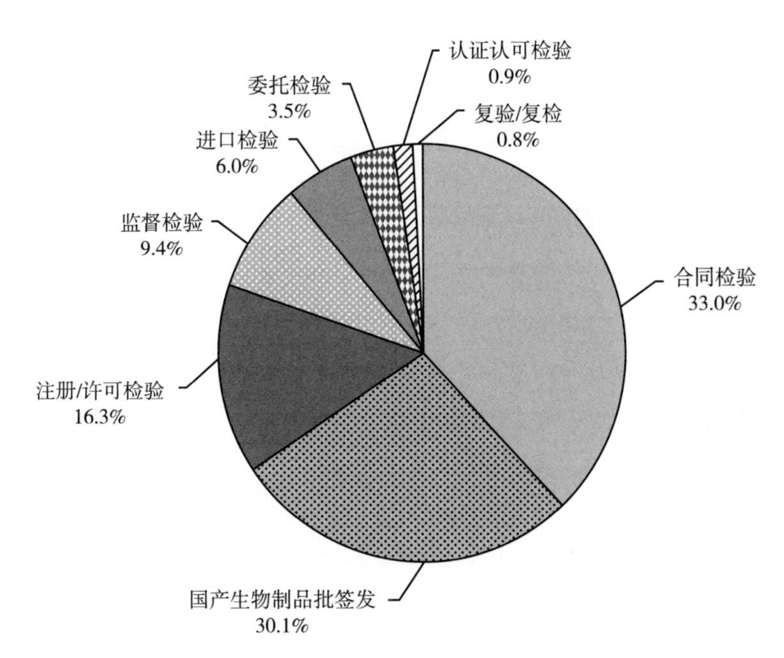


**图1－7　2022年度各类检定业务报告书完成情况**

2022 年度完成报告同比变化情况：认证认可增长 145.5%，监督检验增长 82.5%，进口检验下降 3.7%，国产生物制品批签发下降 14.7%，注册/许可检验下降 20.4%，合同检验下降22.9%，委托检验下降49.4%，复验/复检下降54.4%（图1-8）。

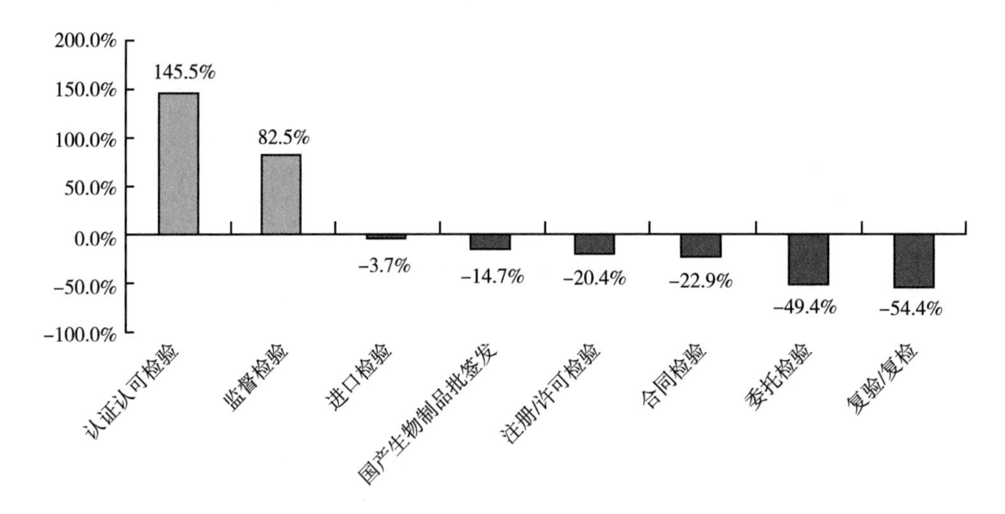


**图1-8 2022 年度各类检定业务报告书完成同比变化情况**

# 生物制品批签发

## 批签发受理情况

2022 年度受理了 5718 批，同比下降 13.4%，包括国内制品 5247 批，下降 14.4%，进口制品 471 批，下降 0.8%；疫苗 4785 批，下降 16.0%，血液制品 103 批，下降 1.9%，诊断试剂 830 批，增长 3.5%（图1-9）。

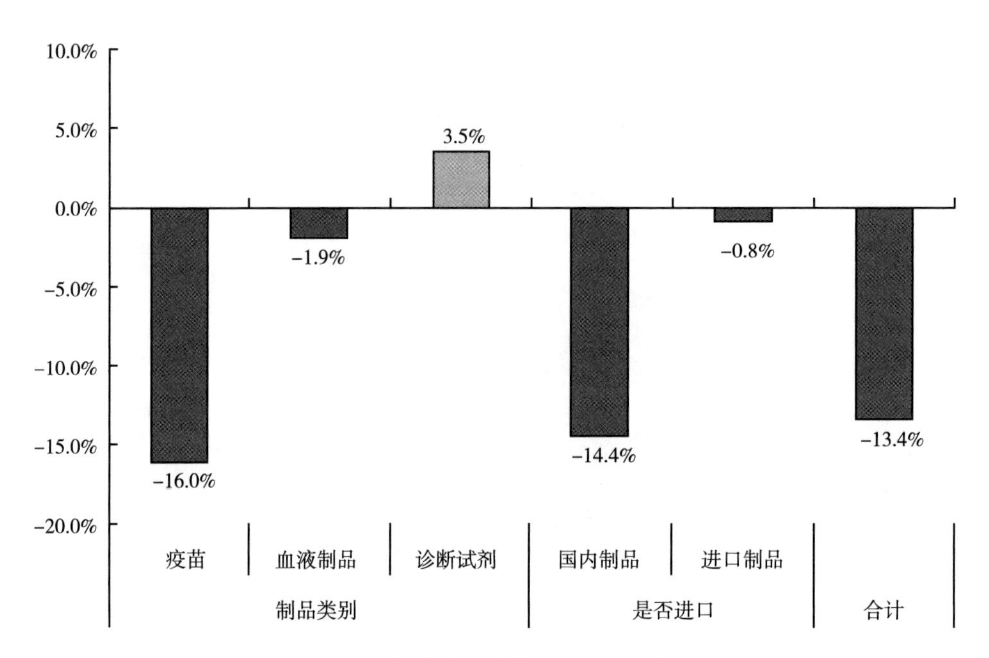


**图1-9 2022 年度批签发检品受理同比变化情况**

### 批签发报告书完成情况

2022年度完成了5671份报告（不合格制品5批），同比下降13.5%。包括国内制品5215批（不合格疫苗3批），下降14.7%，进口制品456批，增长3.2%；疫苗4741批（国产制品不合格3批），下降16.0%，血液制品109批（国产制品不合格1批），与去年持平；诊断试剂820批，增长2.6%（图1-10）。

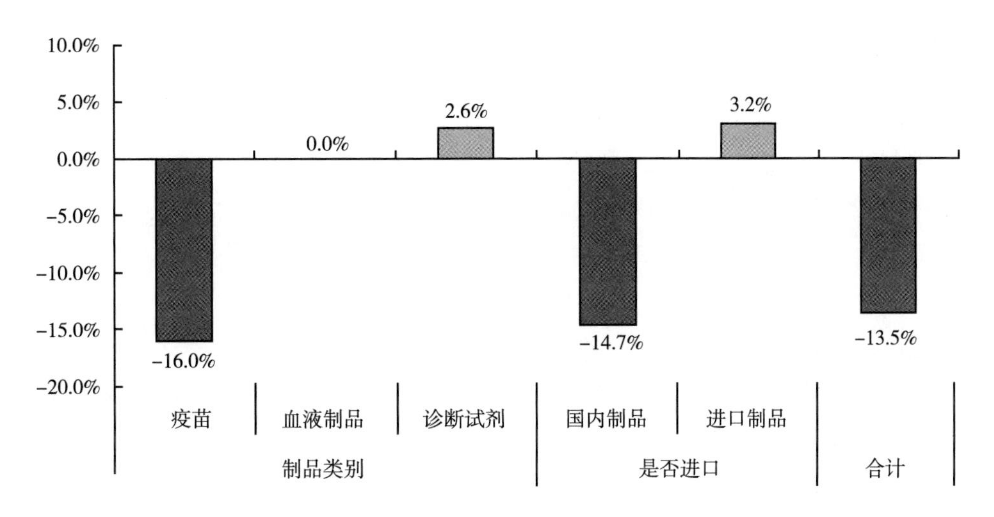


**图1-10　2022年度批签发报告完成同比变化情况**

## 专项工作

### 完成2022年中药饮片国抽专项报告

为全面掌握中药饮片的质量情况及饮片标准执行中的有关问题，按照国家药监局药品注册司《关于开展中药饮片标准调研排查事项的函》（药监药注函〔2022〕204号）的分工要求，中检院对全国33个省（自治区、直辖市）近五年（2017年至2021年）中药饮片抽检工作总体情况、质量情况、标准问题等信息进行统计和分析，形成《2017年—2021年全国中药饮片抽检工作报告》，并按时上报国家药监局。目前正在组织汇总全国检验机构数据，形成《2022年我国中药材及饮片质量报告》。同时汇总国抽品种报告，形成《2022年中药饮片国抽专项报告》。

### 组织树脂专项研究

制定相应工作方案，并于2022年4月25日线上举办启动会，讲解工作方案和技术要求并随时跟进工作进展。中检院组织全国16家药检单位开展中成药掺伪打假研究工作，分为人参专项、川贝母专项及其他关注的问题进行研究。

### 特色民族药检验方法示范性研究二期结题、三期启动

按照国家药监局药品注册司专项特色民族药材检验方法示范性研究的任务部署，自2015年开始，该项目一共进行了三期研究，2022年主要开展第三期的研究工作。本期研究分两年完成，包括18个参与单位和32个特色民族药品种，研究实力增强，品种数目翻一翻。确定了新的研究模式和相关单位的合作模式，并确定了《民族药标准示范性研究项目规程》（草案）和《三期特色民族药材检验方法的示范性研究技术要求》，并与各单位签订了任务书，确保项目顺利开展。

项目二期于2017年启动，2019年结题，提

出了 13 种特色民族药材质量标准草案；结题会上专家的审核建议对质量标准草案进行复核，2020 年完成了质量标准草案的复核工作，汇总 13 个单位的材料并进行格式审核，形成了 35 余万字的结题报告汇编——《“特色民族药材检验方法的示范性研究”结题报告汇编》，并于 2022 年印刷寄送给国家药监局及有关单位。

2021 年 12 月 1 日以网络视频会议的形式召开，这是三期项目中确定的重要会议，会议重点议题是关于藏药、维药品种选择与合作模式的问题。经过品种修订，最终确定了 32 个品种，均为收载于部颁标准或地方标准中的具有代表性的特色民族药材，涉及藏药、蒙药、维药、彝药、苗药、壮药、土家族药、朝鲜族药和黎族药等。通过该次会议，确定了《民族药标准示范性研究项目规程（草案）》《特色民族药材检验方法的示范性研究三期技术要求》，对藏药、维药品种的筛选和研究合作模式进行了调整，签订 18 个合作单位的《特色民族药材检验方法的示范性研究三期项目任务书》，并签订安徽、山东、河北、西藏和深圳等 5 家单位的合同变更说明及合作单位的合作协议，使得本项目运行更加科学规范。

2022 年 5 月 30 日，召开药品注册司三期二阶段网络视频会议，本次会议主要关注各单位的二阶段研究包括性状和鉴别（显微鉴别、薄层色谱、DNA 鉴别、指纹图谱等）等方面的内容。本次会议重点强调了民族药品种存在的共性问题，要加强基原、品种考证、样品采集、资源分布以及指标性成分选择依据等方面的研究，是课题能够顺利开展的基础和重要保障。从二阶段会议开始增设药品注册司三期二阶段专家审评表以便于跟进药品注册司项目的开展。

### 含马兜铃酸中成药的标准提高工作

根据国家药监局任务安排，中检院按照《含马兜铃酸药品标准修订工作方案》及《含马兜铃酸药品标准修订工作方案任务分解表》组织部分省级药品检验单位分别完成 9 个含细辛中成药标准修订工作，完成中成药中马兜铃酸研究技术指导原则（试行）的制订工作成分的检测研究。

## 应急检验工作

### 开展抗击新冠药物审批检验工作

自瑞德西韦申报临床试验开始，密切关注国内外抗新冠化学药物，建立完善抗疫药品的应急检验响应机制，做好注册检验前期准备，保证第一时间完成检验工作。对普克鲁胺及其相关制剂、阿兹夫定、FB2001、VV116、SHEN26、Molnupiravir 胶囊、Paxlovid 片、S－217622 片等重点品种，积极与企业沟通，早期介入，指导企业开展注册检验样品和资料的前期准备工作。以最优先的速度完成普克鲁胺及其相关制剂、Paxlovid 片、Molnupiravir 胶囊、VV116 及其相关制剂前置注册检验工作，目前奈玛特韦片/利托那韦片（Paxlovid 片）已获批上市。派员参加普克鲁胺、Paxlovid 片的注册现场核查。积极承担新冠病毒疫苗、抗疫中成药等协检工作。

### 开展市售糖浆中乙二醇筛查研究

在印度爆发的毒糖浆事件后，第一时间迅速响应，提前开展市售糖浆中乙二醇筛查研究工作，在一周内完成了 24 个品规的采购、方法建立和样品检测工作，为国家药监局后续处置赢得时间。

# 第二部分　标准物质与标准化研究

## 概　况

### 国家药品标准物质生产和供应

在标准物质生产方面，中检院全年分装634个品种共384万支，包装611个品种共374万支，受疫情影响，与去年同期相比数量略有下降（表2－1）。通过实行分包装时限管理制度，结合人员调配和资源整合，不仅克服疫情对生产的影响，而且解决了原料积压无法及时分装的历史问题，所有品种均在规定时间内完成分包装生产。在标准物质供应方面，全年处理用户订单10.4万单，分发包裹数9.5万件，分发供应量274万支，较去年同期上涨1%。

表2－1　2017—2022年度国家药品标准物质分装及包装

| 年度 | 分装 | | 包装 | |
|---|---|---|---|---|
| | 品种数（个） | 分装量（万支） | 品种数（个） | 包装量（万支） |
| 2017 | 445 | 265 | 470 | 243 |
| 2018 | 589 | 300 | 600 | 310 |
| 2019 | 635 | 328 | 590 | 290 |
| 2020 | 646 | 303 | 597 | 330 |
| 2021 | 800 | 400 | 880 | 402 |
| 2022 | 634 | 384 | 611 | 374 |

### 国家药品标准物质品种总数与分类

截至2022年底，中检院提供各类标准物质和质控类产品4810种，与2021年相比增加152个品种，同比增长3.3%。随着标准物质管理工作越来越精细化，今年首次将质控类品种从生物制品、医疗器械及体外诊断试剂标准物质中分离并单独分类，中检院全部在售标准物质和质控类产品种类由原来的六类调整为七类，数量如下：化学对照品3013种（同比增长1.8%），对照药材和对照提取物884种（同比增长1.7%），药用辅料对照品及药包材对照物质333种（同比增长3.1%），食品与化妆品标准物质98种（同比增长84.9%），生物制品标准物质171种，医疗器械及体外诊断试剂标准物质183种，质控类产品128个（表2－2，图2－1）。由于分类调整，生物制品标准物质等后三类产品的年度数据本年度不做比较。从2022年6月30日起，中检院全部在售标准物质和质控类产品首次实现100%动态保障供应，是继去年实现监管用标准物质100%保障供应后再创的新佳绩。

表2－2　2017—2022年度国家药品标准物质品种总数与分类　　（单位：个）

| 年度 | 化学对照品 | 对照药材/对照提取物 | 药用辅料对照品及药包材对照物质 | 食品与化妆品标准物质 | 生物制品标准物质 | 医疗器械及体外诊断试剂标准物质 | 质控类产品 | 合计 |
|---|---|---|---|---|---|---|---|---|
| 2017 | 2691 | 798 | 188 | / | 202 | 107 | / | 3986 |
| 2018 | 2724 | 825 | 197 | 4 | 196 | 147 | / | 4093 |
| 2019 | 2768 | 845 | 254 | 10 | 205 | 183 | / | 4265 |

续表

| 年度 | 化学对照品 | 对照药材/对照提取物 | 药用辅料对照品及药包材对照物质 | 食品与化妆品标准物质 | 生物制品标准物质 | 医疗器械及体外诊断试剂标准物质 | 质控类产品 | 合计 |
|---|---|---|---|---|---|---|---|---|
| 2020 | 2871 | 859 | 301 | 30 | 230 | 201 | / | 4492 |
| 2021 | 2960 | 869 | 323 | 53 | 232 | 221 | / | 4658 |
| 2022 | 3013 | 884 | 333 | 98 | 171 | 183 | 128 | 4810 |
| 同比增长 | 1.8% | 1.7% | 3.1% | 84.9% | / | / | / | 3.3% |

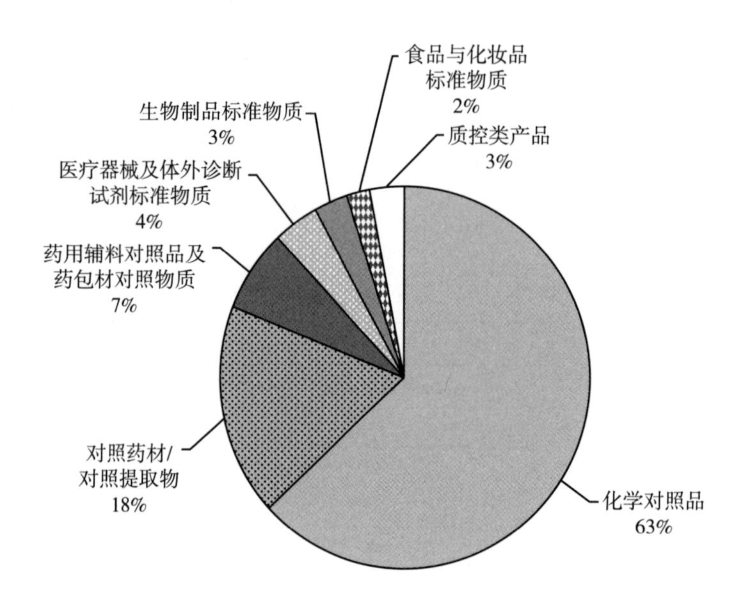


图 2－1　2022 年度国家药品标准物质品种分类情况占比

## 国家药品标准物质报告评审

2022 年共审评 663 份国家药品标准物质报告，其中，首批标准物质报告 175 份，换批标准物质报告 488 份（表 2－3，图 2－2）。组织召开 15 次首批报告审评会，邀请专家 91 人次，全部研制报告零积压，均如期完成审评，并实现紧缺品种在 1～2 天内完成加急审评，为标准物质保障供应工作提供强有力支撑。

另外，在中外媒体对猴痘疫情报道伊始，中检院密切关注并启动预警机制，及时研制了猴痘病毒核酸检测试剂国家参考品，并第一时间完成审评审批工作，为做好相关试剂盒的质量控制和性能评价工作提供了技术支撑，有力地保障了注册审评工作的顺利开展。

表 2－3　2017—2022 年度国家药品标准物质报告评审数　（单位：份）

| 年度 | 首批标准物质数 | 换批标准物质数 | 合计 |
|---|---|---|---|
| 2017 | 97 | 373 | 470 |
| 2018 | 121 | 472 | 593 |
| 2019 | 205 | 501 | 706 |
| 2020 | 237 | 501 | 738 |
| 2021 | 316 | 618 | 934 |
| 2022 | 175 | 488 | 663 |

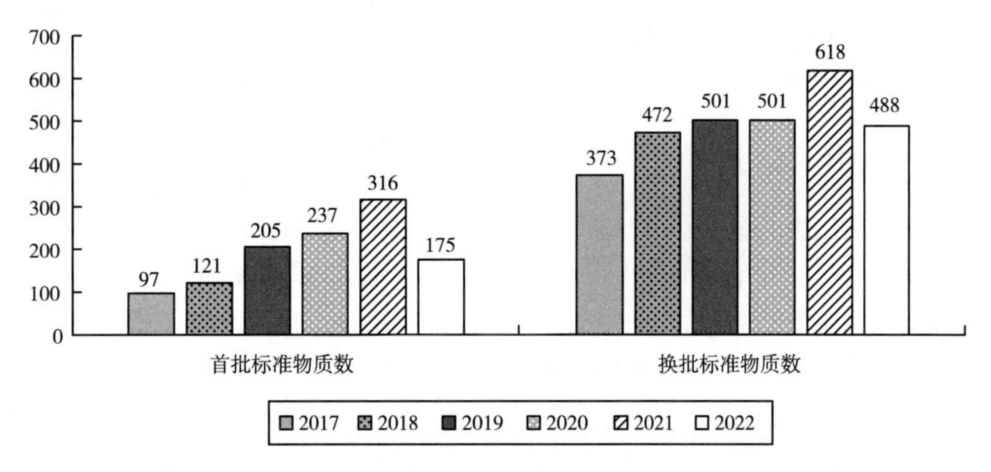


**图 2－2　2017—2022 年度首批和换批国家药品标准物质报告受理情况**

## 标准物质质量监测工作

为保障在售国家药品标准物质质量稳定可靠，中检院每年定期开展标准物质质量监测工作。按照标准物质质量监测的操作规范，中检院 2022 年对 374 个药品标准物质品种进行质量监测，范围涵盖化学对照品 196 个、中药化学对照品 100 个、中药对照药材 61 个、中药对照提取物 2 个和 15 个药用辅料对照品。其中，8 个为不合格标准物质，占比 2.1%，以上质量变化品种均已及时换批。质量监测工作通过前瞻性的检验检测方式，做到及早发现、主动处置、防范在前，降低因质量变化带来的质量风险，为中检院药品标准物质质量构筑一道安全防护网（表 2－4，图 2－3）。

**表 2－4　2017—2022 年药品标准物质质量监测情况**

| 时间 | 2017 年 | 2018 年 | 2019 年 | 2020 年 | 2021 年 | 2022 年 |
|---|---|---|---|---|---|---|
| 品种数 | 411 | 562 | 408 | 566 | 355 | 374 |
| 停用数 | 9 | 5 | 8 | 10 | 9 | 8 |

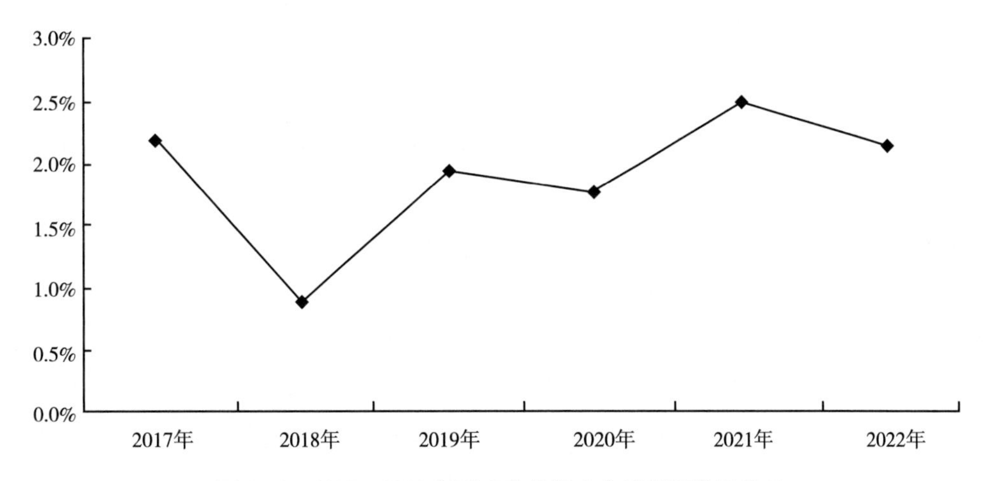


**图 2－3　2017—2022 年国家药品标准物质质量监测情况**

# 重点专项

## 质量体系建设

为进一步规范国家药品标准物质研制审批流程，2022年修订了《国家药品标准物质生产策划程序》。修订后将生产策划环节前置到标准物质研制计划阶段，第一时间评估首批品种的研制价值和分析其研制标定过程中可能存在的风险，以实现人力、物力等资源合理配置，同时解决了2021年标准物质外部专家评审过程中提出的意见。

为加强不合格标准物质管理，按照CNAS－CL04：2017《标准物质/标准样品生产者认可规则》，2022年修订了《不合格标准物质处置工作管理操作规范》和记录表格“不合格标准物质工作记录表”。本次修订加强了对不合格标准物质的处置管理，并提出了这类标准物质保障供应的措施。

为加强休眠处置工作管理，按照CNAS－CL04：2017《标准物质/标准样品生产者认可规则》，2022年新制定了《国家药品标准物质和质控产品休眠处置工作管理操作规范》，对休眠品种的工作流程做出详细规定。该SOP明确休眠品种范围，理顺休眠品种处置流程，确保各类品种全过程管理规范有序。

## 提升标准物质服务水平

创新“无接触”服务方式。在疫情严峻形势下，为保障标准物质供应工作健康有序开展、保证用户与工作人员双方安全，中检院在疫情期间建立了“无接触”窗口服务方式，即预约上门、出楼接待、测温核验、进楼办理。该方式确保疫情期间服务上门用户工作不停歇，并得到用户广泛好评。

召开订购用户座谈会。2022年5月底，中检院组织召开标准物质订购用户座谈会，40余个用户代表参加了线上座谈交流会，会议展示了各项服务用户新举措，包括先下单后汇款、订单汇款一一对应的认款原则、改进冷冻品种供货方式以及推进“e企付”在线支付工具应用等，并一一为用户代表答疑解惑，提高服务用户水平。

搭建客服语音导航系统。为使用户更加快捷地联系客服，中检院搭建了语音导航系统及在线客服机器人，对用户普遍咨询的问题设置准确回复，帮助用户快速完成售前及售后咨询，扩大和丰富对外服务渠道，全面提升客户服务效率。同时，根据实际工作需要，中检院在官网完善标准物质订购平台中的“常见问题、订购须知”，指导用户快速精准选购，提升用户体验。

启动用户满意度调查。自2022年5月18日启动用户满意度调查以来，服务现场用户220余人次，满意率为100%；语音电话与线上用户咨询共6102个用户参与评价，满意率为99%。针对评价不满意的用户，及时跟进，准确了解用户诉求，尽最大努力解决用户实际需求，得到用户理解。

## 强化标准物质保供长效机制

在去年建立的标准物质保供长效机制基础上，今年仍加大持续保障标准物质供应工作的力度。依据标准物质供应实际情况和历年经验数据，采用智能计算技术，定期向各标准物质研制部门和后勤中心发送预警和紧缺品种通知，促使研制部门有计划开展研制工作，做到早预警、早启动、早完成。截至2022年底，已发布四期预警通知，预警品种总数由年初的143个降至108个，体现了预警机制的有效性，为标准物质全品种保障供应打好基础。同时，为掌握库存实际情况，保障品种及时供应，2022年收回37个无毒无害的研制部门自管品种。在此基础上，明年计划将全院的无毒无害产品全部收回，以便统一管理、降低库存风险。

## 标准物质生产能力与管理

研发半自动化分装设备。经过前期努力半自动化分装药勺已经研发成功并完成可行性研究。目前正在积累使用数据，使用后固体药品称量效率可提升 1 ~ 5 倍。此外，自动化分装刮板的研究工作正在进行。上述半自动化分装设备的研制和应用，将明显提高分装效率，保障标准物质供应。

推进 RFID 在包装中的应用研究。标准物质标签中绑定 RFID 技术，在包装、出入库、配货、核对、装箱、盘点、防盗、产品追踪等环节使用，可提高防伪效果，形成产品全流程追溯体系。目前已通过初步实验测试，入库和装箱环节拟采用 RFID 箱，配货环节可用手持设备。该技术将大幅提高标准物质库房和流通全过程的管理水平。

## 标准物质供应能力与管理

统一订购模式与认款方式。研制部门自管品种，曾采取补录订单方式，存在重复打印认款凭证等环节漏洞，2022 年经与 16 个研制部门协商，调整为统一订购模式与认款方式（用户下单、部门审核、标物中心认款制单开票、研制部门发货并上传凭证），形成闭环管理。既可以避免财经风险，又减轻了研制部门流程负担。

推进在线支付（e－企付）购买方式上线实施。目前标准物质采用“线上下单、线下付款”的订购模式，经常导致汇款滞后于订单、款单不对应、供货周期加长等问题，而“在线支付（e－企付）”方式可解决此类问题。2022 年通过会议磋商、渠道调研等方式完成了该项工作的可行性研究，并获得中检院院长办公会立项批复。同时，通过搭建模拟试验环境，证实可大大缩短供货周期，提高供应效率。

## 加强标准物质新品种研制

为更好地支撑药品科学监管，服务企业，中检院组织各研制部门从以下四个方面梳理了需要研制的新品种，并要求适时开展研制：一是各省级药品检验机构所需标准物质，二是《国家基本药物目录（2018 年版）》涉及的标准物质，三是《国家药品集中采购名单》和《仿制药参比制剂目录》中涉及的标准物质，四是国家药品抽检所需的标准物质。为此，还建立了《非国家药品标准用化学药品杂质标准物质原料采购资金垫付工作机制》，鼓励化学药品杂质标准物质的研制，不断巩固和提升我院药品标准物质的供应保障水平。

## 标准物质对外信息发布工作

2022 年累计发布了 10 期《国家药品标准物质供应新情况》，告知用户新品种上市时间、即将换批品种的有效使用期限、停用品种及停用时间等信息。引导用户按需、有序、合理购买。

2022 年按照《国家药品标准物质协作标定管理程序》的要求，对国家药品标准物质协作标定实验室名单予以更新，确保参加协作标定单位资质有效，规范协作标定工作。截至 2022 年 9 月，中检院协作标定实验室共计 225 家。

为配合《体外诊断试剂注册与备案管理办法》（国家市场监督管理总局令第 48 号）的实施执行，2022 年累计发布了 3 期《注册检验用体外诊断试剂国家标准品和参考品目录》，包含 215 个体外诊断试剂国家标准物质，以保障体外诊断试剂产品注册检验工作的开展。

## 标准物质原料合成研究

标准物质原料的可及性是标准物质能够顺利开展研制的重要前提。为解决部分标准物质原料获得难的问题，中检院积极开展原料合成能力建设工作，与中国医学科学院药物研究所和生物技术研究所建立良好合作关系，搭建药品杂质对照品原料合成平台。2022 年，中检院完成 *N*-亚硝基二丙胺（NDPA）等 6 个遗传毒性杂质对照品原料的合成。该项工作不仅获得了实物对照品原料，还为该类杂质对照品原料的合成储备了技术，以保障该类对照品原料可及性以及可持续供应；此外，为解决个别标准物质换批时原料获得困难的问题，应急合成乙酰磷酸二锂盐原料，保障了该对照品的对外可持续供应；为解决化妆品风险筛查中发现的两个疑似非法添加物，合成了比马前列素酸甲酯和氯前列醇异丙基酯，为非法添加物的最终确定提供了科学数据。

## 客户服务及投诉受理

2022年在线客服共接待咨询22598人次，接听热线电话16639个，处理技术咨询邮件2177封，电话咨询总接待时长由去年的25474分钟，增加到今年的41598分钟，总体接待时长增长63.3%，服务质量显著提升。客户咨询服务时，力求做到工作作风严谨、服务态度热情、业务知识熟练、耐心向客户解释，虚心听取客户意见，通过定期分析和总结其中高频率出现的问题，查找并解决问题的本质和根源，提升供应服务水平和对外咨询服务能力，为中检院树立良好的对外形象。此外，对信访和来函及时登记受理，详细记录来函单位、反映内容等信息，逐一查明情况，认真办理回复。

# 第三部分　药品医疗器械化妆品技术监督

## 制度建设

### 药品、医疗器械、化妆品技术监督

2022年，根据国家药监局工作要求，中检院组织完成《药品抽检质量分析技术指导原则》修订工作，起草《国家医疗器械应急抽检组织管理预案（草案）》并征求意见，完成《化妆品抽样检验管理办法》起草工作。

## 药品技术监督

### 国家药品抽检

按照《国家药监局关于印发2022年国家药品抽检计划的通知》（国药监药管〔2022〕1号）和《国家药监局关于进一步加强国家药品抽检管理工作的通知》（国药监药管〔2020〕18号）要求，2022年国家药品抽检品种共141个，分为中央补助地方经费项目和中检院预算项目，包括化学药50个、抗生素13个、生化药10个、中成药47个、中药饮片9个、生物制品5个、药包材1个、药用辅料6个，其中属于国家基本药物品种47个。根据抽检品种的临床用药特点和存在的共性问题，共设立基因毒性杂质研究专项、网络抽检专项、儿童用药专项等13个专项抽检项目，由47家药品检验机构承担检验和探索性研究任务。

2022年抽取并完成检验样品17671批次。其中，17558批次符合规定，113批次不符合规定，合格率为99.4%。所有不符合规定的检验报告均已由省药监局组织送达。已向国家药监局上报药品质量通告草案5期。

### 《国家药品抽检年报（2021）》《国家药品质量状况报告（2021年）》《2021年全国药品抽检数据分析报告》《国家药品抽检质量风险核查处置工作报告》《2021年国家药品抽检质量风险提示函分析报告》《2022年中药材质量监测工作总结》

《国家药品抽检年报（2021）》对2021年度制剂产品与中药饮片抽检的抽样品种、检验批次，合格率与不符合规定项目进行总结，根据检验中发现的问题向有关企业提出监管建议。同时，从5个方面介绍药品监管部门与检验机构对国家药品抽检结果的综合利用。本报告于2022年3月18日在中检院官网进行公开。

《国家药品质量状况报告（2021年）》在总结2021年度制剂产品、中药饮片、药包材与辅料等各类别产品抽检情况的基础上，从评价药品质量状况入手，分别总结分析了法定标准检验、探索性研究、产品设计合理性、生产工艺及生产过程控制等方面发现的问题，并提出相应监管建议。

《2021年全国药品抽检数据分析报告》综合2021年度国抽与省抽数据，总结全国药品质量状况，分析各省药品抽检状况，比较近三年药品抽检情况，分析不符合规定典型药品动态变化情况，并根据发现的问题提出相应监管建议。

《国家药品抽检质量风险调查处置工作报告》总结2021年度中成药与化学药品质量风险情况，分析药品质量风险处置数据，并对相关省药监局、承检机构在处置风险时面临或发现的问题提出建议。

《2021年国家药品抽检质量风险排查整改情况报告》汇总探索性研究发现的药品生产工艺、处方、说明书、包装标识等方面的风险信息，以及省局反馈的风险数据排查情况和生产企业反馈与排整情况分析，总结问题情况、提出相关建议。

《2022 年中药材质量监测工作总结》总结中检院、安徽省食品药品检验研究院、甘肃省药品检验研究院等 7 家药品检验机构对桃仁、茜草、艾叶等 9 个品种的药材质量进行监测工作情况，包括采样情况、监测项目与不符合规定项目、购样费用、发现的主要问题。

# 医疗器械技术监督

## 国家医疗器械计划抽验工作

根据《国家药监局综合司关于开展 2022 年国家医疗器械质量抽查检验工作的通知》（药监综械管〔2021〕108 号）要求，2022 年国家医疗器械抽检共对 58 个品种（含 2 个新冠试剂品种、7 个人工关节集采品种、1 个血管支架集采品种、5 个疫情防控品种）开展监督抽检，对 5 个品种（含 1 个新冠试剂品种）进行风险监测抽检。监督抽检品种中，有源器械 22 个，无源器械 26 个，诊断试剂 10 个。风险监测抽检品种中，有源器械 2 个，无源器械 1 个，诊断试剂 2 个。

2022 年完成监督抽检 2480 批次，135 批次不符合规定，合格率 94.56%；风险监测抽检 119 批次，6 批次不符合检验方案，代拟质量通告 4 期。对 26 个品种，135 批次监督抽检不合格产品依法处置。

## 《国家医疗器械抽检年报（2022 年度）》《2022 年国家医疗器械抽检品种质量分析报告汇编（计划抽检）》《2022 年国家医疗器械抽检品种质量分析报告汇编（专项抽检）》

在国家药监局器械监管司的直接指导下，依照《国家医疗器械质量抽查检验工作程序》有关规定，中检院组织检验机构以品种为视角，根据 2022 年国家医疗器械抽检实际，并结合既往抽检数据，分析该品种抽检情况，编写 63 个品种的《质量分析报告》，汇总整理形成《2022 年国家医疗器械抽检品种质量分析报告汇编（计划抽检）》和《2022 年国家医疗器械抽检品种质量分析报告汇编（专项抽检）》，为医疗器械监管提供技术支撑。

在此基础上，中检院组织承检机构对每个抽检品种质量分析报告所涉及的产品质量风险点进行提炼汇总，并进一步挖掘分析，编写《国家医疗器械抽检年报（2022 年度）》（以下简称《年报》）。《年报》包括正文和附件：

一、正文包括四个主要部分。第一部分“抽检概况”，主要介绍当年度抽检品种遴选情况及各项统计数据。第二部分“专题”，以类别为视角，通过归纳和比较，阐释了抽检发现的值得一提的典型品种、典型问题、典型现象，为上市后医疗器械监管提供支撑，为其他环节医疗器械监管提供参考。第三部分“质量安全风险管控”，主要介绍抽检发现风险、评估风险、处置风险的主要做法。第四部分“品种综述”，分品种概述当年抽检情况，分析主要不合格情形和可能造成的伤害，对近年来多次抽检的品种质量状况做出纵向对比，并对一些存在地域集中性的品种专门概括。

二、附件是《国家医疗器械抽检产品潜在风险点汇编（2022 年度）》（以下简称《汇编》）。《汇编》从企业质量体系、产品技术要求、标准等方面对监督抽检、风险监测、研究分析中发现的可能影响产品安全性、有效性的风险因素进行逐条汇总、整理、分类，共梳理出 16 类问题，1100 余个产品潜在风险点。

上述文件已印送至各省、自治区、直辖市药品监督管理部门以及国家药监局相关业务司和直属单位。对于抽检发现的问题，相关单位部门有针对性地加强监管，消除风险隐患，切实保障医疗器械质量安全。

# 化妆品技术监督

## 化妆品监督抽检

根据《国家药监局关于做好2022年国家化妆品监督抽检工作的通知》（国药监妆〔2022〕4号）要求，2022年国家化妆品对染发类、防晒类和彩妆类等共11类产品开展监督抽检工作。本年度首次采用集中抽样、集中检验的模式，设立快检、网络抽检、跟踪抽检专项，提高抽检的靶向性。

2022年抽取并完成检验样品20368批次，其中19876批次符合规定，492批次不符合规定（初检结果），不合格率2.42%。11类产品中，染发类产品不合格率最高，不合格率9.47%，不合格产品191批次。现已向国家药监局上报化妆品质量通告草案共9期，涉及不合格样品488批次。

2022年国家化妆品监督抽检工作报送异常情况共2606批样品，报送异常情况的省份共涉及江西、西藏、陕西等31个省。其中报送量最高的省份是安徽822批。其中发现问题最多的是“超过使用期限”（868批），占所有异常报送量的33.31%。

## 《2021年国家化妆品监督抽检年报》（公开版）

《2021年国家化妆品监督抽检年报》（公开版）已于2022年3月21日在国家药监局官网监管动态栏目公开发表，从总体情况、抽样情况和检验情况共三个方面对2021年国家化妆品监督抽检工作进行全面的阐述分析。通过深入分析国家化妆品监督抽检数据，了解化妆品总体质量状况，挖掘化妆品质量安全风险，为监管部门和检验机构提供有利的数据技术支撑。

## 《2021年国家化妆品监督抽检质量分析报告》及《2021年国家化妆品监督抽检11个类别产品质量分析分报告》

《2021年国家化妆品监督抽检质量分析报告》由中检院技术监督中心起草完成，《2021年国家化妆品监督抽检11个类别产品质量分析分报告》由中检院技术监督中心组织9家检验单位共同撰写完成；均未进行公开发布。《2021年国家化妆品监督抽检质量分析报告》以抽检数据为基础，通过对2021年度监督抽检数据进行汇总整理和统计分析，结合近三年抽检数据的横向和纵向对比，开展多维度的相关性分析，实现多层次交互的深入研究和分析，挖掘抽检产品存在的质量风险和趋势性规律，为化妆品监管工作提供重要依据。《2021年国家化妆品监督抽检11个类别产品质量分析分报告》中每个类别均包括摘要和正文两部分，摘要从宏观角度介绍2021年该类别产品的总体质量状况；正文在深入分析抽检数据的基础上，从基本情况、检验结果分析、相关性分析、连续三年结果比较、发现的问题以及对策建议共六个方面进行阐述分析。

# 第四部分　化妆品安全技术评价

## 概　况

### 化妆品受理审评情况

2022 年，受理特殊化妆品注册申请 13269 件次，完成技术审评 11428 件次，开展延续承诺制技术审查 2379 件次；受理化妆品新原料注册申请 2 件次，完成技术审评 3 件次；开展新原料备案资料整理 191 件次，备案后技术核查 28 件次；开展进口普通化妆品备案资料整理 178 件次，备案后技术核查 145 件次。

## 其他工作

### 化妆品技术审评标准体系

为贯彻落实《化妆品监督管理条例》，中检院制订了 27 项亟需的化妆品和化妆品新原料技术指导原则，部分技术指导原则已应用于化妆品及新原料技术审评实践，并根据《化妆品监督管理条例》《化妆品注册备案管理办法》和配套规范文件，制定了《特殊化妆品技术审评要点》《化妆品新原料技术审评要点》等 18 项审核要点，用于规范化妆品和新原料技术审评。

### 化妆品技术审评质量体系

2022 年，中检院针对化妆品技术审评工作情况开展了一系列质量管理体系建设活动，包括：配合国家药监局审评审批管理要求开展化妆品审评工作文件的梳理完善，确保文件的适宜性；对审评报告开展回顾性审核，确保体系运行的有效性；对审评质量管理体系纲领性文件开展探索性研究等，确保化妆品审评质量管理体系的充分性。

### 普通化妆品备案质量抽查

根据国家药监局综合司《关于印发 2022 年化妆品监管工作要点的通知》（药监综妆〔2022〕27 号）中关于普通化妆品备案质量抽查的工作部署，中检院完成 2022 年第一至第四季度的普通化妆品备案质量抽查工作，根据法规变化的实施时间点，从不同时间范围抽取了 1200 件次的备案普通化妆品，审核内容分别覆盖了资料整理和技术核查，开展了针对产品执行的标准、安全评估资料和产品标签的专项抽查，促进了备案工作尺度的统一，规范了备案管理工作，提升了备案工作质量。

## 国际化妆品监管合作组织

随国家药监局参与国际化妆品监管合作组织（ICCR）活动，中心派员参加 ICCR 消费者交流、安全评价策略两个专家工作组，参加 ICCR 国际会议十余次，围绕化妆品致敏物质、下一代风险评估等技术议题开展了国际交流。

# 第五部分　医疗器械标准管理

## 医疗器械标准管理工作

### 标准助力疫情防控

全年组织制修订《一次性使用医用口罩》等疫情防控相关医疗器械国家、行业标准6项。《医用防护口罩》《医用一次性防护服》2项国家标准修订计划获批立项。组织制定《新型冠状病毒核酸检测试剂盒质量评价要求》《新型冠状病毒抗原检测试剂盒质量评价要求》《新型冠状病毒抗体检测试剂盒质量评价要求》《新型冠状病毒IgM抗体检测试剂盒质量评价要求》《新型冠状病毒IgG抗体检测试剂盒质量评价要求》5项新冠检测相关国家标准外文版并发布。积极推动全国医用防护器械标准化工作组获国家标准委批准筹建，正在积极组建中，进一步提升医用防护器械标准技术支撑能力。2022年4月19日，由我国牵头发起的关于新型冠状病毒核酸检测的国际标准文件ISO/TS 5798：2022《体外诊断检验系统　核酸扩增法检测新型冠状病毒（SARS－CoV－2）的要求及建议》正式发布，为国际疫情防控标准化工作贡献了中国智慧，对促进全球疫情防控工作起到了积极作用。

### 稳步推进标准制修订工作

强化标准立项管理，完善医疗器械标准体系。2022年12月6日至9日，组织召开2023年医疗器械行业标准制修订项目立项工作会及预算专家评估会视频会议，会议组织专家就标准的必要性和可行性进行研讨，审核报送168项医疗器械行业标准立项建议和经费预算。组织做好2022年医疗器械标准制修订工作，加大新兴产业医疗器械标准研制。配合下达2022年医疗器械国家标准制修订计划项目42项，行业标准制修订计划项目117项（强制性23项，推荐性94项），医用机器人、新型生物医用材料、伴随诊断等新兴领域标准项目共64项，占比55%。组织监管急需、我国处于领先地位的创新标准《重组人源化胶原蛋白》紧急立项、优先审核，并同步推动国际标准立项。配合发布医疗器械国家标准40项，医疗器械行业标准114项，医疗器械行业标准修改单4项。截至2022年12月31日，医疗器械标准共1919项，其中国家标准260项，行业标准1659项。

### 开展强制性标准优化评估

根据《医疗器械强制性标准优化工作方案》要求，组织完成396项医疗器械强制性标准和62个在研强制性标准项目优化评估并积极推动医疗器械强制性标准优化评估结果落实。2022年9月，《国家药监局关于废止YY 1075—2007〈硬性宫腔内窥镜〉等20项医疗器械强制性行业标准的公告》（2022年第75号）、《国家药监局关于92项医疗器械强制性行业标准和在研项目转化为推荐性行业标准和在研项目的公告》（2022年第76号）正式印发，同时积极上报强制性国家标准和在研项目优化评估建议，并指导修订项目按计划完成修订工作。通过全面优化评估，医疗器械强制性标准由评估前的396项减少至277项（9项即将废止），医疗器械强制性标准减数量、调结构、提质量，强制性标准体系实现全面优化提质。

### 持续强化标准组织体系建设

积极推进监管急需和创新领域成立新标准化组织。2022年6月2日，中医器械标准化技术归口单位获批成立；2022年8月3日首个与其他行业主管部门联合申请的全国医疗装备产业与应用标准化工作组正式获批成立；推进全国医用防护器械标准化工作组和医疗器械可靠性与维修性、口腔数字化医疗器械标准化技术归口单位组建。截至2022年12月31日，医疗器械标准技术组织已达37个（26个标委会、1个标准工作组、10个技术归口单位）。强化技术归口单位管理。为进一步规范医疗器械标准化技术归口单位的组建、换届、调整和监督管理，科学开展医疗器械标准化工作，组织制定并印发《医疗器械标准化技术归口单位管理细则（试行）》。健全标委会考核机制。修改完善《医疗器械标准化技术委员会考核评估细则》，制定《2022年度医疗器械标准化技术委员会考核评估方案》，强化标委会考核评估。

## 规范管理完善制度建设

探索建立鼓励企业参与标准化工作机制。试点向社会公开征集6项医疗器械标准第一起草单位，起草报送《企业牵头起草医疗器械推荐性行业标准工作规范（试行）》并向社会公开征求意见。强化标准精细化管理。起草报送《医疗器械强制性标准确定原则》《医疗器械国家标准和行业标准确定原则》《医疗器械标准验证工作细则》《医疗器械标准意见反馈及处理机制》。

## 助力新版GB 9706系列标准实施

组织制定标准实施细则，编写出版标准解读和检验规程，组织编制并公开《GB 9706.1新旧标准对照表》《GB 9706.1－2020测试和测试设备参考清单》。在器械标管中心网站开设新版GB 9706系列标准云课堂，组织录制59项已发布标准解读视频，免费向全社会公开，140余万人次在线浏览学习；组织开展为期2周的新版GB 9706系列标准线上公益培训，来自全国31个省（自治区、直辖市）和新疆生产建设兵团的4.6万余家单位、20.6万余人次参训。开展新版GB 9706系列标准实施情况调研，组织全国检验机构编制检验规范，定期汇总发布检验能力，推荐资质认定专家人选，为国家药监局决策提供依据，为新标准实施奠定基础。

## 提升国际标准化工作水平

建立与国际标准快速联动的标准更新机制，全面梳理现有医疗器械国际标准转化情况，对“应转未转”的国际标准明确转化时间进度。2022年共提出医疗器械国际标准转化申请117项，持续提升与国际标准一致性程度。积极推动国际标准制修订，除新型冠状病毒核酸检测国际标准文件ISO/TS 5798：2022外，由全国医用输液器具标准化技术委员会（SAC/TC 106）及全国外科植入物和矫形器械标准化技术委员会组织工程医疗器械产品分技术委员会（SAC/TC 110/SC3）分别主导制定的国际标准ISO 8536－15《医用输液器 第15部分：一次性使用避光输液器》、ISO/TS 24560－1：2022《组织工程医疗产品 再生关节软骨临床dGEMRIC和T2－mapping磁共振成像评估》已正式发布。14项已获批立项的国际标准正在推进中。积极推进国外先进标准制修订，人工智能医疗器械标准化技术归口单位牵头申报的标准项目IEEE P3191《机器学习医疗器械临床性能监测推荐标准》正式获批立项，标准项目IEEE P2801《医学人工智能数据集质量管理》国外先进标准正式发布实施。密切跟踪国际标准化动态，积极发表中方意见。2022年组织派员参加对口国际标准化组织的标准工作会议共50次，参与对口国际标准化组织的各类国际标准投票176次，注册10名专家参与国际标准提案起草专家组。

## 强化标准实施

组织开展2022年医疗器械标准实施评价工作。组织印发工作通知，制定实施评估工作方案，明确评估范围和工作要求，组织各医疗器械标委会、技术归口单位选取适用标准开展评估，力争客观公正地反映相关标准的实施情况和效果。进一步健全医疗器械标准实施情况评估机制。组织制定《医疗器械标准实施评价工作细则》，形成医疗器械标准全过程的闭环管理。强化标准宣贯。组织制定并在器械标管中心网站对外公布2022年医疗器械标准宣贯培训计划，组织召开医疗器械标准综合知识线上培训班。组织各标委会、技术归口单位共举办27次标准宣贯培训，对174项近年来新发布的、基础通用、涉及面广的医疗器械国家、行业标准开展宣贯培训，统一对标准的理解，助力标准实施。

### 提升标准服务水平

组织编制并公开《医疗器械标准目录汇编（2022版）》及《中国医疗器械标准目录及适用范围》，对现行有效的医疗器械标准的适用范围以及标准层级、效力、名称、归口单位等信息，按照医疗器械技术领域梳理公开。及时对外公开标准文本和标准制修订全过程信息。2022年，在器械标管中心网站对外公开医疗器械标准立项信息279项，标准征求意见稿及编制说明175项，标准宣贯、委员征集等相关信息57项，现行237项医疗器械强制性行业标准文本和1000项非采标推荐性行业标准文本已全部公开。

## 医疗器械分类管理工作

### 推进分类目录动态调整

建立《医疗器械分类目录》动态调整信息系统，积极研究报送并配合国家药监局发布《医疗器械分类目录》调整建议，共调整和规范37个产品（品种）的管理类别和描述内容。本年度共受理分类申请2813份，其中已办结2617份，完成率达93%。根据国家药监局工作要求，将《第一类医疗器械产品目录》相关内容整合至《医疗器械分类目录》。配合修订《体外诊断试剂分类子目录》。

### 强化分类技术委员会管理

贯彻落实局领导指示，修订《国家药品监督管理局医疗器械分类技术委员会工作规则》《关于进一步做好医疗器械产品分类界定有关工作的通知》，起草《国家药品监督管理局医疗器械分类技术委员会专业组委员换届工作实施方案》。组织完成执委会和执委会委员换届人选征集、遴选、公示，配合国家药监局完成第二届医疗器械分类技术委员会换届工作。

### 药械组合产品属性界定工作

截至2022年12月31日，共办理药械组合产品属性界定申请193件，其中187件已办结，在办产品6件。完成国家药监局委托的玻尿酸针剂产品等4项产品属性专题研究。修订完善界定流程，报送《药械组合产品属性界定工作流程（修订稿）》和《药械组合产品属性界定专家决策机制》。全面总结产品办理结果，发布《2021—2022年度药械组合产品属性界定结果汇总》。

## 医疗器械命名、编码技术研究工作

建全医疗器械命名体系。完成有源手术器械等6个技术领域命名指导原则与新发布一类目录的核对工作，配合指导原则发布。截至目前，对应分类目录的22个领域医疗器械通用名称命名指导原则和重组胶原蛋白生物材料命名指导原则均已全部发布。根据工作安排对医疗器械命名指导原则重点内容及要求进行解读宣贯，指导各方应用。持续推进医疗器械唯一标识各项工作。根据国家药监局工作部署，加强医疗器械唯一标识实施的实际操作指导。制定发布《医疗器械唯一标识的创建和赋予》行业标准，并开展标准宣贯。

# 第六部分　质量管理

## 组织实施能力验证工作

### 能力验证持续为政府监管提供技术支撑

按照《关于加强和改进药品检验检测能力验证工作的通知》（药监综科外〔2020〕67号）文件要求，认真组织落实国家药监局2022年能力验证工作。组织相关业务所开发了10个能力验证计划，包括化药2项，中药1项，化妆品1项，医疗器械2项，包材辅料1项，诊断试剂1项，微生物1项，药理临床检验1项。全国共有441家单位报名，参加了868项次。二品一械系统共有253家单位，参加608项次，满意率为89.47%，略高于全国平均水平。

### 通过CNAS能力验证提供者资质（PTP）复评审

2022年8月15日至17日，中检院接受了CNAS能力验证提供者认可复评审。评审组通过远程加现场结合检查、文件审核等多种方式，对中检院天坛、大兴和亦庄3个院区的食品、化妆品、保健食品、包材与辅料、药品、生物制品、医疗器械、实验动物、安全评价领域等9个检测领域的能力验证技术能力进行了确认。最终确认通过CNAS认可的PTP能力35个样品数，71个项目参数。中检院PTP体系运行基本满足CNAS－CL03：2010《能力验证提供者认可准则》和应用说明的要求。

### 持续完善PT服务　提高服务水平和效率

利用中国药检能力验证服务平台，对能力验证收费、报告、项目管理、信息发布及报告单匹配等流程实施全面信息化管理。截至2022年底，能力验证服务平台注册用户突破2800家，比2021年增加10%，覆盖三品一械检验检测系统实验室。全国注册情况前5名的省分别为：广东（514家）、江苏（379家）、北京（359家）、浙江（269家）和上海（225家）。

除了国家药监局项目外，中检院还组织实施了55个能力验证计划，其中有7个计划分别由四川省药品检验院、浙江省食品药品检验研究院、江苏省食品药品监督检验研究院、山西省药品检验院、黑龙江省药品检验研究院及山东省器械检验研究院实施。55个项目总报名单位共1189家，参加项次累计数量达到了4085项次。为服务社会各界，满足实验室认证认可需求，继续开展测量审核，服务医药系统实验室。2022年共有51个测量审核项目，实施385项次，发放测量审核报告381份，总体满意率为87.7%。

## 质量管理体系的运行与维护

### 实验室认可复评审及扩项评审

2022年8月25日至26日，按照CNAS认可规则，CNAS派出22名专家对中检院实验室进行实验室认可扩项和复评审检查，评审组对中检院天坛、大兴2个实验区的药品、生物制品、实验动物、洁净区（室）、有源医疗器械、无源医疗器械、包装材料、药用辅料、诊断试剂、食品、化妆品等领域检验检测技术能力进行考核。专家一致认为质量体系持续满足认可准则要求。食化所毒理室通过了搬迁评审，具备了在大兴新址的能力。目前，中检院CNAS

认可情况是：天坛 3143 个项目/参数；大兴 2258 个项目/参数。

## 通过质量检查及内审持续改进质量管理体系

2022 年通过全面内审和专项内审相结合的方式，对质量体系进行检查，共派出 16 个内审组，实地对实验室进行检查。对疫苗类实验室，院领导带队。多数请 CNAS 主任评审员作为内审小组组长，同时聘请我院具有内审员资格人员担任成员，共发现 27 个问题，均开出不符合项报告。通过不符合项的识别、督促问题部门整改等活动，推动了质量体系的改进，降低了质量风险。2022 年不符合项共涉及 8 个相关要素，较 2021 年（46 项）减少了 19 项。其中记录管理减少 11 项，下降幅度最为明显；数据控制和信息管理减少 4 项。记录管理、数据控制和信息管理已得到重视，整改效果良好。人员管理、检测物品的处置、实验室安全和风险管理等较上一年分别有 6.76%、21.58%、8.94% 和 3.70% 的上升。表明这些要素的管理上有松懈，需进一步强化培训、宣贯相关的要求。

## 管理评审

按照中检院《管理评审程序》，9 个业务所分别进行部门管理评审，形成部门管评报告，报告自行归档，同时备案质量管理中心。各体系牵头部门还对各自体系进行了总结。院级管理评审在 2022 年 5 月 20 日由李波院长主持召开。会议输入了各相关职能部门体系运行材料以及 17025、RMP、PTP、GLP、CL06 等体系。李波院长首先肯定了 2020 年度中检院质量管理的进步及体系覆盖的各职能部门在质量规范管理方面取得的成绩。并指出质量管理下一步改进的方向。第一，高度重视质量体系建设，进一步完善质量体系。第二，持续推进质量管理体系改革。第三，高度重视培训和资质工作。第四，加强与优秀质量管理体系的合作交流。通过实施分级管理评审，促进了质量管理体系的针对性，从而加强管理体系适宜性、充分性和有效性。

## 质量管理体系文件的制修订

2022 年新制订质量体系文件 864 个。完成修订改版 434 个，废止文件 69 个，定期审核文件 884 个。目前，全院体系文件包括记录表格共计 11329 个。为更好地满足中检院各部门对质量体系文件的使用需求，质量体系文件电子版移动终端化项目初步完成，配置质量体系电子版平板终端 30 台，在外部审核中用于查阅文件，提高了工作效率。

## 检验检测结果的质量控制

2022 年，根据认证认可项目情况，组织全院各部门制订质量控制计划，组织业务所报名参加外部能力验证活动。2022 年质量控制活动共 135 项，其中外部质量控制活动计划 55 项，内部质量控制活动计划 80 项。

组织业务所报名参加外部能力验证及测量审核共计 38 项，包括市场总局、WHO、FAPAS、LGC 以及中检院自己组织的能力验证等。其中，35 项返回满意结果，1 项未发样，2 项未反馈结果。通过参加质控活动，确保中检院检验检测质量稳定可控。

## 质量监督

2022 年，中检院各体系开展了质量监督活动，完成质量监督计划共 347 项，其中 17025 体系 271 项、PTP 体系 3 项、RMP 体系 13 项、安评 GLP 体系 51 项、实验动物体系 9 项。全年质量监督发现问题 13 个，有效地降低了质量风险。

# 标准物质生产者（RMP）质量管理体系建设和改进

## 标准物质生产者质量管理体系文件的更新

根据CNAS发布了标准物质提供者认可准则CNAS-CL04：2017的要求，运行《药品标准物质质量手册》第三版。RMP体系共修订文件15份，包括程序文件1份，SOP 10份，记录格式4份；新制定文件13份，其中8份SOP，5份记录格式；废止文件33份，其中作废19份SOP，记录格式14份。

## 标准物质生产者质量管理体系内审

2022年将RMP内审分为标准物质研制报告审核及标准物质管理流程审核两部分，分别于12月16日及12月22日完成。本次内审由CNAS的RMP评审员担任，按照CNAS-CL04：2017和中检院程序文件的要求，对标物中心进行了现场审核，并对相关业务所提供的2022年生产的标准物质原研报告进行了文件审查。本次内审重点关注了RMP体系原料采购、验收的合规性、标准物质均匀性和稳定性检验以及标准物质协作标定等内容，共开出了6个不符合项报告。通过内审及整改，推动了中检院RMP体系的持续改进。

## 质量管理体系持续培训

2022年，针对中检院运行的多个质量管理体系，制定年度质量培训计划，共举办12次线上和线下的培训，内容包括：ISO17034关键技术要素、人员上岗资质管理系统操作相关培训、疫苗国家监管体系实验室板块工作培训会、PTP质量管理体系相关知识培训、《检验检测机构实验室结果报告关联的关键人和事》相关知识培训等。共2227人次参加培训，通过实施质量知识和技能培训计划，提升全员质量意识和质量知晓率，确保中检院检验检测、标准物质、能力验证、实验动物生产与使用等活动结果准确，产品可靠，将质量管理的要求落地。

## 承担CNAS实验室技术委员会药品专业委员会工作

2022年8月30日，组织召开了CNAS实验室技术委员会药品专业委员全体委员会议。专委会主任委员邹健、CNAS副秘书长刘晓红、专委会委员及CNAS秘书处工作人员共计39人参加会议。会议采用现场和远程相结合的方式举行，会议对专委会的工作进行了回顾，CNAS副秘书长刘晓红对专委会取得的成绩和发挥的作用给予了充分肯定并提出了进一步的期望和要求。

会议介绍了新一届专委会委员组成，听取了专委会2022年工作方案介绍、药品医疗器械领域能力验证开展情况、本领域实验室质量管理书籍编撰方案等汇报，对药品生物制品医疗器械领域评审资源进行了分析，对医疗器械领域应用说明修订及药品和器械检测能力表述规范性等议题展开了研讨。

## 承担中国药学会药物检测质量管理专业委员会工作

组织二品一械系统实验室质量管理人员参加中国药学会第九届药物检测质量管理学术研讨会。2022年9月7日至8日，第九届中国药学会药物检测质量管理学术研讨会在线上召开。会议邀请四川大学华西医院肿瘤学教授、中国科学院院士魏于全，国家药典委员会党委书记、副秘书长丁丽霞，中国食品药品检定研究院副院长（国家药品监督管理局医疗器械标准管理中心副主任）张辉，国家药品监督管理局政策法规司孙京林，中国合格评定国家认可委员会（CNAS）能力验证高级主管贾汝静，四川省药品检验研究院安全评价中心主任王红平，以及协办单位的专家等，分别就“新冠疫苗研发的新技术进展”“《中国药典》的新任务与新进展”“疫苗批签发与实验室检验”“WHO 国家药品监管体系评估介绍”“检验检测的能力验证”“浅析我国 GLP 与检验检测领域质量体系的异同”等内容作大会特邀报告。会议共征集 84 篇学术论文，集中论述质量体系建设、疫苗批签发、能力验证、风险评估、OOS、检验检测技术及管理工具等可在药品检测质量管理的应用中迫切需要解决的热点难点问题，尤其针对疫苗批签发的 NRA、新型检验检测技术及风险管理，撰写了多篇具有参考价值的文章，涵盖了药品的全生命周期。择优选择了 26 篇优秀论文分别在实验室管理和检测技术两个分会场进行报告交流。

# 第七部分　科研管理

## 概　述

2022年中检院在研课题90个，科研经费到账6659.01万元，其中2022年立项课题共67个，国家级、省部级等课题36个（表7－1）；立项院基金科研课题31个（表7－2）；收到验收结论课题共26项，其中国家级、省部级等课题4项（表7－3）；获得专利授权58项（表7－4）；获得科学技术奖8项（表7－5）；出版专著7部，其中译注4部，发表论文873篇，其中SCI论文234篇（见附录）。

按照国家药监局部署，中检院联合国家药典委员会和国家药监局药品审评中心共同完成“药品监管科学全国重点实验室”申报工作。协助国家药监局科技国合司进行2022年度国家药监局重点实验室考核工作及国家药监局重点实验室简讯收集整理工作；开展了2022年科技周活动；举办了两场学术论坛活动等。

**表7－1　2022年国家级、省部级等立项课题**

| 序号 | 项目（课题）名称 | 负责人 | 项目（课题）编号 | 专项经费（万元） | 起止日期 | 项目（课题）类别 | 备注 |
|---|---|---|---|---|---|---|---|
| 1 | 新冠变异株及重组株对检测试剂影响评价体系的建立 | 王佑春 | 2022YFC0869900 | 600 | 2022.10—2023.09 | 国家重点研发计划 | 承担项目 |
| 2 | 基于化妆品和生物制品等产品检验的动物实验替代技术研究 | 路勇 | 2022YFF0711100 | 400 | 2022.11—2026.10 | 国家重点研发计划 | 承担项目 |
| 3 | 应用于生物制品的动物实验替代方法研究 | 马霄 | 2022YFF0711104 | 50 | 2022.11—2026.10 | 国家重点研发计划 | 承担课题 |
| 4 | 动物实验替代方法的标准化及应用 | 许鸣镝 | 2022YFF0711105 | 50 | 2022.11—2026.10 | 国家重点研发计划 | 承担课题 |
| 5 | 医用手术机器人质量评价关键技术和平台研究 | 王浩 | 2022YFC2409600 | 487.65 | 2022.11—2025.10 | 国家重点研发计划 | 承担项目 |
| 6 | 医用手术机器人可用性评价方法与规范研究 | 王浩 | 2022YFC2409601 | 96.75 | 2022.11—2025.10 | 国家重点研发计划 | 承担课题 |
| 7 | 医用手术机器人定位模体研制及溯源方法学研究 | 唐桥虹 | 2022YFC2409605 | 24.9 | 2022.11—2025.10 | 国家重点研发计划 | 参与课题 |
| 8 | 医用手术机器人检测装置研发与应用示范 | 孟祥峰 | 2022YFC2409604 | 99.8 | 2022.11—2025.10 | 国家重点研发计划 | 承担课题 |
| 9 | 新型软组织创面修复材料及产品安全性和有效性评价技术研究 | 王春仁 | 2022YFC2401802 | 265 | 2022.10—2025.09 | 国家重点研发计划 | 承担课题 |

续表

| 序号 | 项目（课题）名称 | 负责人 | 项目（课题）编号 | 专项经费（万元） | 起止日期 | 项目（课题）类别 | 备注 |
|---|---|---|---|---|---|---|---|
| 10 | 半导体测序仪性能验证及应用 | 黄杰 | 2022YFF1202203 | 400 | 2022. 11—2025. 10 | 国家重点研发计划 | 承担课题 |
| 11 | 经呼吸道多模式诊疗机器人系统集成与检测检验 | 王权 | 2022YFC2405203 | 280 | 2022. 11—2027. 10 | 国家重点研发计划 | 承担课题 |
| 12 | 微型介入式人工心脏的体外检测 | 李佳戈 | 2022YFC2402604 | 120 | 2022. 11—2025. 10 | 国家重点研发计划 | 承担课题 |
| 13 | 新型无液氦脑磁图系统检验方法和安全性验证研究 | 李宁 | 2022YFC2403904 | 270 | 2022. 11—2027. 10 | 国家重点研发计划 | 承担课题 |
| 14 | 神经及血管组织工程医疗器械产品评价技术研究 | 陈亮 | 2022YFC2409802 | 116 | 2022. 11—2025. 10 | 国家重点研发计划 | 承担课题 |
| 16 | 恶性肿瘤早期诊断及筛查体外诊断试剂国家参考品及标准化数据集建立和应用 | 李丽莉 | 2022YFC2409904 | 169. 88 | 2022. 11—2025. 10 | 国家重点研发计划 | 承担课题 |
| 17 | 应用纳米材料医疗器械的风险评价关键技术及其标准化研究 | 邵安良 | 2022YFC2409704 | 98 | 2022. 11—2025. 10 | 国家重点研发计划 | 承担课题 |
| 18 | 常用实验动物背景微生物谱系及生物学特性分析研究 | 付瑞 | 2022YFF0711003 | 126 | 2022. 11—2026. 10 | 国家重点研发计划 | 承担课题 |
| 19 | 测序仪整机开发和性能验证 | 张文新 | 2022YFF1201900 - 03 | 国拨的13% | 2022. 11—2025. 10 | 国家重点研发计划 | 参与课题 |
| 20 | HBV 诱发的原发性肝癌泛基因组精细图谱构建 | 黄杰 | 2022YFC3400304 | 30 | 2022. 11—2027. 10 | 国家重点研发计划 | 参与课题 |
| 21 | 微型介入式人工心脏的体外检测 | 李佳戈 | 2022YFC2402604 | 120 | 2022. 11—2025. 10 | 国家重点研发计划 | 参与课题 |
| 22 | 新型骨科生物医用材料及产品安全性和有效性评价技术研究 | 陈丽媛 | 2022YFC2401801 | 38 | 2022. 10—2025. 09 | 国家重点研发计划 | 参与课题 |
| 23 | 实验鸭的开发、评价与应用研究 | 巩薇 | 2022YFF0710501 | 50 | 2022. 11—2026. 10 | 国家重点研发计划 | 参与课题 |
| 24 | 实验羊的开发、评价与应用研究 | 邢进 | 2022YFF0710504 - 3 | 60 | 2022. 11—2026. 10 | 国家重点研发计划 | 参与课题 |
| 25 | 啮齿类实验动物病原感染实验质量控制与生物安全控制标准研究） | 王吉 | 2022YFF0711002 | 38. 5 | 2022. 11—2023. 10 | 国家重点研发计划 | 参与课题 |

续表

| 序号 | 项目（课题）名称 | 负责人 | 项目（课题）编号 | 专项经费（万元） | 起止日期 | 项目（课题）类别 | 备注 |
|---|---|---|---|---|---|---|---|
| 26 | 媒介生物及其宿主环境相关病原菌与样本资源库关键支撑技术研究及应用示范 | 徐潇 | 2022YFC2602203 | 100 | 2022. 11—2025. 10 | 国家重点研发计划 | 参与课题 |
| 27 | 广谱新型灌装病毒中和抗体 BA - CovMab 的临床前研究 | 段茂芹 | 2022YFC0869200 | 80 | 2022. 08—2023. 07 | 国家重点研发计划 | 参与项目 |
| 28 | 动物模型与广谱抗体有效性评价 | 王佑春、路琼 | 2022YFC2303404 | 130 | 2022. 12—2025. 11 | 国家重点研发计划 | 参与课题 |
| 29 | 呼吸道疾病吸入和透皮剂型疫苗的研发及安全性和有效性评价 | 李茂光 | 2022YFC2304301 | 60 | 2022. 12—2025. 11 | 国家重点研发计划 | 参与课题 |
| 30 | 呼吸道疾病口服剂型疫苗的研发及安全性和有效性评价 | 刘书珍 | 2022YFC2304302 | 70 | 2022. 12—2025. 11 | 国家重点研发计划 | 参与课题 |
| 31 | 戊型肝炎病毒垂直传播的致病机制研究 | 李曼郁 | 82202504 | 30 | 2023. 1—2025. 12 | 国家自然科学基金 | 承担课题 |
| 32 | 以肠道菌群调节作用识别的枸杞多糖关键结构要素为中心的质控策略研究 | 王莹 | 82204617 | 30 | 2023. 1—2025. 12 | 国家自然科学基金 | 承担课题 |
| 33 | 新型基因脱毒百日咳疫苗的制备及其安全性有效性评价 | 王丽婵 | L222010 | 100 | 2023. 1—2025. 12 | 北京市自然科学基金 | 承担课题 |
| 34 | TLR9 和 NLRP3 在新型复合佐剂 BC02 成分协同刺激中的作用及机制研究 | 李军丽 | 5234034 | 10 | 2023. 1—2024. 12 | 北京市自然科学基金 | 承担课题 |
| 35 | 基因编辑类细胞和基因治疗药物质量控制关键技术与服务平台建设 | 孟淑芳 | Z221100007922015 | 324 | 2022. 11—2024. 11 | 北京市科技计划课题 | 承担课题 |
| 36 | 新型治疗性细胞产品质量评价研究平台建设 | 孟淑芳 | 无编号 | 100 | 2022. 1—2024. 12 | 天津市细胞生态海河实验室“揭榜挂帅”项目 | 承担课题 |

**表 7－2　2022 年度中检院基金科研课题立项情况**

| 序号 | 指南 | 推荐业务所 | 申请人 | 申请部门 | 课题名称 | 课题编号 | 院级经费/万元 | 所级经费/万元 | 基金类别 |
| --- | --- | --- | --- | --- | --- | --- | --- | --- | --- |
| 1 | 1－全技术线路新突发传染病疫苗质量评价及动物模型研究 | 生检所 | 毛群颖 | 生检所 | 新冠环状 RNA 疫苗关键质控方法和评价技术研究 | GJJS－2022－1－1 | 60 | / | 院关键技术研究基金 |
| 2 | | | 王斌 | 生检所 | 快速无菌检查法在疫苗应急放行检验中的应用研究 | GJJS－2022－1－2 | 30 | / | 院关键技术研究基金 |
| 3 | | | 赵晨燕 | 生检所/动物所 | 流感疫苗假病毒中和抗体评价方法的建议及应用 | GJJS－2022－1－3 | 40 | 40 | 院关键技术研究基金 |
| 4 | | | 郭莎 | 生检所 | 全光谱荧光及光散射技术在重组蛋白疫苗稳定性研究中的应用 | GJJS－2022－1－4 | 30 | / | 院关键技术研究基金 |
| 5 | | | 魏杰 | 动物所/生检所 | 基于免疫遗传技术的两种疫苗效力评价动物模型筛选研究 | GJJS－2022－1－5 | 40 | / | 院关键技术研究基金 |
| 6 | 2－以高通量测序为原理产品的质量控制方法 | 诊断试剂所 | 曲守方 | 诊断试剂所 | PARP 抑制剂新型伴随诊断标志物同源重组修复缺陷（HRD）高通量测序检测质量评价标准化 | GJJS－2022－2－1 | 100 | 100 | 院关键技术研究基金 |
| 7 | | | 刘东来 | 诊断试剂所 | 病原宏基因组高通量测序技术新型质量评价的研究 | GJJS－2022－2－2 | 100 | / | 院关键技术研究基金 |
| 8 | 3－人工智能领域新产品的质量控制 | 器械所 | 王浩 | 器械所 | 面向眼底和肺结节图像的人工智能医疗器械可信赖评价方法研究 | GJJS－2022－3－1 | 100 | / | 院关键技术研究基金 |
| 9 | | | 王晨希 | 器械所 | 面向冠脉 CT、肢体运动、乳腺超声的人工智能医疗器械测试集的开发 | GJJS－2022－3－2 | 100 | / | 院关键技术研究基金 |

续表

| 序号 | 指南 | 推荐业务所 | 申请人 | 申请部门 | 课题名称 | 课题编号 | 院级经费/万元 | 所级经费/万元 | 基金类别 |
|---|---|---|---|---|---|---|---|---|---|
| 10 | 4－原辅料、药物制剂关键技术研究 | 化药所 | 黄海伟 | 化药所 | 化学药品中亚硝胺、金属元素等微量杂质识别与质量控制研究 | GJJS－2022－4－1 | 70 | / | 院关键技术研究基金 |
| 11 | | | 刘阳 | 化药所 | 核磁共振定量在恩替卡韦及复方甘草片成分含量测定中的应用研究 | GJJS－2022－4－2 | 60 | / | 院关键技术研究基金 |
| 12 | | | 陈华 | 化药所 | 复杂制剂关键特性3D打印等仿生评价技术研究 | GJJS－2022－4－3 | 70 | 10 | 院关键技术研究基金 |
| 13 | 5－标准物质及杂质的合成和制备关键技术研究 | 标物中心 | 吴先富 | 标物中心 | 吉非替尼杂质等四类标准物质原料的合成和制备关键技术研究 | GJJS－2022－5－1 | 100 | 60 | 院关键技术研究基金 |
| 14 | | | 尹利辉 | 化药所 | 阿片类氘代对照品原料的研制 | GJJS－2022－5－2 | 35 | 10 | 院关键技术研究基金 |
| 15 | | | 李萌 | 生检所 | 单抗国家活性标准物质的原料筛选鉴定和冻干制备工艺研究 | GJJS－2022－5－3 | 65 | 10 | 院关键技术研究基金 |
| 16 | 6－创新生物技术药物的药效学评价及药物作用机制研究 | 安评所 | 黄瑛 | 安评所 | 脐带间充质干细胞和CD19嵌合抗原受体T细胞非临床有效性评价方法和药效学机制研究 | GJJS－2022－6－1 | 40 | / | 院关键技术研究基金 |
| 17 | | | 贺庆 | 化药所 | 肿瘤新抗原mRNA治疗性癌症疫苗的临床前药效学评价关键技术研究 | GJJS－2022－6－2 | 40 | / | 院关键技术研究基金 |
| 18 | | | 王欣 | 安评所 | 溶瘤痘病毒产品非临床有效性评价方法和药效学作用机制研究 | GJJS－2022－6－3 | 41 | / | 院关键技术研究基金 |
| 19 | | | 李芊芊 | 安评所 | 质粒DNA治疗药物临床前免疫原性检测及标准化研究 | GJJS－2022－6－4 | 39 | / | 院关键技术研究基金 |
| 20 | | | 霍桂桃 | 安评所 | 构建p53＋/－荷淋巴瘤小鼠及PDX小鼠淋巴瘤模型进行抗淋巴瘤药物药效学评价研究 | GJJS－2022－6－5 | 40 | / | 院关键技术研究基金 |

续表

| 序号 | 指南 | 推荐业务所 | 申请人 | 申请部门 | 课题名称 | 课题编号 | 院级经费/万元 | 所级经费/万元 | 基金类别 |
|---|---|---|---|---|---|---|---|---|---|
| 21 | 7－符合中药特点的中药质量评价新思路和新方法 | 中药所 | 于健东 | 中药所 | 藿香正气水等3个中成药质量评价新模式及中药安全性风险控制体系研究 | GJJS－2022－7－1 | 100 | / | 院关键技术研究基金 |
| 22 | | | 金红宇 | 中药所 | 川贝母等中药材及饮片整体质量评价新方法研究 | GJJS－2022－7－2 | 100 | / | 院关键技术研究基金 |
| 23 | 8－化妆品安全评价与监测关键技术研究 | 食化所 | 王海燕 | 食化所 | 基于高分辨质谱的化妆品高风险物质筛查技术、平台研究及构建 | GJJS－2022－8－1 | 44 | / | 院关键技术研究基金 |
| 24 | | | 张凤兰 | 化妆品评价中心 | 化妆品技术指导原则框架及纳米等创新技术化妆品评价研究 | GJJS－2022－8－2 | 40 | / | 院关键技术研究基金 |
| 25 | | | 裴新荣 | 食化所 | 化妆品标准架构及高风险原料标准示范研究 | GJJS－2022－8－3 | 30 | / | 院关键技术研究基金 |
| 26 | | | 张露勇 | 食化所 | 化妆品用化学原料皮肤吸收检测方法转化研究 | GJJS－2022－8－4 | 43 | / | 院关键技术研究基金 |
| 27 | | | 骆海朋 | 食化所 | 人皮肤细菌精准鉴定及溯源关键技术研究 | GJJS－2022－8－5 | 43 | / | 院关键技术研究基金 |
| 28 | 9－新药非临床药代动力学体外、体内评价和模型预测方法研究 | 安评所 | 刘颖 | 安评所 | 基于抗生素类新药的非临床药代动力学体内评价和PBPK模型预测方法研究 | GJJS－2022－9－1 | 100 | / | 院关键技术研究基金 |
| 29 | | | 于敏 | 安评所 | 新药非临床药物代谢与药代动力学体外代谢模型的建立与评价方法研究 | GJJS－2022－9－2 | 100 | / | 院关键技术研究基金 |
| 30 | 10－国家中药民族药标本数字化基础数据库构建关联技术研究 | 中药所 | 康帅 | 中药所 | 中药民族药标本的数字化规范与智能化应用关键技术研究（种子类） | GJJS－2022－10－1 | 140 | / | 院关键技术研究基金 |
| 31 | | | 姚令文 | 中药所 | 中药民族药“数字标本”构建的关键技术研究 | GJJS－2022－10－2 | 60 | / | 院关键技术研究基金 |
| 总计 | | | | | | | 2000 | 230 | |

**表 7-3 2022 年国家级、省部级等验收课题**

| 序号 | 项目（课题）名称 | 负责人 | 项目（课题）编号 | 起止日期 | 验收通过日期 | 项目（课题）类别 |
|---|---|---|---|---|---|---|
| 1 | 食品微生物检验相关参考物质体系研究及评价 | 崔生辉 | 2017YFC1601400 | 2018.7—2021.12 | 2022.11.9 | 国家重点研发计划 |
| 2 | 新一代生物材料质量评价关键技术研究 | 杨昭鹏（现母瑞红） | 2016YFC1103200 | 2016.6—2020.12 | 2022.5.17 | 国家重点研发计划 |
| 3 | 食品监管微生物追踪技术与网络平台的建立 | 徐颖华 | 2018YFC1603900 | 2018.12—2021.12 | 2022.11.9 | 国家重点研发计划 |
| 4 | 临床级别干细胞标准化评估体系 | 袁宝珠 | 2016YFA0101500 | 2016.7—2020.12 | 2022.6.23 | 国家重点研发计划 |

**表 7-4 2022 年获得专利授权项目**

| 序号 | 专利名称 | 授权专利号 | 公告日期 | 专利类型 | 专利权人 | 发明人 |
|---|---|---|---|---|---|---|
| 1 | 二蒽酮类化合物在制备抗肿瘤药物中的应用 | ZL202110806685.9 | 2022-11-08 | 发明专利 | 中国食品药品检定研究院 | 马双成；孙华；魏锋；杨建波；欧阳婷；汪祺；陈子涵；宋云飞；陈智伟；高慧宇；王雪婷 |
| 2 | 一种基于分光光度法定量检测化妆品中辛酰羟肟酸的方法 | ZL202010756687.7 | 2022-10-21 | 发明专利 | 中国食品药品检定研究院 | 董亚蕾；乔亚森；黄传峰；王海燕；孙磊；路勇 |
| 3 | 一种抗 OX40 抗体的生物活性检测方法 | ZL202210895161.6 | 2022-10-21 | 发明专利 | 中国食品药品检定研究院 | 李萌；杨雅岚；刘春雨；付志浩；于传飞；赵雪羽；王兰；王军志 |
| 4 | 佩兰中吡咯里西啶生物碱的测定方法 | ZL202110110743.4 | 2022-12-06 | 发明专利 | 中国食品药品检定研究院 | 昝珂；左甜甜；金红宇；马双成；王莹；刘丽娜；李耀磊；王丹丹 |
| 5 | 测定 COVID-19 疫苗中结构蛋白含量的特异性肽段及方法 | ZL202011055521.9 | 2022-11-25 | 发明专利 | 中国食品药品检定研究院 | 卫辰；龙珍；邓海清；徐康维；李长坤；马霄；尹珊珊；李月琪；刘建凯；黄涛宏 |
| 6 | 人诱导多能干细胞诱导分化神经细胞评价模型的构建及其评价药物神经毒性的用途 | ZL202111145332.5 | 2022-11-25 | 发明专利 | 中国食品药品检定研究院 | 屈哲；耿兴超；林志；田康；霍桂桃；张頔；杨艳伟；李波 |
| 7 | 一种快速测定不含金石蚕苷或 2′-乙酰基金石蚕苷的药材或饮片中沙苁蓉掺伪量的方法 | ZL201910049883.8 | 2022-10-18 | 发明专利 | 中国食品药品检定研究院 | 高妍；昝珂；郑健 |

续表

| 序号 | 专利名称 | 授权专利号 | 公告日期 | 专利类型 | 专利权人 | 发明人 |
|---|---|---|---|---|---|---|
| 8 | 基于 PMA - qRT - PCR 法的甲型肝炎疫苗病毒滴度快速检测方法 | ZL202010350604.4 | 2022 - 10 - 18 | 发明专利 | 中国食品药品检定研究院 | 卞莲莲；高帆；孙世洋；梁争论；毛群颖；吴星 |
| 9 | 感染动物的假型 MERS - CoV 病毒、其制备方法和用途 | ZL201810900762.5 | 2022 - 10 - 11 | 发明专利 | 中国食品药品检定研究院 | 黄维金；刘强；王佑春；范昌发；李倩倩；吴曦；刘甦苏；吕建军；杨艳伟；曹愿 |
| 10 | 一种用于检测重组人表皮生长因子生物学活性的高反应性细胞株 | ZL201910415900.5 | 2022 - 09 - 06 | 发明专利 | 中国食品药品检定研究院 | 王军志；饶春明；秦玺；李山虎；姚文荣；史新昌；刘兰；贾春翠；黄芳；周勇；段茂芹 |
| 11 | 一种粉红粘帚霉菌的引物、探针以及鉴定方法 | ZL202111150398.3 | 2022 - 08 - 23 | 发明专利 | 中国食品药品检定研究院 | 张萍；魏锋；马双成；崔生辉；任秀；康帅；陆兔林 |
| 12 | hKDR 人源化小鼠模型及其建立方法和应用 | ZL202011594798.9 | 2022 - 08 - 09 | 发明专利 | 中国食品药品检定研究院 | 范昌发；曹愿；王佑春；吴勇；刘甦苏；赵皓阳；翟世杰；谷文达；杨远松；孙晓炜 |
| 13 | 二蒽酮类化合物在制备预防和（或）治疗心肌缺血性疾病及其相关病症的药物中的应用 | ZL202111072549.8 | 2022 - 08 - 09 | 发明专利 | 中国食品药品检定研究院 | 马双成；孙华；魏锋；杨建波；欧阳婷；汪祺；陈子涵；王莹；宋云飞；陈智伟；高慧宇；王雪婷 |
| 14 | 检测小鼠细胞残留 DNA 的引物及方法 | ZL201711191299.3 | 2022 - 08 - 02 | 发明专利 | 中国食品药品检定研究院 | 王兰；武刚；吴婉欣；宗伟英；朱冰美 |
| 15 | HPSEC - RI 法检测多糖并与 Sepharose CL - 4B 法关联的方法 | ZL202110222593.6 | 2022 - 07 - 19 | 发明专利 | 中国食品药品检定研究院 | 李茂光；毛琦琦；陈苏京；赵丹；许美凤；李亚南；叶强 |
| 16 | 乙酰化戊型肝炎病毒衣壳蛋白 ORF2 及其用途 | ZL201810580101.9 | 2022 - 07 - 15 | 发明专利 | 中国食品药品检定研究院 | 王佑春；许楠；黄维金；赵晨燕；张黎 |
| 17 | HPSEC - MALS 法检测多糖并与 Sepharose CL - 4B 法关联的方法 | ZL202110222592.1 | 2022 - 07 - 12 | 发明专利 | 中国食品药品检定研究院 | 李茂光；李亚南；毛琦琦；陈苏京；王春娥；赵丹；许美凤；叶强 |
| 18 | 调节戊型肝炎病毒组装和衣壳蛋白 ORF2 稳定性的方法 | ZL201810580468.0 | 2022 - 07 - 08 | 发明专利 | 中国食品药品检定研究院 | 王佑春；许楠；黄维金；赵晨燕；张黎 |
| 19 | 一种注射用头孢曲松钠丁基胶塞的质量评价方法 | ZL202011383522.6 | 2022 - 07 - 08 | 发明专利 | 中国食品药品检定研究院 | 崇小萌；王立新；田冶；刘颖；朱俐；邹文博；张斗胜；姚尚辰；尹利辉；许明哲 |

续表

| 序号 | 专利名称 | 授权专利号 | 公告日期 | 专利类型 | 专利权人 | 发明人 |
|---|---|---|---|---|---|---|
| 20 | 科博肽中杂质的鉴定方法及科博肽纯度的检测方法 | ZL202110215341.0 | 2022－07－08 | 发明专利 | 中国食品药品检定研究院 | 刘博；范慧红；黄露；廖海明；张佟 |
| 21 | 基于色度仪测定药用辅料固体粉末色度的方法 | ZL202111392660.5 | 2022－06－17 | 发明专利 | 中国食品药品检定研究院 | 杨锐；王会娟；王晓锋；许凯；张靖；王添闻；杨会英；肖新月 |
| 22 | 一种测定重组人可溶性gp130－Fc融合蛋白生物学活性的新方法 | ZL201910420569.6 | 2022－05－27 | 发明专利 | 中国食品药品检定研究院 | 王军志；饶春明；于雷；贾春翠；周勇；姚文荣；史新昌；秦玺；裴德宁 |
| 23 | 植物凝集素PHA－E在制备治疗冠状病毒所致疾病的药物中的应用 | ZL202110601559.X | 2022－05－27 | 发明专利 | 中国食品药品检定研究院 | 王佑春；王兰；黄维金；王文波；李倩倩；吴佳静；武刚；于传飞；郭璐韵；杨雅岚 |
| 24 | 一种快速测定CGRP/CGRP受体抗体药物生物学活性的方法 | ZL202011325615.3 | 2022－05－17 | 发明专利 | 中国食品药品检定研究院 | 王军志；王兰；于传飞；付志浩；郭潇；黄璟；刘春雨；段茂芹；郭莎 |
| 25 | 5－硝基糠醛二乙酸酯长期放置产生的杂质的鉴定方法 | ZL202011331783.3 | 2022－05－06 | 发明专利 | 中国食品药品检定研究院 | 刘颖；杨青；田冶；张夏；崇小萌；冯艳春；姚尚辰；尹利辉；许明哲 |
| 26 | 一种仿制药品的工艺评价方法和系统 | ZL201910334239.5 | 2022－04－08 | 发明专利 | 中国食品药品检定研究院 | 赵瑜；胡昌勤；姚尚辰；尹利辉；戚淑叶；许明哲 |
| 27 | 小扁豆凝集素在制备预防和治疗冠状病毒引起的感染性疾病的药物中的应用 | ZL202110599922.9 | 2022－04－08 | 发明专利 | 中国食品药品检定研究院 | 王佑春；王兰；黄维金；王文波；李倩倩；吴佳静；武刚；于传飞；郭璐韵 |
| 28 | 鉴别水蛭品种的成套引物及方法 | ZL201811449821.8 | 2022－04－05 | 发明专利 | 中国食品药品检定研究院 | 郑健；刘杰；过立农；高妍；昝珂；李文静；李丽潇；黄涛宏 |
| 29 | 一种用于治疗冠状病毒感染的植物凝集素succ-Con A及应用 | ZL202110601550.9 | 2022－03－22 | 发明专利 | 中国食品药品检定研究院 | 王佑春；王兰；黄维金；王文波；李倩倩；吴佳静；段茂芹；武刚；于传飞；郭璐韵 |
| 30 | 用于牛黄真伪鉴别的荧光定量PCR检测的方法和用途 | ZL201711041967.4 | 2022－03－18 | 发明专利 | 中国食品药品检定研究院 | 张文娟；魏锋；马双成 |

续表

| 序号 | 专利名称 | 授权专利号 | 公告日期 | 专利类型 | 专利权人 | 发明人 |
|---|---|---|---|---|---|---|
| 31 | 用于牛黄真伪鉴别的荧光定量 PCR 检测的探针引物及检测方法和用途 | ZL201711041968.9 | 2022-03-18 | 发明专利 | 中国食品药品检定研究院 | 张文娟；魏锋；马双成 |
| 32 | 基于液相色谱评价体外辅助生殖用液质量的方法 | ZL202110717679.6 | 2022-03-15 | 发明专利 | 中国食品药品检定研究院 | 黄元礼；赵丹妹；柯林楠；孙雪；刘丽；韩倩倩；王春仁 |
| 33 | 一种植物凝集素 PHA-L 在制备抗冠状病毒药物中的用途 | ZL202110601549.6 | 2022-03-11 | 发明专利 | 中国食品药品检定研究院 | 王佑春；王兰；黄维金；王文波；李倩倩；吴佳静；武刚；于传飞；郭璐韵 |
| 34 | 一种用于抗 CTLA-4 单克隆抗体生物学活性检测的 RGA 方法及其应用 | ZL202110308027.7 | 2022-03-08 | 发明专利 | 中国食品药品检定研究院 | 王兰；刘春雨；于传飞；杨雅岚；崔永霏；段茂芹；俞小娟；徐苗；王军志 |
| 35 | 麦胚芽凝集素在制备抑制冠状病毒的产品中的应用 | ZL202110599906.X | 2022-03-08 | 发明专利 | 中国食品药品检定研究院 | 王佑春；王兰；黄维金；王文波；李倩倩；吴佳静；武刚；于传飞；郭璐韵；郭莎 |
| 36 | 百日咳毒素产品和百白破疫苗中活性蛋白的测定方法 | ZL201810711510.8 | 2022-12-02 | 发明专利 | 中国食品药品检定研究院 | 龙珍；卫辰；李月琪；马霄；姚劲挺；冀峰；李长坤；骆鹏；王丽婵；黄涛宏 |
| 37 | 检测大肠杆菌细胞 DNA 的引物及方法 | ZL201510130787.8 | 2022-10-11 | 发明专利 | 中国食品药品检定研究院 | 杨志行；梁成罡；王滔；吕萍；吴婉欣；宗伟英；张慧；李晶 |
| 38 | 一种用于药品镜检的多功能制片装置 | ZL202222008005.1 | 2022-11-08 | 实用新型专利 | 中国食品药品检定研究院 | 刘婷；张斗胜；张露勇；刘师卜；许鸣镝 |
| 39 | 限量检查装置 | ZL202221729193.0 | 2022-11-08 | 实用新型专利 | 中国食品药品检定研究院 | 张斗胜；张庆生；刘婷；许明哲；王晨；肖璜；姚尚辰；宁保明 |
| 40 | 一种用于溶出度检验的多功能支架装置 | ZL202221826159.5 | 2022-10-28 | 实用新型专利 | 中国食品药品检定研究院 | 张斗胜；刘婷；王晨；肖璜；许明哲；张庆生 |
| 41 | 一种机械臂及搬运设备 | ZL202221795474.6 | 2022-10-25 | 实用新型专利 | 中国食品药品检定研究院 | 马双成；金红宇；姚令文；王莹；刘芫汐；李海亮；王冰；王淑红；林志杰 |
| 42 | 一种心室辅助装置测试系统 | ZL202220813210.2 | 2022-10-18 | 实用新型专利 | 中国食品药品检定研究院 | 李澍 |
| 43 | 一种细菌内毒素检测试剂盒 | ZL202220788761.8 | 2022-09-16 | 实用新型专利 | 中国食品药品检定研究院 | 裴宇盛；蔡彤；陈晨；刘雅丹；高华；张庆生 |

续表

| 序号 | 专利名称 | 授权专利号 | 公告日期 | 专利类型 | 专利权人 | 发明人 |
|---|---|---|---|---|---|---|
| 44 | 一种用于核磁管的循环式清洗设备 | ZL202123198434.1 | 2022－09－16 | 实用新型专利 | 中国食品药品检定研究院 | 田冶；姚尚辰；崇小萌；邹文博；赵瑜；朱俐 |
| 45 | 一种细菌内毒素检测试剂恒温水浴装置 | ZL202220790332.4 | 2022－08－19 | 实用新型专利 | 中国食品药品检定研究院 | 裴宇盛；蔡彤；陈晨；刘雅丹；高华；张庆生 |
| 46 | 配备自动收集功能的模拟局部给药产品体液循环装置 | ZL202220306713.0 | 2022－06－17 | 实用新型专利 | 中国食品药品检定研究院 | 马迅；陈华；左宁；文强；毛睿 |
| 47 | 大鼠定量填食机 | ZL202120913893.4 | 2022－04－29 | 实用新型专利 | 中国食品药品检定研究院 | 刘婷；张露勇；王晨；刘师卜；张斗胜；李波；许明哲；孙磊；王欣 |
| 48 | 一种蒸发皿自动加水装置 | ZL202122625651.8 | 2022－03－15 | 实用新型专利 | 中国食品药品检定研究院 | 田冶；许明哲；姚尚辰；尹利辉；崇小萌；邹文博；赵瑜；刘颖 |
| 49 | 多杂质大样本量液体的微生物富集装置及检测系统装置 | ZL202121747915.0 | 2022－01－25 | 实用新型专利 | 中国食品药品检定研究院 | 王学硕；崔生辉；赵琳娜；刘娜 |
| 50 | 应急执法专用包 | ZL202120964469.2 | 2022－03－01 | 实用新型专利 | 中国食品药品检定研究院 | 朱俐；赵瑜；曹颖；钱成玉；尹利辉；许明哲；张庆生；王立新；冯艳春；刘颖；张夏 |
| 51 | 封条 | ZL202120965087.1 | 2022－03－01 | 实用新型专利 | 中国食品药品检定研究院 | 尹利辉；朱俐；曹颖；钱成玉；赵瑜；许明哲；张庆生；王晨；崇小萌；田冶；姚尚辰；张夏；王立新 |
| 52 | 一种可旋转高通量样品载物台 | ZL202120507064.6 | 2022－01－07 | 实用新型专利 | 中国食品药品检定研究院 | 赵瑜；汤海涛；尹利辉；江苏；朱俐；许明哲；姚尚辰；刘颖；田冶 |
| 53 | 一种可旋转高通量胶囊剂光谱检测装置 | ZL202120870941.6 | 2022－01－07 | 实用新型专利 | 中国食品药品检定研究院 | 赵瑜；朱俐；汤海涛；尹利辉；江苏 |
| 54 | 一种自动混匀颗粒药剂光谱检测装置 | ZL202121207180.2 | 2022－01－07 | 实用新型专利 | 中国食品药品检定研究院 | 赵瑜；尹利辉；汤海涛；江苏；朱俐 |
| 55 | 一种适用于片剂和丸剂药品光谱测样装置 | ZL202121212709.X | 2022－01－07 | 实用新型专利 | 中国食品药品检定研究院 | 赵瑜；汤海涛；尹利辉；江苏；朱俐 |

续表

| 序号 | 专利名称 | 授权专利号 | 公告日期 | 专利类型 | 专利权人 | 发明人 |
|---|---|---|---|---|---|---|
| 56 | 药品检测用工具箱 | ZL202121812564.7 | 2022-03-01 | 实用新型专利 | 中国食品药品检定研究院 | 朱俐；赵瑜；尹利辉；曹颖；钱成玉；许明哲；张庆生；刘颖；王琰；韩莹；张斗胜；戚淑叶 |
| 57 | 一种薄膜制样载物台 | ZL202120507068.4 | 2022-03-11 | 实用新型专利 | 中国食品药品检定研究院 | 赵瑜；江苏；汤海涛；朱俐；尹利辉；田冶；刘颖；姚尚辰；许明哲 |
| 58 | 用于显示屏幕面板的药品检验自助受理图形用户界面 | ZL202130464665.9 | 2022-03-18 | 外观设计专利 | 中国食品药品检定研究院 | 张炜敏；黄清泉；薛晶；成双红；黄宝斌；梁静 |
| 获得授权专利58项，其中发明专利37项。实用新型20，外观1项 | | | | | | |

**表7-5 2022年获得科技奖励项目**

| 序号 | 获奖类型 | 获奖级别 | 奖项名称 | 颁发单位 | 主要完成单位 | 主要完成人 |
|---|---|---|---|---|---|---|
| 1 | 中国药学会科技奖 | 一等奖 | 新发突发大流行类传染病疫苗研发和产业化技术体系构建及应用 | 中国药学会 | 中国生物技术股份有限公司、北京生物制品研究所有限责任公司、中国食品药品检定研究院、武汉生物制品研究所有限责任公司 | 杨晓明、王辉、李长贵、张云涛、段凯、赵玉秀、张晋、李娜、梁宏阳，于守智、张家友、徐康维、赵巍、张颖、朱秀娟 |
| 2 | 中国药学会科技奖 | 一等奖 | 中药外源性有害残留物检测技术、风险评估及标准体系的建立和应用 | 中国药学会 | 中国食品药品检定研究院、国家药典委员会、国家食品安全风险评估中心、广州市药品检验所、四川省药品检验研究院、河北省药品检验研究院、中国医学科学院药用植物研究所 | 马双成、金红宇、张磊、顾利红、苟琰、薛健、刘永利、左甜甜、林彤、王莹、刘丽娜、申明睿、石上梅、魏锋、于健东 |
| 3 | 中国药学会科技奖 | 二等奖 | 药物非临床安全性评价前沿技术方法的建立与应用 | 中国药学会 | 中国食品药品检定研究院 | 李波、耿兴超、周晓冰、文海若、黄瑛、王三龙、林志、苗玉发、王欣、屈哲、霍艳、张河战、张颖丽、潘东升、侯田田 |
| 4 | 中国药学会科技奖 | 三等奖 | 基于特征标记物的药品质量关键监控技术体系构建及应用 | 中国药学会 | 山东省食品药品检验研究院、中国食品药品检定研究院 | 石峰、许明哲、王维剑、巩丽萍、咸瑞卿、王琰、程春雷、杭宝建、薛维丽、张乃斌 |
| 5 | 北京市科技进步奖 | 一等奖 | 重大病毒性传染病防控产品研发支撑平台和评价关键技术创新和应用 | 北京市政府 | 中国食品药品检定研究院、北京义翘神州科技股份有限公司、北京医院、神州细胞工程有限公司 | 王佑春、谢良志、李金明、黄维金、张瑞、范昌发、张杰、周海卫、聂建辉、孙春昀、罗春霞、张黎、张延静、刘东来、许四宏 |

续表

| 序号 | 获奖类型 | 获奖级别 | 奖项名称 | 颁发单位 | 主要完成单位 | 主要完成人 |
|---|---|---|---|---|---|---|
| 6 | 北京市科技进步奖 | 一等奖 | 新型冠状病毒灭活疫苗的全球研制及应用 | 北京市政府 | 北京科兴中维生物技术有限公司、中国食品药品检定研究院、中国科学院生物物理研究所、中国疾病预防控制中心传染病预防控制所、浙江省疾病预防控制中心、北京昌平实验室 | 尹卫东、李长贵、高强、王祥喜、卢金星、张严峻、曹云龙、胡雅灵、张辉,、曾刚、王桢、廉晓娟、孟伟宁、英志芳、吕哲 |
| 7 | 北京市科技进步奖 | 一等奖 | 新型冠状病毒灭活疫苗的研制及应用 | 北京市政府 | 中国生物技术股份有限公司、北京生物制品研究所有限责任公司、中国食品药品检定研究院、中国疾病预防控制中心病毒病预防控制所 | 杨晓明、张云涛、王辉、徐苗、赵玉秀、张晋、梁宏阳、杨云凯、李娜、周为民、丁玲、朱秀娟、于守智 |
| 8 | 北京市科技进步奖 | 二等奖 | 新冠肺炎诊断试剂科技攻关技术平台的建立及应用 | 北京市政府 | 中国食品药品检定研究院、中国人民解放军总医院、首都医科大学附属北京地坛医院、中国科学院广州生物医药与健康研究院、北京金沃夫生物工程科技有限公司、北京金豪制药股份有限公司、北京贝尔生物工程股份有限公司 | 杨振、何昆仑、石大伟、李丽莉、王雅杰、陈凌、夏德菊、冯立强、张樱、陈浪 |
| 中国药学会一等奖2项，二等奖、三等奖各1项，获得北京市科技进步一等奖3项，科技进步二等奖1项 | | | | | | |

# 课题研究

## 2022年度中检院“中青年发展研究基金”课题验收工作

2022年2月18日、2月23日、4月13日，中检院组织院学术委员会专家对2019年度立项及2017、2018年度延期的17个院中青年发展研究基金课题进行验收。2月18日为医疗器械、化妆品评价、质量管理领域的6个课题验收，评审专家组由李静莉、于欣、王天宇等8位专家组成，李静莉研究员担任专家组组长。2月23日为辅料包材、化药领域的6个课题验收，评审专家组由孙会敏、尹利辉、王天宇等8位专家组成，孙会敏研究员担任专家组组长。4月13日为生检、实验动物、食品领域的5个课题验收，评审专家组由岳秉飞、曹进、王天宇等8位专家组成，岳秉飞研究员担任专家组组长。17个课题均通过验收（表7－6）。

**表7－6　2022年度中检院“中青年发展研究基金”通过验收课题**

| 序号 | 课题名称 | 课题负责人 | 推荐部门 | 课题执行期 |
|---|---|---|---|---|
| 1 | 数字式助听器语音质量评价方法研究 | 郝烨 | 器械所 | 2019年10月—2021年10月 |
| 2 | 动物源性生物材料处理剂残留和溶出的毒性研究 | 史建峰 | 器械所 | 2019年10月—2021年10月 |
| 3 | 脑部植入器械的神经毒性评价（原位植入法） | 邵安良 | 器械所 | 2019年10月—2021年10月 |
| 4 | 手术机器人定位准确性及系统延迟测试研究 | 唐桥虹 | 器械所 | 2019年10月—2021年10月 |

续表

| 序号 | 课题名称 | 课题负责人 | 推荐部门 | 课题执行期 |
|---|---|---|---|---|
| 5 | 能力验证方案指标遴选方法的研究 | 刘雅丹 | 质量管理中心 | 2019 年 10 月—2021 年 10 月 |
| 6 | 基于化妆品技术审评的系统优化设计和数据库开发 | 苏哲 | 化妆品评价中心 | 2019 年 10 月—2021 年 10 月 |
| 7 | 塑料包装输液类及腹膜透析液类产品中吸氧剂的选择 | 王颖 | 辅料包材所 | 2019 年 10 月—2021 年 10 月 |
| 8 | 高风险制剂用玻璃包装容器快速预评价方法与相容性的相关性研究 | 齐艳菲 | 辅料包材所 | 2019 年 10 月—2021 年 10 月 |
| 9 | 单抗制剂中聚山梨酯 20/80 对主药聚集的影响机制探究 | 王珏 | 辅料包材所 | 2018 年 11 月—2021 年 10 月 |
| 10 | 药用辅料中醛类及其聚合物残留检测和安全性评估 | 宋晓松 | 辅料包材所 | 2017 年 5 月—2021 年 10 月 |
| 11 | 临床急需化学药品注册检验工作机制创新研究 | 李文龙 | 化药所 | 2019 年 10 月—2021 年 10 月 |
| 12 | 注射用头孢硫脒质量评价探索性研究 | 戚淑叶 | 化药所 | 2019 年 10 月—2021 年 10 月 |
| 13 | 报告基因法测定 IL－4/IL－4R 靶点单抗的生物学活性研究 | 俞小娟 | 生检所 | 2019 年 10 月—2021 年 10 月 |
| 14 | 建立基于 R26－hSCARB2 敲入小鼠模型的手足口病毒疫苗体内保护力直接检测方法 | 吴勇 | 动物所 | 2019 年 10 月—2021 年 10 月 |
| 15 | 蛋白饮料植物源性成分非定向筛查方法的建立与应用 | 陈怡文 | 食化所 | 2019 年 10 月—2021 年 10 月 |
| 16 | 6 种双歧杆菌菌株精准鉴定方法研究 | 任秀 | 食化所 | 2019 年 10 月—2021 年 10 月 |
| 17 | 化妆品纳米颗粒的检测方法研究 | 李硕 | 食化所 | 2018 年 10 月—2021 年 10 月 |

## 2022 年度中检院“学科带头人培养基金”课题验收工作

2022 年 2 月 17 日，中检院组织院学术委员会专家对 2019 年度立项的 5 个院学科带头人培养基金课题进行验收。评审专家组由岳秉飞、孟淑芳、汪毅等 8 位专家组成，岳秉飞研究员担任专家组组长。5 个课题均通过验收（表 7－7）。

**表 7－7　2022 年度中检院“学科带头人培养基金”通过验收课题**

| 序号 | 课题名称 | 课题负责人 | 推荐部门 | 课题执行期 |
|---|---|---|---|---|
| 1 | 肿瘤突变负荷（TMB）标准化研究 | 曲守芳 | 诊断试剂所 | 2019 年 10 月—2021 年 10 月 |
| 2 | 高通量人乳头瘤病毒疫苗免疫原性评价技术研究 | 聂建辉 | 生检所 | 2019 年 10 月—2021 年 10 月 |
| 3 | 杂质遗传毒性评价方法研究 | 文海若 | 安评所 | 2019 年 10 月—2021 年 10 月 |
| 4 | 变应原制品质量控制关键技术研究 | 张影 | 生检所 | 2019 年 10 月—2021 年 10 月 |
| 5 | 建立基于遗传修饰动物模型的药物致癌性评价替代方法 | 刘甦苏 | 动物所 | 2019 年 10 月—2021 年 10 月 |

## 中检院关键技术研究基金

2022 年 1 月 21 日，召开院长专题会议讨论第一期院关键技术研究基金申报指南及申报评审方案，确定由各指南方向的申报受理部门遴选推荐。2022 年 6 月 29 日，发布中检院关键技术研究基金第一期申报通知，10 个方向共收到 31 项推荐课题。2022 年 11 月 14 日，对 10 个方向的 31 项课题进行院内综合评议，共邀请马双成、孙会敏、曹洪杰等院内 22 名专家和胡宇驰等 4 名院外专家组成专家评审团，对 31 项课题是否推荐立项给出意见及推荐理由和修改意见，最终确定 31 项课题全部推荐立项。2022 年 11 月 30 日至 12 月 8 日，对拟推荐立项课题进行了 7 个工作日的院内公示，公示期内未收到任何异议。2022 年 12 月 22 日，院长办公会审议并原则通过了 2022 年度关键技术研究基金推荐立项课题，共 31 项，支持经费共 2230 万元，其中院级经费 2000 万元，所级配套经费 230 万元。

# 学术交流

## 2022年度中国食品药品检定研究院科技周活动

2022年9月27日至30日，开展2022年度院科技周活动，4个学术委员会分委会分别通过线上线下形式，邀请国内知名专家、中检院专家和优秀青年人才进行学术报告和交流。药检系统、高校、科研院所及相关企业等400余家单位参与交流。中检院学术委员会委员、相关业务所科研人员300余人次参加了本次科技周活动。

## 学术论坛活动

以线上会议形式开展了“神经修复与再生研究产品研发及质量评价”和“医用增材医疗器械技术及标准发展”两个学术论坛，达到了预期效果。

# 其　他

## 全国重点实验室申报工作

按照国家药监局部署，中检院联合国家药典委员会和国家药监局药品审评中心共同申报“药品监管科学全国重点实验室”。先后组织完成了申报启动会、历次起草专班和起草小组会议、局领导现场办公会、专家咨询会、科技部实验室评议咨询会等会议。经过18个版本的起草修改，于2022年9月完成并提交了全国重点实验室组建方案，同时编制报送了汇报PPT。完成了阶段性申报工作，并为评审答辩开展准备工作。

## 2022年度国家药品监督管理局重点实验室考核及简讯收集整理工作

2022年1月，受国家药监局委托，中检院起草了《国家药监局重点实验室2022年度考核实施方案》（以下简称《考核实施方案》）上报科技国合司。严格按照工作程序及时限要求组织开展考核工作。

2022年2月至3月，对各省级局寄达的年度考核纸质材料按学科领域进行整理、电子材料进行拷贝，并对报送材料进行形式审查。

按照《考核实施方案》专家遴选原则，中检院按学科领域分组拟定了考核专家建议名单上报科技国合司。科技国合司审定后，最终确定参会专家36人。同时，中检院拟定了《国家药监局重点实验室2022年度考核材料评审方案》报科技国合司审核同意后组织实施。

2022年3月25日，科技国合司组织召开考核评审工作预备会，宣布六个领域专家组组长和专家名单，明确本次考核的要求和纪律。

2022年3月31日至4月2日，中检院分别组织召开六个领域的评审会议。六个领域考核评审会结束后，中检院根据专家组提交的《重点实验室考核专家组意见书》，总结考核总体情况，汇总监管科学成果，形成报告，函报科技国合司。

根据《国家药监局重点实验室工作简讯编制工作的通知》，中检院每季度通过邮件收集117个国家药监局重点实验室报送的简讯材料，对简讯材料内容进行研读审核，提出采纳与否的建议反馈国家药监局科技国合司和中国健康传媒集团，按时完成了国家药监局重点实验室4期工作简讯资料收集整理工作。

## 与两家国家实验室签署战略合作协议

为实现国家战略需求，促进科技创新和成果转化，中检院分别于2022年5月和7月与昌平实验室和临港实验室签署战略合作协议，并已开展有关协作、交流和指导工作。

# 第八部分　系统指导

## 系统交流

### 2022年全国中药饮片抽检专项及中药材质量监测专项工作研讨会网络视频会议召开

2022年2月24日，中检院组织召开了2022年国家药品抽检中药饮片专项及中药材质量监测专项检验问题研讨会网络视频会议。承担抽检任务的中检院中药所以及安徽省、甘肃省、河南省、四川省、浙江省、深圳市等6个省市检验院（所）的项目工作人员参加此次会议。

会议就2022年国家药监局中药饮片专项及中药材质量监测专项抽检工作有关问题进行了交流讨论。会议期间，中检院中药民族药检定所（以下简称“中检院中药所”）中药材室负责人介绍了2022年国家药品抽检中药饮片专项及中药材质量监测工作的技术要求和检验判定原则，统一了检验和研究思路。甘肃省院、深圳市院分别就2021年承担的部分中药饮片品种交流了工作经验。2022年中药饮片专项及中药材质量监测专项各承担单位分别介绍了检验和研究方案，对检验有关问题进行了交流和讨论。

中检院中药所主要负责人在会上发言，希望各检测机构在此次专项抽检工作中，坚持符合中医药特点的质量监管理念，以问题为导向，在做好疫情防控的同时，克服困难，按照2022年国家药品抽检工作手册的要求开展检验和相关的研究工作，按期完成抽检任务。中检院监督中心主要负责人在总结发言中，强调了标准执行和问题上报等事项，要求各检测机构认真开展检验工作，保障公众用药的质量和安全，以实际行动践行“四个最严”要求。

### 2022年中成药掺伪打假专项研究启动会顺利召开

为推进2022年中成药掺伪打假专项研究工作顺利开展，4月25日，2022年中成药掺伪打假专项研究启动会顺利召开。本项目由中检院作为牵头单位，联合北京市药品检验研究院、广东省药品检验所、广西壮族自治区食品药品检验所、重庆市食品药品检验检测研究院、四川省药品检验研究院、山东省食品药品检验研究院、河北省药品检验研究院、安徽省食品药品检验研究院、新疆维吾尔自治区药品检验研究院、河南省食品药品检验所、上海市食品药品检验研究院、青岛市食品药品检验研究院、吉林省药品检验研究院、甘肃省药品检验研究院、广州市药品检验所、联勤保障部队药品仪器监督检验总站共16个省（市）药检院（所）及相关单位共同开展2022年中成药掺伪打假专项研究工作。会议采取线上形式，各参加单位主管领导、项目负责人及主要参与人员共40人参加了本次会议。

中检院中药所主要负责人发表讲话，明确指出中成药掺伪打假专项研究是一项意义重大且富有挑战的工作。随着中药材野生资源不断减少，部分中药材、中药饮片存在掺伪使假问题，若以掺伪使假的原料投料，生产出的中成药必然存在质量风险，应予以严厉打击。近年来，依托本专项研究，各参与单位已研究并开发了多项中成药掺伪打假检测技术，形成并发布了相应的补充检验方法，为打击中成药掺伪使假行为提供了有力的技术支撑。新一轮研究中，各参与单位充分交流，准确发现问题，凭借较强的研究实力，建立相应补充检验方法，解决中成药中的掺杂使假问题，为中成药质量监管提供技术保障。

会上，中检院对本年度掺伪打假专项研究工作进行了部署，根据工作重点将17个研究单位分为人参、川贝母、树脂及新增品种共4个专题研究团队，分别对研究品种可能的掺伪情况开展研究。各研究单位分别对选定的研究品种的研究背景、存在问题、研究方案及现阶段工作进展进行了汇报，并针对研究难点展开讨论，提出解决方案。

本次会议明确了研究目标，工作方案及进度要求，为本项目的顺利实施奠定了坚实的基础。

## 组织召开“常见与重要中药材及饮片DNA分子鉴定研究项目”第二次中期总结会

4月28日，“常见与重要中药材及饮片DNA分子鉴定研究项目”第二次中期总结会以线上形式召开。该项目旨在运用DNA分析鉴定技术，研究重点中药品种的真伪鉴别方法并形成相关标准，从而为中药掺伪打假提供有力的技术支撑。中检院中药所主要负责人马双成研究员、中药所中药材室魏锋研究员、中药所中药材室张文娟副研究员及全国11家地方药检机构的课题负责人和技术骨干20余人参加了本次会议。

项目总负责人马双成研究员指出，掺伪打假是中药质量控制的重点和难点；中药种类繁多，来源复杂，迫切需要通过DNA分子鉴定技术来解决一些疑难问题；希望大家共同努力，在中药DNA鉴定标准研究方面做出一些成绩，为不断提升中药科学监管水平贡献力量。张文娟副研究员介绍了本项目的实施概况、总体目标及进度安排；并通过具体标准研究案例，讲解了中药DNA分析方法标准研究的技术要求。随后来自全国11家药检机构的专家分别就本单位标准研究进展情况作了详细汇报。期间与会人员就研究中存在的一些困难和技术问题展开了充分讨论；在讨论中大家对于中药DNA分析鉴定技术关键点的把握更加明了准确，对于相关标准研究的规范性有了更加深刻的认识。魏锋研究员在总结发言中强调，标准研究一定要重视方法验证环节，保证方法的科学性和实用性，避免误判发生，真正为监管所用。

为更好地将研究成果进行总结和推广应用，会议决定将于近期启动中药DNA分析方法相关书籍的编写工作。

## 中药民族药数字化平台2022年第1阶段会议召开

5月10日，由中检院主办的中药民族药数字化平台2022年度第1阶段会议通过网络视频形式召开。参与平台共建的32家单位省（市）药检院（所）及相关单位的主管领导、项目负责人及业务骨干近120人参加了本次会议。

中检院中药所主要负责人在会议之初强调了中药数字化的重要性，回顾了团队前期开展的中药数字化相关工作，部署了会议安排，并对未来发展方向提出设想。会上中检院对前期的工作进展以及取得的阶段性成绩进行了全面的总结，着重从数字化专题、数字化关键技术研究、数字标本网络平台建设等方面提出了相关的工作规划和近期的具体任务。

来自湖北省药品监督检验研究院、青海省药品检验检测院、四川省药品检验研究院、广西壮族自治区食品药品检验所、新疆维吾尔自治区药品检验研究院、河北省药品医疗器械检验研究院、黑龙江省药品检验研究院、湖南省药品检验研究院、绍兴市食品药品检验研究院、苏州市药品检验检测研究中心的代表重点对所承担的相关专题任务进行了总结与分析，并就研究期间所发现的问题、工作经验进行了交流。

会议还以《“十四五”国家药品安全及促进高质量发展规划》中有关“国家级中药民族药数字化基础数据库建设”为议题展开了讨论，20余家单位主管领导和参会代表分别围绕该议题结合实际工作职能与需求，对数据库的人群定位、模块设计、日常维护等方面进行了研讨，提出了诸多新思路、新参考。

# 系统培训

## 线上培训

《中检课堂》新上线了110套课程，共209章节，123.5学时，新上线试卷38套，共计155道试题。全院职工通过《中检课堂》累积培训76793学时，课程观看126966人次，培训学习完成并经考试合格后，培训结果全部自动生成个人考绩档案自动归档累积学时。满足中检院6个质量管理体系对员工持续培训教育的要求，为保障检验检测质量良好运行奠定了坚实基础。

持续完善《中检云课》培训管理系统相关功能。新增加“直播培训”“课程管理”和“年会管理”等模块，实现了相关培训功能。“中国药检”微信公众号关注人数累计达到13万人。

## 2022年中国药品质量安全年会暨药品质量技术网络培训

12月15日至30日，由中检院主办的2022年中国药品质量安全年会暨药品质量技术网络培训在“中检云课”开播，共有937人参加了培训。共开设中药民族药、化学药品、生物制品、医疗器械、医疗器械标准、体外诊断、化妆品、辅料包材共计8个主题，培训共设置83个课程，累积50个学时。分析检验检测数据，挖掘质量安全问题，开展质量安全风险警示，介绍药械检验和质控新技术新方法，搭建检验检测、生产研发机构信息交流平台，对药械安全相关技术问题和安全风险进行分析，助推药械产业创新发展。为提升“两品一械”检验检测能力和水平提供支持。

## 对外开展交流培训对全系统进行指导

2022年度中检院面向系统内外举办了32项培训，累计培训10093人。培训内容涉及化妆品、中药、化学药品、生物制品、医疗器械、器械标准、体外诊断、辅料包材、实验动物等多个领域。

# 第九部分　国际交流与合作

## 概　况

### 总体情况

2022年，受新冠疫情影响，国际交流与合作活动主要通过“线上”方式开展。全年，共组织221人次专家共116次（含系列会议）远程在线参加世界卫生组织、国际草药产品注册监管联盟、国际标准化组织、国际电工委员会、电气电子工程师协会、美国药典委员会等国际组织/机构举办的国际会议，并选派1人赴瑞士国际疫苗监管联盟（Gavi）借调工作。通过对外交流，向世界展示了我国在药品、生物制品和医疗器械等领域的研究成果和科研水平，宣传了我国政府为保障人民用药安全采取的有效措施，扩大了中检院在国际上的影响。

### 外事管理组织外事活动计划制定和实施

2022年2月，中检院组织全院各部门申报了2022年度线上外事活动计划。积极协调计划申报，为确保计划项目得以顺利实施，印发了《关于执行2022年度线上外事活动计划的通知》，强调了相关外事管理规定。同时，积极协调计划外团组申报及实施，加强与国家药监局相关部门的沟通协调。

此外，按照国家药监局要求，中检院还积极协调相关业务所深度参与了国家药监局与印尼、丹麦、港澳特区等药品监管机构双边合作计划的制定和实施。

### 提升外事服务水平

按照院领导指示，2022年3月，中检院围绕提高服务质量、更好地为全院同志提供优质服务的理念，通过国际合作工作征求意见调查问卷调研了各部门对国合处工作的意见建议，并结合各方建议，例如重点加强对外事政策的宣贯、在外事简讯的基础上发布外事交流参考消息、发放外事管理文件汇编等，做到有的放矢，更好地提升外事服务水平。

### 联合中国食品药品国际交流中心完成因公证照管理和核销工作

2022年3月，中检院对因公证照进行集中梳理，对其中过期失效证照进行检查清理，同时本着周到务实服务群众的宗旨，将本次核销的过期失效证照统一取回，进行分类登记，通过短信等方式逐一通知持照人可随时到国合处领取失效因公证照，并给予妥善保存的提醒建议。此次共整理并核销过期因公证照136本，其中公务普通护照131本，因公往来港澳特别行政区通行证5本。

### 推进院国际交流合作“十四五”规划的制定

2022年4月，在了解各业务所有关国际交流的需求，调研各方意见的基础上，研究起草制定了院国际交流合作的“十四五”规划。“十四五”期间，将不断完善国际交流合作方式，不断提高外事管理规范化、服务能力优质化，全方位提升服务保障能力。继续深度参与国际标准规则制定，持续提升中检院国际影响力和话语权。同时不断深化与相关国家、国际组织的合作，拓展合作领域。

## 国际合作

### 推进合作项目签署和管理

为更好地推进合作备忘录签署（MOU）后的

开展，2022年9月，中检院就MOU签署后的合作情况进行了梳理，并进行阶段性总结，结合存在的问题，印发了《关于进一步加强多/双边合作项目管理的通知》，提出了推进双边合作项目执行的建议。针对3个WHO合作中心所开展工作，协调相关部门，建立了合作中心工作年报机制，并于2022年4月首次向国家药监局报送了3个CC的阶段性成果和进展情况。根据中丹、中印双边合作计划，在国家药监局的统筹领导下，积极推进了相关合作项目的开展，包括推动与印尼FDA合办新冠疫苗实验室检测专题讨论会（双方已确定联络人），以及推进与丹麦DKMA在放射药品实验室控制最新进展和最佳实践方面的交流（包括深入交流放射药品检测方法、实验室认证及辐射安全管理经验，中国和欧盟放射性样品检验能力验证开展情况、药典标准制修订等问题）。此外，协助推进中检院对外签署合作备忘录2项。化妆品领域，中检院与英国标准协会、中国欧盟商会关于《化妆品安全技术合作谅解备忘录》，已于2022年3月正式签署合作备忘录；实验动物领域，积极推进与日本熊本大学《资源研发与分析研究所续签合作备忘录》，双方已于2022年9月底正式签署合作备忘录。

## 推进国际交流成果转化

2022年，中检院先后对世界卫生组织（WHO）、国际标准化组织（ISO）发布的重要法规和指南《WHO关于评估预防传染病mRNA疫苗质量、安全及有效性的法规考虑》《ISO核酸扩增法检测SARS－CoV－2的要求和建议》进行了翻译，相关中英文版本分别报送国家药监局科技国合司、药品注册司、器械注册司、器械监管司，中检院相关部门，并对其中重要章节进行摘要，形成《外事交流参考消息》供相关部门参考。

## 推进外事政策法规宣贯

2022年11月，中检院组织召开了外事政策法规宣贯网络培训班，对近期颁布的《外事接待管理办法》《对外签订国际合作文件有关规定》以及因公临时出国（线上外事活动）的相关流程、要求进行了讲解，帮助大家深入了解审批流程中的关注点，以更好地推进线上外事活动、外事接待和对外签订合作文件工作的开展。

## 聂建辉赴全球疫苗免疫联盟（Gavi）借调工作

经国家药监局批准，中检院聂建辉于2022年2月1日至2023年1月31日赴全球疫苗免疫联盟（Gavi）进行了为期1年的借调工作。聂建辉同志借调工作的部门是Gavi的资源动员、私营部门伙伴关系和创新金融（RMPSPIF）部门。该部门职责是通过获得可持续的捐助者融资和创新金融机制支持Gavi和新冠肺炎疫苗实施计划（COVAX）。聂建辉主要负责对接来自亚太地区的捐助国或地区，保持良好沟通，协助其完成疫苗采购或捐助工作；支持融资活动的材料准备工作；寻找和开拓新的潜在捐助者；与我国政府相关部门对接，开拓相关合作项目；支持我国疫苗生产企业与Gavi的对接工作。借调期间，聂建辉工作成绩得到了Gavi领导的肯定。Gavi首席执行官塞斯·伯克利博士在给焦红局长的信中肯定了聂建辉这一年的工作，也希望能继续这种借调工作的合作机制，进一步加深Gavi和中国疫苗监管部门及产业界的相互了解，促成双方更多的合作，让更多的中国疫苗走向世界。

## 中检院生检所成功续任世界卫生组织生物制品标准化和评价合作中心

2021年12月，中检院院长李波接到世界卫生组织（WHO）西太区办公室来函，祝贺中检院生物制品检定所续任WHO生物制品标准化和评价合作中心，任期为2021年12月24日至2025年12月24日。中心主任为王军志院士和王佑春研究员。新的任期内，该中心将按WHO规划，承担以下任务：支持WHO制定疫苗和生物制品生产和质量控制的国际书面标准；为制定疫苗和生物制品的国际测量标准和参考物质做出贡献；加强疫苗和生物制品的质量控制分析，特别是支持按照WHO优先事项研发新方法和已有方法的改进；推动确保区域内疫苗和生物制品的质量和安全性能力建设；应WHO要求为其提供技术援助，确保疫苗和生物制品的质量。

### 中检院动物所完成与日本熊本大学续签合作备忘录

2022年9月30日，中检院动物所完成与日本熊本大学续签合作备忘录，双方将就实验动物资源的获取与交换、技术交流与人员培训以及科研等事项进行合作。

## 国际交流

### 马双成等随国家药监局团组参加西太区草药协调论坛（FHH）第19届执委会会议

2022年1月20日，西太区草药协调论坛第19届执委会会议（19th Standing Committee Meeting of Western Pacific Regional Forum for the Harmonizationof Herbal Medicines，FHH）以线上形式召开。由国家药监局药品注册管理司（中药民族药监督管理司）副司长王海南为团长，注册司中药民族药处处长于江泳、科技和国际合作司（港澳台办公室）国际组织处处长王翔宇，中检院中药民族药检定所所长马双成、魏锋研究员、程显隆研究员，国家药监局药品评价中心（国家药品不良反应监测中心）朱兰博士，国家药监局药品审评中心杨娜博士共8人组成的中国代表团参加了会议。出席会议的还有来自日本NIHS、韩国NIFDS、中国香港卫生署、新加坡HSA、越南IDQC-HCMC、德国CAMAG公司的相关专家。中国香港卫生署主持本次会议。会议内容分国家报告和三个分委会报告。中国代表团在会上作了多项主题报告。期间，王海南副司长介绍了符合中药特点的审评审批体系的构建。分委会上，中检院中药民族药检定所魏锋研究员介绍了中药质量控制及掺伪检测研究情况；国家药监局药品评价中心（国家药品不良反应监测中心）朱兰博士介绍了中药不良反应监测和信号检测；国家药监局药品审评中心杨娜博士介绍了中药新药注册有关安全性评价的一般考虑。会议最后各成员国还讨论了FHH今后的工作方向和计划。

### 林志等参加第38届日本毒性病理学学会总会暨第1届亚洲毒性病理联盟联合学术交流会

2022年1月26日，第38届日本毒性病理学学会总会暨第1届亚洲毒性病理联盟联合学术交流会在日本神户国际会议中心召开，应日本毒性病理学会（JSTP）邀请，中检院安全评价研究所林志、霍桂桃、屈哲、李双星共4人参与学术交流。此次学术交流会的重要议题之一是“JSTP毒性病理专家认证制度的国际化”，设置中日联合学术交流专场。中国药学会毒性病理专业委员会作为中方代表加盟亚洲毒性病理学联盟（AUTP）并积极参加这次重要的国际学术集会。会议首先由中国药学会毒性病理专业委员会主任委员任进代表中方作开会致辞，随后，会议邀请了毒性病理专家做了专题交流演讲，报告涉及日本毒性病理专家认证制度、小鼠各系统组织器官肿瘤性病理特征的报告、啮齿类动物内分泌系统的增生性病变等议题。此次学术交流，深入学习了解了JSTP毒性病理专家认证、致癌性试验病理诊断要点、膀胱及内分泌系统的增生及非增生性病变诊断特点、大鼠精子产生过程和细胞治疗产品临床前毒性病理学评价。

## 王军志院士参加世界卫生组织（WHO）细胞和基因治疗产品监管趋同考虑要点非正式咨询会

受世界卫生组织（WHO）邀请并经国家药监局同意，于2022年2月7日至9日，王军志院士作为起草专家成员参加了WHO细胞和基因治疗产品（WHO cell and gene therapy products，CGTP）监管趋同考虑要点非正式咨询会，参加人员包括WHO生物制品处负责人、相关部门人员、起草组成员、WHO地区代表和部分制药协会代表共33人参会。会议主要针对WHO CGTP白皮书在2020年启动会议后形成的征求意见稿的第一次公开征求意见进行讨论修改。在2021年11月第一次公开征求意见中，来自44个不同国家的药品监管机构，以及协会等组织的人员的722条意见，通过进一步梳理整合提交本次会议讨论。会议议程包括审阅初稿和收集的建议，对于达成共识的意见进行采纳修改。进一步更新CGTP标准化行动方针；参会专家交流在研究、生产、评价标准和监管法规等方面的经验。会议议程中，除按照框架结构顺序逐段对照归类总结的意见建议进行讨论采纳以外，还特别邀请了WHO其他部门报告介绍了细胞与基因治疗产品INN命名、伦理、GMP、与血液制品交叉研究等方面的内容。同时还邀请了国际生物制品学会等协会和联盟（IPRP、APEC CoE、PIC/S、ISCT、IABS）代表参加圆桌讨论。会后，WHO计划2022年组织一次关于细胞与基因治疗各国法规指南的问卷调查。内容包括监管机构的现状、经验和对WHO细胞与基因治疗指南的要求和建议，为下一步制定新的相关技术指南打好基础。

## 李静莉等参加全球产业组织数字医疗健康产业高端圆桌网络研讨会

2022年2月27日，经国家药监局批准，中检院医疗器械检定所所长李静莉一行5人参加了全球产业组织（Global industry organizations，GIO）主办的数字医疗健康产业高端圆桌线上会议。本次会议由北京分会场（中国专家）和巴塞罗那分会场（欧洲专家）进行连线。出席会议的专家来自5G标准协会（5GSA）、英国标准协会（BSI）、欧洲放射电子医学与卫生信息技术行业协会（COCIR）、Health Level Seven（HL7）组织欧洲分部、德国莱比锡6G健康研究所、中国医疗器械行业协会、首都医科大学附属北京天坛医院、中国医学科学院等组织和机构。会议由5GSA主席Luigi Licciardi和天坛医院王上教授共同主持。本次线上会议的主题是讨论主动健康领域消费级穿戴设备医疗器械监管及移动健康标准制定，促进中欧医疗器械政策和标准分享和协同。会议内容包括六个主题报告和讨论环节。在主题报告环节，欧方专家介绍了欧盟医疗器械法规更新后的主动健康产品监管现状，比较了主动健康产品与传统医疗器械的区别，讨论了人工智能立法框架对主动健康产品的潜在影响，分析了产业生态、监管与标准面临的挑战，涉及数据质量、网络安全、产品功能、应用环境等方面。器械所光机电室李佳戈做了题目为“主动健康医疗产品质量评价研究”的主题报告，概述了我国对主动健康医疗产品的监管政策，介绍了中检院在相关产品检测方法和国际标准规范研究的进展。在讨论环节，李静莉围绕主动健康产品的质量控制进行了发言，分享了对数字疗法、家用医疗器械、生物反馈等数字健康产品的研究与思考，同时也介绍了中检院人工智能、医用机器人和增材制造等标准化技术归口单位的相关工作。最后，倡导中欧双方专家成立家用或者数字健康医疗器械标准化联合工作组，以更好地增进合作。

## 许明哲参加并主持世界卫生组织（WHO）良好实验室操作规范第三次修订会议

经国家药监局批准，受世界卫生组织（WHO）邀请和委托，2022年3月29日，中检院化学药品检定所许明哲参加并主持了WHO良好实验室操作规范（Good Practice for Pharmaceutical Quality Control Laboratories，GPPQCL）第三次修订会议。会议由许明哲担任主席，WHO国际药典和药品标准专家委员会（ECSPP）负责人Luther GWAZA博士致开幕词，WHO ECSPP秘书处技术官员Herbert Schmidt博士担任记录员，WHO ECSPP 8位专家委员参加会议。会议以视频方式举行，时间3小时。本次会议是GPPQCL修订工作第三次会议。修订内容为第3.6－3.11部分（数据控制、整改措施、内审和管理评审等内容）和第6.5－6.6部分（检验结果评价）。与会专家对会前征求到的25条意见逐条进行了讨论，根据专家意见和讨论结果现场对修订稿进行了修改。会议进展顺利，在规定的3小时内完成了全部会议内容。经过充分的沟通和交流，本次修订会专家在长期以来意见分歧较大的"测量结果不确定度评价"和"实验室信息管理系统（LIMS）"这两个内容上达成重要共识。会议认为，由于药品生产和质量控制的自然属性，各国（各地区）药典或者国家药品标准中关于药品质量控制检验结果限度的要求相对比较宽泛（比如制剂含量测定的结果一般要求为标示量的90.0%～110.0%，之间有20%的空间），因此，对药品检验结果进行不确定度评价没有实际意义，GPPQCL中不要求对药品检验结果进行不确定度评价。另外，考虑到WHO 192个成员国地域分布辽阔，各国经济水平和监管能力千差万别，有很多国家甚至没有药品质量控制实验室。所以WHO GPPQCL中不强制要求药品质量控制实验室必须具备LIMS系统，只要实验室能够保证检验结果的准确可靠和符合WHO GPPQCL其他要求，是否具备LIMS系统不是必要条件。

## 王军志院士等参加世界卫生组织（WHO）第75届生物制品标准化专家委员会网络会议

WHO生物制品标准化专家委员会第75届会议于2022年4月4日至8日以网络会议方式召开，参加会议共有100余人，包括ECBS专家委员会委员24人、临时专家顾问26人、国家官方代表28人、非官方代表6人、相关团体8人、WHO区域办公室代表5人、WHO总部官员和科学家13人。中检院王军志院士、王佑春研究员作为ECBS委员，徐苗作为临时专家顾问应邀参加会议。会议共分三个阶段进行，第一阶段于2022年4月4日召开了一个简短且开放性的信息共享会议，包括非官方代表在内的所有与会代表参加。在这次开放性会议上，英国NIBSC的Mark Page博士报告了新冠病毒抗体国际标准品的分发情况、用户对国际单位（IU）的使用情况以及面临的问题、对如何更有效地收集制备标准物质的原料等也提出了设想。WHO ECBS秘书处负责人Ivana Knezevic博士报告了未来几年制定生物制品纸质标准的规划。英国动物替代、减少和优化国家中心（UK NC3Rs）的Elliot Lilley博士报告了对WHO生物制品规程中有关动物实验的梳理情况，该中心近年正组织全球相关专家对WHO生物制品的指导原则中使用动物开展实验的情况进行逐条梳理，主要了解在指导原则中采用了多少动物实验、这些动物实验是否可以替代、在制定指导原则中如何执行3R原则等，这一工作预计于2023年完成，并向WHO提交报告。第二阶段是专业会议，时间是2022年4月4日至7日，主要讨论修改生物类似药评价指南、医用单克隆抗体生产和质量控制指南、WHO抗体检测用二级标准品制备手册，针对以上三个文件WHO已成立了修改或起草小组，已完成修改或起草，并广泛征求了相关行业专家的意见，会议主要围绕所征求意见的合理性、可行性进行讨论，并确定是否可以采纳。同时还对新建立的五个WHO国际标准品的研究结果以及ECBS授权研究的其他国际标准品研究计划进行了讨论。第三阶段是闭门会议，于2022年4月8日召开，仅由24位ECBS专家委员会委员和WHO ECBS秘书处专家参加，主要是就采纳WHO指南和建立国际标准品的建议进行表决。此外，ECBS还就生物制品标准化中的一些关键问题向WHO提供了咨询意见和建议。

## 许明哲参加世界卫生组织（WHO）第56届国际药典和药品标准专家委员会会议

经国家药监局批准，应世界卫生组织（WHO）邀请，2022年4月25日至5月2日，中检院化学药品检定所许明哲以WHO国际药典和药品标准专家委员会委员的身份，参加了在瑞士日内瓦组织召开的WHO第56届国际药典和药品标准专家委员会会议。会议由WHO国际药典和药品标准专家委员会秘书处负责人Luther GWAZA博士召集，WHO助理总干事Mariângela SIMÃO博士代表总干事谭德塞博士致欢迎辞。会议推选EDQM的Petra DOERR博士担任主席，澳大利亚TGA的Adrian KRAUSS博士担任共同主席，坦桑尼亚的Eliangiringa KAALE教授和意大利的Luisa STOPPA博士担任书记员。WHO专委会的17位专家委员、12位专家顾问以及专委会秘书处和WHO认证部门的同事和工作人员共45人参会。

SIMÃO博士首先代表WHO总干事对各位专家的参会表示欢迎，并对ECSPP在过去一年的工作进行了充分的肯定，并认为本次全球新冠疫情大流行也向全世界证明了科学家和专家工作的重要性。她表示今后WHO要为ECSPP的各位专家创造更多的交流和合作的机会，让每位专家发挥更大的作用。会议主要内容包括WHO国际标准制定工作最新动态、ECSPP工作最新进展和2022—2023工作计划、国际药典各论和通则起草、国际化学对照品研制和WHO药品质控实验室良好操作规范修订等五个方面。在WHO药品质控实验室良好操作规范修订环节中，许明哲博士代表修订组向专委会汇报了世界卫生组织药品质量控制实验室良好操作规范（WHO Good Practices for Pharmaceutical Quality Control Laboratories，GPPQCL）的修订进程和已经完成的工作内容。本次会议共通过了国际药典15个标准的制修订，以及10个覆盖药品研发、生产、流通等环节的国际指导原则。

## 陈华等4人参加2022年线上仿制药论坛

根据国家药监局工作安排，应美国食品药品管理局（FDA）邀请，中检院化学药品检定所陈华、魏宁漪、刘倩和庾莉菊等4人于2022年4月26日至27日参加了2022年线上仿制药论坛（GDF 2022 Generic Drugs Forum）。来自50余个国家的药学相关人员4000余位代表参加了本次线上论坛。论坛由美国FDA药品审评和研究中心（CDER）办公室的Brenda Stodart女士和Forest“Ray” Ford，Jr博士共同主持，论坛主题为仿制药的现状，议题包括：预ANDA项目、仿制药指标、上市后安全性、批准前检查和全球仿制药事务等。

## 中检院组织起草的IEEE“人工智能医疗器械性能和安全评价术语”（P2802）即将进入投票环节

2022年5月5日，电气电子工程师协会生物医学工程标准委员会（IEEE EMB Standard Committee）召开网络会议。会上，中检院提交的IEEE“人工智能医疗器械性能和安全评价术语”（P2802）国际标准草案获批进入投票环节，即将面向全球征求意见。该标准草案由中检院牵头的IEEE人工智能医疗器械工作组（IEEE Artificial Intelligence Medical Device Working Group）编制完成，是目前人工智能医疗器械领域内容最丰富的国际术语标准，其内容涵盖了人工智能通用名词、数据集、质量特性、性能指标和产品应用场景等五个板块，为后续起草人工智能医疗器械相关国际标准提供基础通用的名词和定义，支撑该领域标准体系的发展，同时，也将促进人工智能医疗器械领域的规范发展。

在本次会议上，器械所王浩对EMB标委会在标准草案审核阶段提出的问题进行了解答，对工作组的后续起草计划进行了宣讲，获得了标委会的认可和表决通过。同时，EMB 标委会宣布，任命王浩作为联络员，与 IEC TC62 技委会继续推进两大组织之间的联络处建设和国际标准合作。根据 IEEE 标准协会的流程，投票池计划于 2022 年 5 月 11 号开启，为期一个月。对本标准草案感兴趣的 IEEE 标准协会高级单位会员（senior corporate member）可加入投票池，参与投票和提交修改意见。在投票池关闭后，该标准正式进入投票环节，由工作组对修改意见进行处理。对本标准草案感兴趣的个人会员可在 IEEE 标准协会网站上预览标准立项提案并提出意见反馈，为期 60 天。

## 马双成等 2 人参加世界卫生组织（WHO）草药产品注册监管联盟（IRCH）第 7 次指导委员会会议

应世界卫生组织邀请，经国家药监局批准，中检院中药民族药检定所马双成、聂黎行于 2022 年 6 月 6 日晚以线上形式参加了 WHO 草药产品注册监管联盟（International Regulatory Cooperation for Herbal Medicines，IRCH）召开的第 7 次指导委员会会议。会议由美国食品药品管理局 Charles Wu 博士主持，WHO 传统医学及整合医学部主任 Zhang Qi 博士致开幕词。主要议题包括 IRCH 指导委员会 2021—2023 任期工作进展、工作组调整讨论、第 13 届 IRCH 年会总结和第 14 届 IRCH 年会筹备等。在 2021 年 11 月 24 日至 26 日举办的第 13 届年会上，IRCH 正式宣布工作组调整计划，拟设置 3 个工作组，分别为：①植物药安全，主要工作范围包括安全性概况和数据，药物警戒措施、过程和成果等。②植物药质量和可持续发展，主要工作范围包括植物药制备和生产的质量控制，掺伪、假药、劣药检查。③植物药循证，主要工作范围包括植物药临床应用和有效性证据。本次 SG 会议提出了更加细化的工作组章程，WHO 表示每个工作组拟设置两个主席国，分别从指导委员会和其他 IRCH 成员中选出。根据 WHO 最新拟定的工作组章程，结合中检院中药民族药检定所的核心职能和中国任改组前第二工作组主席国期间的工作成绩，马双成正式提出我国继续担任 IRCH 新第二工作组主席国的申请，获得了 WHO 的初步肯定。此次工作组调整是 WHO 强化 IRCH 管理的重要举措，如中国能在新建的第二工作组中继续担任主席国，将有助于确保我国在植物药监管领域的国际引领地位。

## 中检院与英国标准协会、中国欧盟商会开展化妆品安全评估技术线上交流活动

为落实与英国标准协会、中国欧盟商会共同签署的《化妆品安全技术合作谅解备忘录》的合作，经国家药监局批准，2022 年 7 月 6 日下午 3 点至 6 点半，中检院与英国标准协会、中国欧盟商会围绕中欧化妆品风险评估标准的对比研究、化妆品风险评估技术等内容开展线上交流活动。中检院副院长路勇、英国驻华大使馆一等秘书葛锐（Ashley Green）、中国欧盟商会秘书长唐亚东（Adam Dunnett）分别致开幕词。本次活动中，欧盟消费者安全科学委员会专家薇拉・罗杰斯（Vera Rogiers）介绍了欧盟《化妆品成分测试和安全评估指南（第十一版）》、中欧化妆品安全评估标准对比研究成果和毒理学关注阈值（TTC）在欧盟的应用。行业专家卡尔・威斯特摩兰（Carl Westmoreland）和达格玛・布里（Dagmar Bury）共同介绍了化妆品原料或成品的人体健康风险整合测试和评估技术。中检院食品化妆品检定所裴新荣介绍了我国《化妆品安全评估技术导则》的要求，化妆品安全技术评价中心张凤兰研究员介绍化妆品新原料安全评价的相关规定。

## 马双成等人参加香港中药材标准第 12 次国际专家委员会网络研讨会

经国家药监局批准，应香港特区政府卫生署

（以下简称“香港卫生署”）邀请，中检院中药民族药检定所所长马双成等11人于2022年7月至8月参加了香港中药材标准第12次国际专家委员会系列网络研讨会。此外，深圳市药品检定研究院和安徽省食品药品检定研究院中药所主要负责同志及相关研究人员共13人也参加了上述系列会议。来自中国香港以及澳大利亚、奥地利、加拿大、德国、日本、泰国、英国及美国的约20名草药专家参加了此次会议。会议前期，香港卫生署以电邮的形式向各位IAB委员征求相关研究品种报告的意见，并于7月提前召开了两次技术性会议，回应IAB委员提出的意见，在此基础上，于2022年8月16日组织召开了IAB总结会议，就以上技术性会议所提出的意见及其相关跟进工作作总结性报告。香港卫生署署长林文健医生主持会议并致辞。会议审议了由各研究单位承担起草的第11（A）期16种中药材标准研究工作，并就香港中药材标准第12（A）期相关研究计划征求了专家意见。会上，马双成、魏锋作为香港中药材标准国际专家委员会委员对全部的研究报告及研究计划进行了审议。许玮仪和郭晓晗分别就承担的没药、苏合香标准研究工作进行了汇报，深圳市药品检验研究院李君瑶就承担的明党参标准研究工作进行了汇报。没药、苏合香和明党参三个品种的研究历时近3年，根据相关技术要求，完成了标本和样品收集、化学物质基础研究、能力验证、方法建立、实验室比对、数据收集等工作，每个品种通过实验验证解答专家提出的问题均超过100余次，相关研究工作得到国际专家的高度认可，并获审议通过。上述三个品种标准将收载于《香港中药材标准》第11册中。

## 宁保明参加2022年美国药学科学家协会溶出度研究与国际协调研讨会

经国家药监局批准，应美国药学科学家协会（AAPS）的邀请，中检院化学药品检定所抗生素室宁保明于2022年8月16日至8月17日参加了AAPS“溶出度研究与国际协调研讨会（Dissolution Best Practices and International Harmonization Workshop）”，会议以线上会议形式举行，会议讨论议题为《中国药典》国际协调动态。本次研讨会由Xujin Lu博士主持，资深专家Mark Alasandro博士、美国药典委员会的Kevin Moore博士、Margareth Marques博士及辉瑞公司统计专家Fasheng Li博士就溶出度的作用、体内外相关性、各国药典与国际协调文本的差异、《中国药典》判定方法与国际协调判定法的统计学差异进行了报告。在随后的讨论环节，宁保明首先就《中国药典》溶出度判定方法的历史沿革与ICHQ4指导原则的差异、境外企业在中国申请上市如何考虑原有溶出度标准与《中国药典》的差异等问题，和与会代表进行了交流。Mark Alasandro博士、Margareth Marques博士及Fasheng Li博士也同参会的线上代表就胶囊剂溶出试验中胃蛋白酶的使用、基于生物药剂学分类系统（BCS）的豁免体内研究、新药上市申请标准与《美国药典》标准的差异和法律地位等药品监管科学中的共性问题进行了交流。

## 李长贵、江征参加脊髓灰质炎灭活疫苗D抗原效力检测通用试剂研制网络研讨会

2022年8月24日至25日，脊髓灰质炎灭活疫苗（IPV）D抗原效力检测通用试剂研制国际研讨会在泰国曼谷举行。本次会议由帕斯适宜卫生科技组织（PATH）主办，来自世界卫生组织（WHO）、美国食品药品管理局生物制品评价研究中心（CBER－FDA）、英国生物制品检定所（NIBSC）、相关国家质控实验室（NCLs）和IPV生产研究单位以线上或线下方式参加了会议。中检院生物制品检定所李长贵和江征受邀线上参会。会议主题是讨论最近完成的IPV D抗原效力检测通用试剂研制国际协作研究的结果，评估一组在CHO细胞中表达的人源单克隆抗体（HuMAbs）作为WHO参考试剂定量D抗原的适用性，

并计划就该通用试剂的未来使用蓝图达成共识。来自3大洲9个国家的15家实验室对拟通用检测方法进行了测试，中检院作为国家质控实验室之一受邀参加了研究。大多数参与者反馈了高质量的数据，统计分析显示该方法对所有研究样本测定的D抗原效力，试验内和试验间变异性普遍较低，实验室之间也有很好的一致性。对HuMAbs进行了稳定性研究，证明所有抗体在长期储存（-20℃）和短期实验室操作的温度下都是稳定的。基于以上结果，候选的HuMAbs试剂被证明适用于cIPV和sIPV的D抗原效力检测。综合考虑候选通用检测方法只需要四种抗体HuMAbs试剂，而标准D-抗原检测需要六种，并且HuMAbs在克隆的CHO细胞中表达，保证在未来可以无限生产和使用，避免了其他参考试剂的数量有限断供的风险，建议将HuMAbs试剂作为WHO参考试剂。与会者对这项合作研究的报告达成共识，会后NIBSC将研究结果提交给WHO争取ECBS的认可。另外会上NIBSC专家分享了针对这些通用HuMAbs试剂开展大鼠体内效力试验的国际协作研究计划，期望明确通用方法衡量的D抗原效力值与体内效力的相关性。与会者交流对该通用试剂预期使用的看法，一致倾向建议未来新的生产商参照WHO的建议使用通用检测方法，已有自建方法的实验室可视情况逐渐过渡。后续NIBSC将制定计划开展IPV D抗原效力检测通用试剂的相关培训和验证工作。

## 张庆生等参加中丹放射性药品实验室质量控制研讨会

按照中丹卫生战略领域合作项目子项目SP1工作计划，应丹麦药品管理局邀请，经国家药监局批准，中检院化学药品检定所所长张庆生、抗肿瘤和放射性药品室黄海伟、姚静、贾娟娟、张文在、孙葭北、朱绍洲共7位同志，于2022年9月13日参加了中丹放射性药品实验室质量控制研讨会，会议以线上视频的方式召开。丹方出席会议的有丹麦驻中国大使馆卫生部门参赞Nanna女士、丹麦国家药品质控实验室主任Lone女士、特别顾问Helle女士、Inge女士、科学官员Heidi女士以及丹麦药品管理局法律服务和国际关系中心顾问Sameer先生。会议由Nanna女士主持。会议旨在讨论中国和丹麦放射性药品官方实验室质量控制方面的最新进展和最佳实践，并分享自2021年6月29日中丹放射性药品实验室比对结果评估会以来双方的实验室现状和变化。首先，张庆生和Lone女士分别代表中丹双方互致欢迎辞。张庆生代表中检院向丹方代表致以亲切的问候，并回顾了自2018年以来双方代表互访交流、实验室比对等重要合作内容，预祝研讨会圆满成功。贾娟娟和丹麦国家药品质控实验室Lone女士、Inge女士分别代表中丹双方，从人员、检测方法、能力验证、实验室认证及辐射安全管理等方面进行了报告。双方就中国和欧盟放射性样品检验能力验证的开展情况、药典标准制修订等问题进行了深入讨论。双方一致认为在实验室建设与管理、检验技术、标准制修订等多个方面收获颇丰，中丹放射药品国家实验室间的合作具有重要意义。黄海伟代表中检院做了会议总结发言，希望双方在药典检验方法开发、标准制修订、实验室建设等方面加强联系、紧密合作。

## 马双成等参加世界卫生组织（WHO）草药产品注册监管联盟第8次指导委员会会议

应世界卫生组织邀请，经国家药监局批准，中检院中药民族药检定所所长马双成和聂黎行于2022年9月15日晚以线上形式参加了WHO草药产品注册监管联盟（International Regulatory Cooperation for Herbal Medicines）召开的第8次指导委员会会议。会议由美国食品药品管理局Charles WU博士主持，WHO传统医学及整合医学部Qin LIU博士致开幕词。主要围绕第14届IRCH年会筹备工作展开讨论。WHO传统医学及整合医学部的

Chunyu WEI 介绍了即将召开的年会的暂定方案。第 14 届 IRCH 年会计划于 2022 年 11 月 23 日至 25 日以线上形式召开，主要环节包括 IRCH 秘书处报告、IRCH 成员报告、IRCH 观察员报告、IRCH 工作组章程和指导委员会遴选原则介绍和工作进展、草药及其制品名词术语规范介绍、专题研讨会。其中研讨会环节暂定两个主题，分别为传统医药的现代化：从古代典籍到标准化制剂和药用大麻及其制品监管现状。备选主题包括草药不良反应/事件、草药制品仿制药监管体系、植物药抗击新型冠状病毒感染的认识与实践等。鉴于药用大麻在一些 IRCH 成员国/地区仍受严格管控，部分 SG 委员担心相关研讨会可能无法吸引足够多的报告人。聂黎行建议 IRCH 秘书处进一步征求 IRCH 全体成员参与研讨会拟定和备选议题的意向后，再最终确定主题。本次 SG 会议后，IRCH 秘书处将广泛征求 IRCH 成员和观察员的意向和建议，最终拟定第 14 届年会的日程，并计划于 2022 年 10 月确定各环节的参与国家/地区和报告人选。

## 马双成等参加西太区草药协调论坛（FHH）2022 年第 2 小组会议

2022 年 9 月 30 日，西太区草药协调论坛 2022 年第 2 小组会议以线上形式召开。中检院中药民族药检定所所长马双成、副所长魏锋、程显隆、聂黎行 4 人参加了会议。出席会议的还有来自韩国国家食品药品安全评价研究所（NIFDS）、中国香港特区政府卫生署、越南国家药品质量检定所草药传统药检定实验室（IDQC - HCMC）、德国卡玛（CAMAG）公司的相关专家。韩国 NIFDS 主持了本次会议。FHH 第 2 小组会议内容分两部分。会议第一部分为第 2 小组工作报告及未来计划，中方在会上作了 2 项报告。程显隆介绍了人参和西洋参 FHH 对照药材研制阶段性进展和计划，聂黎行介绍了基于水麦冬酸为检测指标的 HPLC/HPLC - MS 方法鉴别半夏及其伪品。会议第二部分就草药产品质量评价的未来及全球协调进行了交流，部分与会代表介绍了各自国家/地区草药质量评价的法规和对策、中成药注册制度及中药质量评价技术等。此外，会议还讨论了人工智能在中药质量评价中的作用。

## 中检院成功举办“中检院—默克 2022 年世界标准日标准物质线上研讨会”

2022 年 10 月 14 日，在世界标准日到来之际，中检院与默克公司共同组织举办“中检院—默克 2022 年世界标准日标准物质线上研讨会”。会议由中检院副院长路勇主持。中检院院长李波，标物中心主任孙会敏、副主任王青，中药民族药检定所副所长魏锋以及默克生命科学标准物质全球负责人阿曼、中国副总裁申东敏、亚太区分析和色谱科学顾问米歇尔・弗兰克、资深产品经理马蕊华、产品经理宋莹莹参加此次研讨会。中检院院长李波和默克生命科学标准物质全球负责人阿曼先生分别致辞。随后，双方专家就标准物质管理和研制技术情况进行了报告和交流，标物中心主任孙会敏对“中检院国家药品标准物质总体情况”进行了介绍，副主任王青介绍了“中检院国家药品标准物质质量体系”等内容，中药民族药检定所魏锋报告了“中药标准物质国际化推进”，吴先富报告了“中检院国家药品标准物质研制技术要求”等内容；默克科学与实验室解决方案相关专家分别介绍了“标准物质的质量级别、证书、溯源性等”“元素杂质指导原则解读及标准物质的使用”“药品中亚硝胺的测定综述”等内容。最后，路勇就双方合作的未来发展方向提出几点建议：①希望双方可以加强标准物质研制和管理人员的交流互访、技术探讨、实地考察、参观访问，加深交流效果；②建立双方联络机制，指定专人负责对接，双方共同商讨、制定后续合作意向，有助于相关合作的具体落实；③以世界标准日为契机，在双方定期交流的基础上，组织国际上标准物质研制机构，定期召开国际性的、具有显著行业影响力的标准物质技术高峰论坛，推动国内、国际标准物质行业的技术提高和共同发展。

## 徐丽明等参加 ISO/TC 150/SC7 2022 年度工作会议

2022 年 10 月 20 日，国际标准化组织外科植入物和组织工程医疗产品分技术委员会（ISO/TC 150/SC7）以网络视频会议形式召开了 2022 年度工作会议。参会代表来自中国、美国、日本和巴西等 4 个国家，合计 12 人。其中，中国代表 4 人参会。中检院作为 ISO/TC 150/SC7 的国内技术归口单位，对口技委会 SAC/TC 110/SC3 国际技委会技术联络人徐丽明、秘书长陈亮参加了会议。会上，秘书长和主任委员分别汇报了本年度的工作情况、相关联络技委会的工作情况，以及本分技术委员会相关标准项目与其他国际及国家标准的交叉重复情况。本次会议对正在研发的 4 项标准项目进行了项目进展汇报。其中，我国提出的 2 项国际标准项目（ISO/AWI 6631 胶原蛋白特征多肽定量检测和 ISO/AWI 7614 脱细胞支架材料的残留 DNA 定量检测）已顺利通过了本年度的立项投票，并确认了项目负责人分别为中科院过程所专家和中检院医疗器械检定所专家，后续将由中国主导按程序推进相关标准的制定工作。另外 2 项日本提案的标准项目还在预评价资料准备阶段。同时，由我国代表汇报了“重组胶原蛋白”的新项目提案，得到了与会代表的理解并进行了讨论，TC 150/SC7 要求中国代表提交最新草案文本和汇报幻灯片，下一步将组织在 SC7 委员会内的预立项投票；日本提出的新项目提案还在草案文本起草准备阶段，且会上对其适用性提出了质疑。

## 张辉副院长会见正大制药集团访问团

2022 年 11 月 3 日上午，中检院副院长张辉会见了正大制药集团访问团一行。正大制药中国生物制药有限公司董事会主席谢其润代表集团对中检院给予企业的技术指导与帮助表示由衷感谢，就集团发展沿革特别是在创新药领域的研发情况进行了介绍。张辉介绍了中检院在落实国家药品改革制度，更好地服务指导企业方面做的工作，表示中检院始终致力于提升科研实力、发挥技术优势，同时自我加压，加强服务保障，积极主动服务和支撑我国医药产业特别是创新药领域的高质量发展。双方就医药创新发展、标准研究、质量评价方法、外用制剂辅料等方面进行了交流探讨。中检院化学药品检定所、生物制品检定所、药用辅料和包装材料检定所和港澳台办有关负责同志参加了会见。

## 王军志院士参加世界卫生组织（WHO）生物类似药标准化网络会议

2022 年 12 月 1 日，世界卫生组织（WHO）召开了关于生物类似药标准化的网络会议，中检院王军志院士参加了此次会议。会议由 WHO 健康产品标准司（HPS）的司长 Clive Ondari 主持，会议主题是向成员国监管机构的代表和 WHO 地区机构的代表通报有关落实世界卫生大会 WHA67. 21 关于推广生物类似药可及性，以及如何保障生物类似药安全有效性的措施。会上，生物制品标准化委员会秘书处负责人 Ivana Knezevic 报告了生物类似药相关技术指南的制修订过程和重要节点，并通报了进一步推广落实指南精神的计划，包括培训、案例分析、研讨会等。WHO 负责 PQ 认证的官员 Guido Pante 通报了针对生物类似药开展 PQ 的进展，Clive Ondari 通报了在 INN 命名方面的最新的进展和政策。

## 郭世富等 2 人参加国际标准化组织医疗器械质量管理和通用要求技术委员会（ISO/TC 210）第二十四届线上年会

经国家药监局批准，2022 年 12 月 16 日至 17 日，医疗器械标准管理研究所标准三室郭世富、付海洋参加了国际标准化组织医疗器械质量管理和通用要求技术委员会（ISO/TC 210）第二十四届线上年会。代表团成员还有北京国医械华光认证有限公司总经理李朝晖、标准室王美英主任、国际部楼晓东主任等13人。本届年会为线下现场和线上网络会议相结合的混合会议，会议由ISO/TC 210委员会管理者Benedict Amanda女士主持，来自国际医疗器械监管机构论坛（IMDRF）、欧洲标准化委员会和欧洲电工标准化委员会（CEN /CENELEC）、全球协调工作组（GHWP）等国际组织和中国、日本、印度、韩国、阿曼、巴林、沙特阿拉伯、美国等24个国家101名代表参加了会议。会上讨论了医疗器械安全和性能公认基本原则（ISO 16142）、医疗器械标签、标记和提供信息的符号（ISO 15223）和医疗器械上市后制造商监督指南（ISO 20416）、医疗器械质量管理体系用于法规的要求（ISO 13485）等医疗器械国际标准和文件。此外，会议评审了2021年5月ISO/TC 210网络会议的报告和决议［N1278，N1299］、2022年12月9日发布的ISO/TC 210秘书处的报告。ISO中央秘书处介绍了ISO/IEC导则的更新情况。ISO/TC 210秘书处汇报了ISO/TC 210范围文本和名称变更的最新情况、主席咨询组会议的报告、没有进展的工作项目、近期系统复审投票的结果以及与ISO/TC 210有联络的技术委员会和国际组织报告。ISO/TC 210各工作组、特别工作组召集人和工作人员向ISO/TC 210主席和全体与会代表汇报各组研讨情况及近期工作安排并提交小组决议。最后经全体成员进行表决，形成了24项年会会议决议。

## 孙会敏研究员参加美国药典复杂辅料专业委员会系列线上会议

2022年1月至12月期间，受美国药典委员会（USP）邀请，经国家药监局批准，孙会敏研究员作为USP复杂辅料专业委员会专家委员，参加了该专委会召开的系列线上专家会议。出席会议的有USP复杂辅料专业委员会的专家委员、USP专家顾问、FDA政府联络人员、全球企业利益相关方人员等。专业委员会的工作内容是讨论并制定复杂辅料的《美国药典》标准，并及时更新和修订。所有出席成员共同讨论和审查文件，提出见解，投票表决，并最终形成最新的更有效的科学辅料标准。2022年，孙会敏研究员先后参与审查了鲸蜡硬脂醇、DL-丙交酯和乙交酯（50∶50）共聚物12000乙酯、聚乙二醇40蓖麻油、大豆磷脂酰胆碱、交联羧甲基纤维素钠、通则滴定法<541>等复杂辅料标准和通则标准，以修订的合理性和必要性为要求对修订内容进行审查，并结合相关材料提出自己的意见和建议；参加了关于肉豆蔻酸酯、聚山梨酯65、异硬脂醇、羟乙基纤维素、低取代羟乙基纤维素、羟丙甲纤维素、甲基纤维素、交联羧甲基纤维素钠、羧甲基纤维素钠、玉米淀粉、卡波姆、矿脂/白矿脂、聚维酮和交联聚维酮等辅料标准修订的会议；还参与了十六烷基棕榈酸酯、聚丙二醇11硬脂醚、氢化聚葡萄糖、聚乙烯醇、葡聚糖、乳化蜡、麦芽糊精、海藻酸、海藻酸钾和海藻酸钠、小烛树蜡、卡拉胶等最终标准版本修订的表决。

## 许明哲参加世界卫生组织（WHO）国际药典和药品标准起草系列线上会议

经国家药监局批准，2022年，中检院化学药品检定所许明哲与WHO ECSPP秘书处Schmidt召集专家召开了4次例会。通过例会，对7个拟新增国际药典各论进行了研究和讨论，分别为：医用氧气、瑞德西韦、莫努匹伟（Molnupiravir）、庚酸炔诺酮、庚酸炔诺酮注射液、对氨基水杨酸钠和对氨基水杨酸钠缓释片。其中医用氧气、瑞德西韦和莫努匹伟是WHO为了应对新冠病毒感染疫情于2021年紧急起草的质量标准，例会充分讨论并进行了文字修订。2022年4月第56届ECSPP会议正式通过这三个标准并收载在最新版

《国际药典》中，以上质量标准也是目前全球唯一的国际标准，为全球打击假冒伪劣新冠治疗药物、保护人民健康发挥了重要的技术支撑作用。2022年4月第56届ECSPP会议正式通过这三个标准并收载在最新版《国际药典》中。对氨基水杨酸钠和对氨基水杨酸钠缓释片是中检院组织重庆市食品药品检验检测研究院为《国际药典》新起草的品种。例会进行了文字修订并原则通过，拟提交计划于2023年4月底召开的第56届ECSPP会议预备会上进行全体委员讨论。《国际药典》通则（药品质量控制国际指导原则）方面，会议对中检院牵头起草的“药品吸收系数测定法”初稿进行了讨论。认为需要进行较大的修改，要注重加强与其他药典（《欧洲药典》和《美国药典》）和国际指导原则的一致性。

此外，由于ICH下的药典工作组（Pharmacopoeia Discussion Group，PDG）已经将《美国药典》《欧洲药典》和《日本药典》中有关薄层色谱、高效液相色谱和气相色谱中的有关内容进行了协调，整合形成了“色谱通则”。因此ECSPP也于2021年12月按照PDG的文件起草了《国际药典》的“色谱通则”，并于2022年2月至3月完成了公开征求意见。2022年专家例会对新起草的“色谱通则”内容进行了讨论。会议决定对“色谱通则”中的部分文字做修改后取代《国际药典》中现行的薄层色谱、高效液相色谱和气相色谱内容，同时保留《国际药典》中原有的纸色谱法和柱色谱法。

针对药品质量控制国际指导原则，2022年重点研究讨论了世界卫生组织药品质量控制实验室良好操作规范（WHO Good Practices for Pharmaceutical Quality Control Laboratories，GPPQCL）的修订。新版修订在文件结构、体例上进行较大的变更，有关的重点内容也将进行修订。WHO ECSSP成立了由中国许明哲、南非Marius Brits、坦桑尼亚Eliangiringa KAALE和英国John MILLER四人组成的特别修订小组，负责组织WHO GPPCL的修订工作。正式的修订工作从2021年年初开始，到目前为止，已经完成约80%的修订内容。许明哲作为修订组长，在WHO ECSPP秘书处的协助下，组织4次例会共召集25位国际专家对GPPQCL的术语表、组织机构和管理体系、检验活动、结果评价等四大部分内容进行了修订，并新增了计划和策略管理部分（planning and strategic management）内容。

## 王浩参加国际电工委员会医用电气设备标准委员会（IEC TC62）系列线上会议

2022年度，中检院医疗器械检定所王浩作为国际电工委员会医用电气设备（IEC TC62）标准委员会软件网络与人工智能顾问组（AG SNAIG）和PT8项目组成员，按计划参加了IEC TC62的系列线上会议。

2022年度，IEC TC62软件网络与人工智能顾问组每月召开两次线上会议，节假日和IEC年会等特殊场合除外，合计20余次。顾问组的年度任务是梳理人工智能医疗器械领域的标准体系规划，提交IEC TC62主席团。同时，编写书面的标准前沿研究报告一份。王浩全程参加会议，参与讨论了人工智能医疗器械标准体系规划，介绍了我国人工智能医疗器械行业标准制修订情况，初步探讨了我国人工智能医疗器械行业标准发展思路与IEC标准发展思路的异同，研究了我国标准向IEC标准转化的路径，并以人工智能算法的“透明度/可解释性”等新概念为主题进行了专题文献调研和汇报。在2022年度的顾问组研究报告中，王浩承担了部分章节的执笔任务，包括中检院归口的人工智能医疗器械行业标准、IEEE生物医学工程标委会管辖的工作组和标准化工作情况，书面宣传了我国在人工智能医疗器械领域取得的具体进展和各个行业标准的主题，增进了IEC TC62标委会对中国的了解。目前，IEC TC62标委会对我国的人工智能医疗器械标准给予了高度关注，鼓励申报 IEC 标准立项。此外，王浩还参与了 IEC TC62 标委会和 IEEE 生物医学工程标委会近一年的沟通协调，促成两大组织在今年正式签署协议，建立 A 级联络机制。王浩被正式任命为联络员，继续增进两大组织之间的沟通与合作，有利于把中检院牵头的人工智能医疗器械 IEEE 标准向 IEC 标准进行转化。

PT8 项目工作组的任务是推进 IEC 预立项项目“Artificial Intelligence-enabled Medical Device-Evaluation process”，整理 IEC 标准立项提案，编写标准草案。该项目由韩国提出，召集人为韩国电子通信研究院的 Jonghong Jeon 博士。该标准项目的类型为管理标准，主要内容是提出人工智能医疗器械评价过程的要求。中检院在 3 月底加入项目组之后，按照平均每月 2 次的频率，参与了 4 月至 9 月的项目组会议，以书面形式和口头形式对标准草案提出了反馈意见。该标准草案在 9 月份进行了表决，后续将继续按照预立项项目管理。

## 梁成罡参加美国药典委员会生物药 2－治疗性蛋白专业委员会系列线上会议

经国家药监局批准，梁成罡研究员应美国药典委员会（USP）邀请，作为 USP 生物药 2－治疗性蛋白专业委员会专家委员（2020—2025）参加了该专委会 2022 年 1 月至 11 月召开的系列线上专家会议。会议均以电话会议的线上方式召开，出席会议的有 USP 生物药 2－治疗性蛋白专业委员会专家委员、USP 会议召集人、科学联络员和相关专家、FDA 政府联络人员等。专业委员会主要的工作是针对《美国药典》涉及的治疗性蛋白药物相关各论标准、分析方法、通则等，审核 USP 提交给专委会的工作计划，对 USP 组织起草的新增或修订标准草案进行审议和讨论，提出修改建议、对不足之处提出问题，以便 USP 进一步完善形成最终标准。此外，专委会委员需要对 USP 拟提交进行在线公示、正式发布或删除的标准进行投票。2022 年度梁成罡研究员参加的 USP 会议，主要内容包括干扰素 β－1A 生物鉴别用标准品、重组蛋白生产用细胞培养基中痕量元素评价策略通则 <1023>、用于重组生物制品的细胞库规范 <1042>、生物技术产品的肽图通则 <1055>、胶原酶Ⅱ <89.2> 修订、USP 单抗标准品 mAb 001、002 和 003 用作 cIEF 和 icIEF 系统适用性标准品的修订、毛细管电泳通则 <1055> 修订、生长激素生物鉴别试验通则 <126> 修订建议、抗凝血酶Ⅲ各论修订、治疗性重组单克隆抗体分子排阻色谱法通则修订、生物药物宿主蛋白（HCP）残留检测通则修订等。除了上述专委会会议，梁成罡研究员还参加了 USP 相关标准修订的投票表决。

## 罗飞亚、陈怡文、苏哲等参加国际化妆品监管合作组织第十六届年会（ICCR－16）第三阶段系列会议

国际化妆品监管合作组织（ICCR）第十六届年会 ICCR－16 秘书处韩国食品药品安全部（MFDS）于 2022 年 2 月 22 日组织召开了第三阶段监管行业代表会议，本次季度会议上，化妆品原料安全评价整合策略、消费者交流和微生物技术工作组分别汇报了各自的研究进展及工作计划。韩国 MFDS 宣布经执委会（SC）成员讨论决定，“化妆品中植物原料标签及宣称管理调查”已完成，调研结果会发给各监管机构确认并向行业分享。美国个人护理品协会（PCPC）代表介绍了新增议题“包装再利用化妆品调研”的建议，该议题旨在评估当前行业内关于再灌装利用化妆品包装的实践方法，并制定一套原则以确保该类产品的安全性和质量，该项目将成立工作组，并在 ICCR－16 年会前完成任务书（ToR）的起草工作。最后，韩国 MFDS 宣布 ICCR－16 年会将以线上会议的形式于 6 月 28 日至 30 日召开，本次年会上将设置一个关于 INCI 的 30 分钟议程，内容包括 INCI 系统的展示及相关问题的

解答。此外，各技术工作组于1月至2月期间组织召开了工作组会，其中，化妆品原料安全评价整合策略工作组分别于1月13日及2月15日分别召开线上会议，讨论了应用“下一代风险评估”的整合策略分别开展苯氧乙醇和咖啡因的系统毒性安全风险评估两个案例。工作组希望在ICCR－16年会前，完成8个案例的分析讨论，目前已完成了6个，还有2个案例尚未讨论。消费者交流工作组于1月26日召开线上会议，再次讨论了“化妆品中的致敏原”问答（Q&A）的修改意见，更新了问答（Q&A）初稿，本次更新的版本获得工作组一致的认可，牵头机构将开始按照ICCR的要求起草技术文件，并将在ICCR－16年会前提出有效可行的分享方案。微生物工作组于1月18日和2月16日分别召开线上会议，工作组分为两个任务小组，一是负责建立通用词汇表以指导微生物相关问题的讨论，二是评估当前的微生物限值，以及研究这些限值是否适用于添加活性益生菌的产品。目前，两个小组均已形成初步报告，预计将在ICCR－16年会上进行汇报。

按照国家药监局的相关工作安排及要求，国家药监局科技国合司时文婧、王虹，中检院罗飞亚、陈怡文、苏哲应邀参加了上述会议。

## 罗飞亚、陈怡文、苏哲等参加国际化妆品监管合作组织第十六届年会（ICCR－16）第四阶段系列会议

按照国家药监局的相关工作安排及要求，中检院罗飞亚、陈怡文、苏哲参加了ICCR－16第四阶段监管者及行业代表季度会议、国际化妆品监管合作组织（ICCR）第16届年度会议及ICCR－16第四阶段相关线上活动。

2022年5月12日，韩国MFDS组织召开了ICCR－16第四阶段监管者及行业代表季度会议。本次季度会议上，韩国MFDS介绍了ICCR－16年会的拟定日程，安全评价整合策略、微生物和消费者交流技术工作组分别汇报了各自的研究进展及工作计划。6月28日至30日，韩国MFDS组织召开了ICCR第16届年度会议。本届年会上宣布了以色列卫生部（Israel Ministry of Health）通过了由观察员过渡至执委会（Steering Committee，SC）成员的申请。安全评价整合策略、微生物和消费者交流技术工作组分别汇报了各自的研究进展及工作计划。国家药监局化妆品司在年会第二天专题介绍了我国化妆品法规体系、近期化妆品法规的最新进展等情况，并在发言后针对欧盟和日本化妆品行业协会关切的问题进行了解答。

此外，ICCR各技术工作组也于3月至5月多次组织召开线上工作组会议。安全评价整合策略工作组于3月10日、4月26日召开线上会议，分别讨论了“应用整合测试策略和新技术方法开展化妆品中尼泊金丙酯皮肤暴露量的评估”和“化妆品中香豆素皮肤致敏性的下一代风险评估”两个案例。此外，工作组于5月5日召开了组会，讨论目前已完成的8个案例分析是否足以说明“下一代风险评估”策略的可行性，最终工作组一致同意可开始起草阶段性成果报告，预计于2023年完成该报告。微生物工作组于3月24日和4月28日分别召开线上会议，确定了最终的工作组研究报告。报告主要分为两个部分，一是完成了化妆品中添加的相关微生物和皮肤微生物的定义。二是探讨了人为添加活微生物的产品如何满足化妆品微生物限量标准。工作组建议，首先要区分污染微生物和有意添加微生物的概念，对有意添加的微生物，应改变防腐策略，使得防腐体系在满足保护消费者健康的情况下，同时保证人为添加的微生物活性。此外，添加的微生物应与其他化妆品成分一样进行安全性评估，可以参考食品、药品等现有的指南。消费者交流工作组分别于3月28日和5月19日召开线上会议，完善了“化妆品中的致敏原”问答（Q&A）最终稿，该成果已于年会上进行了介绍。工作组以2017年ICCR的研究成果防腐剂科普为例，设计了

一份关于“消费者交流呈现方式和传递途径”的调查问卷，希望各监管机构和行业协会均参与该项调研，以期通过调查获得更好的传递工作成果的建议。

## 罗飞亚、陈怡文、苏哲等参加国际化妆品监管合作组织（ICCR－17）相关技术工作组阶段性工作报告

按照国家药监局的相关工作安排及要求，中检院罗飞亚、陈怡文、苏哲参加了国际化妆品监管合作组织第17届年度会议期间（ICCR－17）“安全评价整合策略”工作组和“消费者交流”工作组的系列线上活动。安全评价整合策略工作组分别于2022年9月15日、11月2日、12月12日，2023年1月11日、2月9日召开线上会议。会议主要研讨起草应用“下一代风险评估（NGRA）”技术开展化妆品原料安全性评价的案例分析研究报告，重点为NGRA九大原则的案例分析。工作组已开始分工起草研究报告，报告框架分为：缩写和定义、背景、目标、简介、化妆品原料NGRA九大原则的案例研究分析、NGRA可信度回顾分析、讨论和结论等八个部分，预计于2023年6月（ICCR－17年会前）完成报告初稿。消费者交流工作组分别于1月10日和1月30日召开线上会议，会议总结了上一阶段围绕“致敏原”议题，形成的“问答（Q&A）”成果，以及介绍后续各司法管辖区监管和行业开展后续工作的调研。目前，工作组正在讨论下一阶段的新议题，可能为“如何理解防晒指数”或“化妆品中的微生物”等。新议题将于ICCR－17第二次季度会议后，由ICCR执委会讨论后决定。另微生物工作组于ICCR－17第一次季度会议上宣布解散，近期不会再开展活动。

# 第十部分　信息化建设

## 信息化系统建设工作

### 国家药监局电子文件归档和电子档案管理试点工作

为贯彻落实局党组会关于档案管理改革的决策精神，根据局领导有关工作要求，中检院被国家药监局确定为专业档案电子文件归档和电子档案管理试点单位。2022 年立项实施了电子档案管理系统建设项目，并完成了招标、合同签订、用户需求调研及初步设计方案评审工作。该项目旨在以化妆品审批业务产生的专业档案为试点，探索和初步建立电子档案的归档管理机制和规范，建立电子文件归档技术标准，搭建“来源可靠、程序规范、要素合规”的电子文件归档和管理的功能平台，为全面实现电子档案的规范化管理奠定基础。

### 抽检相关系统整合工作

为解决中检院信息化软件应用系统的“小散乱”的典型问题，在全面细致梳理药品、医疗器械、化妆品国家抽检工作全业务流程工作要求和系统需求的基础上，对国家抽检系统进行整体设计和统一规划，并于 2022 年 7 月在中央政府采购网发布了项目采购意向。方案采用基础开发平台和业务系统两层建设的方式，确保新系统建设及后期运维工作提质降本增效，同时根据国家药监局药品监管数据共享利用有关要求着力提高抽检数据质量，为后期加强抽检数据利用、促进智慧监管奠定基础。

### 批签发系统及化妆品审评审批系统电子证照工作

完成了特殊化妆品电子注册证及生物制品批签发电子证明文件相关功能模块的开发、测试等工作，并分别于 2022 年 10 月 1 日及 11 月 1 日起正式向企业发放相关电子证照。根据国务院联防联控机制的工作要求，切实保障上市后新冠病毒疫苗产品质量安全和市场供应，积极做好国家药监局部署的全国新冠疫苗紧急使用数据的应急统计上报工作，保持 24 小时待命状态，做到各环节无缝衔接，保障中检院新冠疫苗应急统计任务。信息中心紧跟需求的变化，动态调整了“新冠数据上报”“新冠日报”“新冠周报”等功能，满足了承担新冠疫苗检测的各检验机构每日上报的需要。具体功能包括：检验机构将新冠疫苗受理明细和签发明细数据填报到批签发系统，中检院综合业务处每日汇总数据形成日报、周报、月报等报表上报国家药监局，中检院根据“受理日历”和“签发日历”两大功能可对全国新冠疫苗的受理、签发工作进行宏观调配，各检验机构可根据实际情况调整预计签发时间。

### 人力资源管理系统建设

人力资源管理系统建设项目于 2021 年立项，其旨在通过搭建规范、高效的人力资源数据和业务处理平台，打通各业务系统间的数据交互，打造全院统一、权威的组织机构和人员信息库，提高人力资源管理效率。2022 年，在经过需求调研、方案设计阶段后，系统建设进入研发阶段。完成所有模块的开发、配置、验证测试工作，其中招聘功能模块先行上线运行，顺利完成 2022 年度派遣人员的招聘工作。人力资源管理系统的建设奠定了院各业务系统整合权限控制机制基础。

### 化妆品智慧申报审评系统

开展化妆品智慧申报审评系统二期建设工

作。对化妆品智慧申报审评系统进行持续优化完善，完成了过渡期功能的建设完善，实现了配套法规文件以及过渡期政策的系统功能需求；完成了受理、审评、审批、制证及归档的流程及功能优化，进一步提高了全流程的使用便捷性和电子化水平，提升了化妆品审评审批的工作效率和工作质量；实现了数据权限控制相关的软硬件优化完善，满足资料信息保密相关要求，提高了系统的安全防护水平。

### 化妆品原料安全信息登记平台

完成了化妆品原料安全信息登记平台的建设，实现了用户管理和登入、原料信息填报、原料报送码自动生成、原料信息统计分析等功能，完成了与化妆品注册备案业务相关系统的对接。平台在数以万计的化妆品原料和百万级产品之间搭建了信息通路，对我国化妆品监管和科学研究均有重大历史意义。

## 信息安全工作

### 提升信息安全保障水平

2022 年共计开展了 4 轮内部攻防演练，共发现 13 个系统 40 余项不同程度的问题，所有漏洞均在第一时间完成修补工作。2022 年，在硬件防护方面，新增安全设备 3 台（套），陆续更新 20 余台安全设备的维保服务；在网络软件防护系统优化方面，在主干路采用流量分析、内容审核、访问控制、策略优化等方式，将攻防演练的复盘成果应用到各类安全设备的配置检查中，进一步增强网络安全防护能力；在访问控制方面，在外网登录内网访问的方式上增加了 VPN 动态口令方式，解决 VPN 账户初始化口令修改不及时的问题；在安全防控机制方面，建立健全了硬件设备、网络环境、操作系统、应用软件的日常维护流程机制、故障应急处置流程机制、安全保障管理机制和安全应急处理流程机制、关键业务数据灾备和恢复流程机制。

### 网络安全与运维工作

2022 年，通过招标采购新增了 104 台套信息化设备，缓解了机房内服务器、存储的计算资源不足和数据储存空间不够的问题，解决了当前数据库授权和网络资源不足的问题。继续做好灾备系统的运维工作，内外网灾备任务扩展至 135 个，备份 60 台服务器，涵盖主要的业务系统，共保护数据约 130T，同时开展了 10 次以上全流程灾备恢复演练，有效保障了信息系统的数据安全。签订了电话系统运维服务协议，保障中检院四个院区办公电话的正常使用。电话总机采用人工智能语音查询系统，对外部查询电话进行业务用号码、科室号码及工作人员号码查询。加强网络运行维护管理工作，完成为期三年的 IT 运维招标采购和实施工作，保障中检院 IT 运维外包服务团队的工作人员长期稳定，2022 年接到电话咨询、故障报修等共 4348 件，全部通过电话或现场处理完毕，好评率达到 99%。对中检院 17 条专线和基药平台进行实时监控和线路维护，在二十大期间值班值守，保障了中检院的网络及信息系统的安全稳定运行，保障了中检院四个院区，以及中检院对国家药监局、省级、副省级和口岸院所的数据传输。

## 推进信息化建设规范化

### 源头管理 建立代码管理新机制

对中检院所有系统的源代码启动并实施了建账管理，建立了源代码提交、更新以及部署的技术及管理要求，确保开发公司以及第三方机构根据相关要求开展工作；探索开展源代码审查，确保程序安全。2022 年度完成了源代码统一管理规范制度（草案）的制定工作；建立了源代码管理库，已收集68套业务系统源代码，记录源代码的版本变更历史；搭建完成55套业务系统源代码的编译环境，创建了使用编译后的源代码完成部署的工作条件。

### 完善机制　探索密码管理新模式

通过建立密码管理机制，完善相关管理制度，探索多层级授权、统一控制平台和精细化管理的新模式。参考国家药监局信息中心发布的密码管理制度、关键基础设备管理方法以及其他网络安全管理制度，进一步完善中检院已有密码管理制度，实施多层授权管理和统一化管理模式，基本编制完成院级密码管理制度。

### 完善相关工作制度

结合中心工作实际和专项清理工作要求，通过构建一套符合实际工作情况、相对完善的制度体系，解决制度不健全、内容更新不及时，监督、落实不到位等问题，推进信息化建设规范、高效发展。

### 专项清理整改工作

自2022年4月8日起组织开展了为期近4个月的合同项目专项清理工作，全面清理2018年以来中检院信息中心的合同项目，查找问题、举一反三、完善制度、规范管理。通过学习法律法规、观看廉政警示教育片等方式，增强做好专项清理的责任感和自觉性；按照专项清理要求，逐项研究检查，认真查找问题并形成排查台账16条，切实把问题找准找实找全；科室负责人从工作责任、廉洁自律等方面分别与本科室人员开展谈心谈话，强化廉洁自律意识；逐一分析排查的问题，从认识、管理、操作等环节以实事求是、勇于面对的态度深挖问题成因，全面梳理和总结经验，形成了报告和整改台账，同时处置了责任人，提出下一步改进工作、提升工作效能和防范廉政风险的工作思路。

### 加强对协作公司的制度管理

为保障合同执行效力，规范项目管理流程，从安全、工作、廉政、防疫等方面采取必要措施加强对协作公司的管理。组织学习中检院安全管理相关规定和要求，督促协作公司贯彻执行。建立驻场人员基本信息、核酸检测、新冠疫苗接种等台账信息，为日常办公、出入等管理工作做好基础。细化合同中廉政条款约束，同时在项目督导检查中加强廉政教育提醒，把廉政建设贯穿项目实施全过程。坚持持续加强项目管理、细化工作纪律，不断提高协作公司运维人员监督管理工作质量。

## 图书档案管理

### 基础工作不止步　提升服务求务实

将档案整理及数字化扫描工作做实做细。深入服务科室，现场解答和指导档案整理问题，确保归档文件完整有序。为全院43个部门、科室整理装订档案20297册，扫描档案2162913页。谋划库存档案采用社会服务方式寄存托管，缓解中检院档案库存压力。

### 日常工作不断档　谋划措施保运行

创新方法，压实责任，探索并实行岗位轮换和AB角制度，保证疫情防控下，各项日常工作不断档。接收入库并核对上架档案13850册、144850件；累计提供档案借阅服务421人/次，2258册档案。销毁文件材料3910公斤。图书馆到馆450人，借书378册，还书420册；根据读者需要新购图书58册。

### 丰富图书文献资源　服务便捷内容广泛

中检院共有各类中外文数据库13种，2022年继续扩大电子文献数据库的服务，新增维普中文及聚联大数据微信群服务等。为保障因疫情居家办公人员能及时利用电子文献资源，开通多个数据库院外账号。全年中检院各数据库共有253887人次登录，下载文献407589篇，相比2021年使用人数增长20%，下载量增长70%。

### 国家药监局进口药档案托管规范有序

按国家药监局要求规范进口药审批档案资料的接收、保管和借阅服务。对进口药档案盘库整理，保证档案齐全完整。

## 杂志编辑工作

### 完善"三审三校"制度保障期刊出版质量

2022年两刊共刊发文章439篇735万字。按照新闻出版要求，严格遵守编前会议制度及"三审三校"制度，坚持将稿件学术水平放在首位，严格执行编辑出版的国家标准和规范，不断提高期刊的整体质量水平。

《药物分析杂志》持续被收录为中国科技核心期刊（中国科技论文统计源期刊）、《中国学术期刊影响因子年报》统计源期刊（位于Q1区），被收录于科技期刊世界影响力指数（WJCI）报告。《中国药事》继续被收录为中国科技核心期刊（中国科技论文统计源期刊）、《中国学术期刊影响因子年报》统计源期刊（位于Q2区）。

### 紧追科研热点组织专栏提高期刊社会效益

捕捉学科的热点，发掘优质稿源，组织具有学科前瞻性、科学性、实用性的专栏，扩大期刊影响力，提升期刊的生存能力，提高论文被发现和被引用频次，增强出版发行的社会价值和学术价值。及时敏锐地发现医药领域内突发事件对药品监管可能产生的影响，紧密关注新形势下药品行业发展需求与监管风险防控之间难以协调的矛盾，完成"重组激素类药物质量分析""生物活性检测方法验证""民族药研究""mRNA疫苗监管""洋葱博客霍尔德菌群检查法的建立""药品包装材料的监管与质控""药品连续制造监管""新药临床试验期间药物警戒""药物经济学评价"等专栏的选题策划，及时向行业专家约稿，回应业内关注，获得业内的一致好评。

# 第十一部分　党的工作

## 党务工作

### 政治建设

深入学习宣传贯彻党的二十大精神，制定并印发院学习宣传贯彻党的二十大精神实施方案，研究提出学习宣传贯彻具体措施。持续推进巡视整改，抓好中央巡视和国家药监局党组内部巡视等各项整改任务的落实。有序有力完成学查改专项工作，制定专项工作实施方案，坚持研学从深、查摆从严、改进从实，扎实开展学习研讨、查摆问题、整改提高工作，召开党支部专题组织生活会，建立中检院党委专项工作整改台账，6 项整改措施均已完成并销号，取得预期成效。扎实做好中央和国家机关对国家药监局开展的党的建设专项督查工作以及对中检院的下沉调研工作。持续推进党建扶贫、消费扶贫。与对口党建帮扶朱楼镇党委保持联系，全年采购脱贫地区农产品 197. 99 万元，其中定点脱贫地区产品 171. 75 万元。注重加强意识形态工作，全年收集职工思想动态 3 次，收到反映问题 41 条，将任务分解到相关责任部门，在院内网公布办理情况。

### 思想建设

充分发挥党委理论学习中心组示范作用，围绕党的二十大精神、家庭家教家风建设等主题开展 6 次中心组学习，院领导和党支部书记代表共 26 人次围绕主题交流发言。巩固深化党史学习教育成效，召开党史学习教育总结大会，全面总结中检院党史学习教育开展情况，在各党支部、青年理论学习小组推广每日读书 30 分钟和每人讲好一个中国故事活动，不断提升理论学习氛围和成效。组织各党支部参加国家药监局学习贯彻党的十九届六中全会精神主题征文活动，13 人获奖，中检院获组织奖。与安全保卫处联合举办“我为安全代言，喜迎二十大”主题演讲比赛活动。

### 组织建设

健全党支部自身建设，指导督促 20 个党支部开展党支部换届、支部委员增补等工作。通过党建述职评议、支部工作交互检查、半年工作总结汇报等形式，督促基层党支部认真落实“三会一课”、组织生活会、民主评议党员和主题党日等党内政治生活制度，持续提升支部工作质量。10 月至 11 月，组织 35 名在职党支部书记参加国家药监局党校举办的党支部书记网络培训。扎实推进“四强”党支部建设，中检院化学药品检定所第二党支部和计财处党支部分别被命名为“中央和国家机关工委和市场监管总局‘四强’党支部”。严格工作程序和纪律，把好发展党员关口，转正党员 25 名，发展党员 1 名，统计、核查党龄达 50 年党员 5 名。

### 群团统战

关心爱护职工。组织全院 17 个分工会 1140 名职工开展职工八段锦健身活动。完成重要节日职工慰问品采购和发放，采购金额 316 万元。建立在职困难党员、在职困难职工台账，慰问 7 人，发放慰问金 7. 6 万元。慰问结婚、生育、退休离岗、直系亲属去世的会员 84 人，发放慰问品（金）13. 2 万元。工会女工委慰问女职工 764 人，发放慰问品 7. 5 万元。开展“幸福工程——救助困境母亲行动”捐款活动，募集善款 43497. 30 元。

做好青年工作。认真组织团员青年学习党的二十大精神，深入学习习近平总书记在庆祝中国共产主义青年团成立100周年大会上的重要讲话精神。按程序组织推荐先进典型，中检院体外诊断试剂检定所胡晋君被评为“市场监管总局、国家药监局优秀共青团员”，化学药品检定所青年理论学习小组被评为“国家药监局青年理论学习示范小组”，药用辅料和包装材料检定所王珏被评为“国家药监局青年学习标兵”。参加国家药监局青年公文大赛，3人获奖，中检院获组织奖。参加市场监管总局“奋斗者 正青春”主题宣传活动，拍摄宣传片《新冠疫苗质量安全“守护者”》并在总局视频号播放。

## 纪律检查

### 严格政治监督

加强对中央及国家药监局党组巡视整改工作落实情况的监督检查。3月，制定《中检院巡视整改情况专项检查实施方案》，组成两个检查组，对8个承担巡视整改工作任务的部门开展专项检查，进一步推动巡视整改落地见效。加强对疫情防控的监督检查。认真落实中央纪委、国家药监局关于疫情防控部署要求，组建专项检查组，对各部门、各级党组织疫情防控及实验室安全、学生管理等情况开展监督检查，确保疫情防控和业务工作有序有力、统筹推进。

### 强化专项监督

推动建立和执行不良行为企业名单、企业遵纪守法廉洁承诺等制度机制，将8家企业纳入名单并实施惩戒。开展内控风险评估，发现问题风险点12项，督促有关部门建立台账，抓好整改落实。组织干部职工开展个人重大事项填报工作，切实防范利益冲突。按照国家药监局要求，组织全院1300余名职工开展违规买卖股票问题以及违规借贷问题专项治理工作，要求其中106名涉嫌违规买卖股票的干部职工限期卖出，并给予批评教育、责令书面检查等处理，督促干部职工进一步严格执行“十条禁令”要求。

### 依规执纪审查

依规依纪对全年15件信访举报和问题线索进行处置核查，严肃查处违规违纪行为，运用“四种形态”共处理17人。

### 深化廉政教育

深入开展警示教育和经常性纪律教育。全年编发中检院党风廉政教育资料4期，组织召开专题警示教育会2次，通报市场监管总局和国家药监局等警示案例通报10期共计65起案例。9月，开展廉政教育月活动，组织党员干部职工以支部为单位开展讲廉政教育课、过廉政主题党日、观看廉政教育片、开展党纪法规知识测试、支部班子成员分工讲解《违反中央八项规定精神问题典型案例释读》典型案例等活动。持续做好元旦、春节、清明、五一、端午、中秋和国庆等重大节日期间党风廉政建设工作，下发廉政通知，明确纪律规定，筑牢思想防线。制定下发《中国食品药品检定研究院加强廉洁文化建设工作措施（试行）》，督促全院干部职工增强廉洁自律意识。

### 加强自身建设

传达学习十九届中央纪委六次全会和国家药监局党风廉政建设工作会议精神，制定印发《中检院2022年党的纪律检查工作要点》，细化35项重点任务，明确责任部门和完成时限。积极落实院纪委委员、支部纪检委员分片挂钩、集中检查、参与办案、情况汇报、述职讲评等制度，通过以会代训、以干代训方式，提升委员业务能力，强化身份意识、责任意识。

# 干部工作

## 领导干部任免

根据《党政领导干部交流工作规定》《中检院干部岗位交流工作办法（试行）》，结合工作需要，经2022年2月15日第9次党委常委会会议研究，任命：

马丽颖为实验动物资源研究所动物实验室副主任（主持工作）；

苏丽红为后勤服务中心（基建处）物资供应部副主任（主持工作）；

范文平为后勤服务中心（基建处）政府采购部副主任（主持工作）。

同时免去以上3名同志原任职务。

免去陈欣后勤服务中心（基建处）物资供应部负责人职务。（中检党〔2022〕10号）

因工作需要，经2022年2月15日第9次党委常委会会议研究，任命：

柴海燕为安全评价研究所综合办公室临时负责人；

徐延昭为后勤服务中心（基建处）综合办公室临时负责人；

王建宇为后勤服务中心（基建处）基建工程部临时负责人；

王治国为后勤服务中心（基建处）物业管理部临时负责人；

范涛为后勤服务中心（基建处）条件保障部临时负责人。（中检党〔2022〕11号）

根据工作需要，经2022年5月7日第19次党委常委会会议研究，任命：

刘阳为化学药品检定所化学药品室副主任；

黄海伟为化学药品检定所抗肿瘤和放射性药品室副主任（主持工作）；

姚静为化学药品检定所抗肿瘤和放射性药品室副主任；

张斗胜为化学药品检定所生化药品室副主任；

李晶为化学药品检定所激素室副主任。

以上5名同志实行任职试用期一年。（中检党〔2022〕37号）

根据工作需要，经2022年5月7日第19次党委常委会研究，任命：

崔生辉为化妆品检定所副所长；

魏锋为中药民族药检定所副所长；

王岩为化学药品检定所副所长；

李长贵为生物制品检定所副所长；

黄杰为体外诊断试剂检定所副所长；

赵霞为药用辅料和包装材料检定所副所长；

梁春南为实验动物资源研究所副所长（主持工作）；

耿兴超为安全评价研究所副所长（主持工作）。

以上8名同志实行任职试用期一年，免去梁春南、耿兴超2名同志原任职务。（中检党〔2022〕34号）

根据工作需要，经2022年7月29日第27次党委常委会会议研究，任命：

康帅为中药民族药检定所中药民族药标本馆副主任；

张凤兰为化妆品安全技术评价中心技术评价二室副主任；

高志峰为标准物质与标准化管理中心标准物质供应室副主任；

林志为安全评价研究所病理室副主任。

以上4名同志实行任职试用期一年。（中检党〔2022〕48号）

根据工作需要，经2022年5月7日第19次党委常委会会议研究，任命：

季士委同志为仪器设备管理中心副主任。试用期一年。（中检党〔2022〕56号）

根据工作需要，经2022年8月18日第28次党委常委会会议研究，任命：

韩倩倩同志为医疗器械检定所副所长。试用

期一年。(中检党〔2022〕57号)

根据工作需要，经2022年10月28日第39次党委常委会会议研究，任命：

陈亮为医疗器械检定所质量评价室副主任；

周海卫为体外诊断试剂检定所传染病诊断试剂一室副主任；

谢兰桂为药用辅料和包装材料检定所洁净环境检测室副主任；

郭世富为医疗器械标准管理研究所标准管理三室副主任；

左琴为实验动物资源研究所实验动物生产供应室副主任；

柴海燕为安全评价研究所综合办公室副主任；

刘颖为安全评价研究所药物代谢动力学室副主任；

徐延昭为后勤服务中心（基建处）综合办公室副主任；

范涛为后勤服务中心（基建处）条件保障部副主任。

以上9名同志实行任职试用期一年。（中检党〔2022〕90号）

根据工作需要，经2022年11月17日第42次党委常委会会议研究，任命王蕊蕊同志为纪律检查室主任。(中检党〔2022〕98号)

# 第十二部分　综合保障

## 综合业务

### 做好抗击新冠病毒感染疫情产品应急检验

全力做好抗疫产品注册检验，共完成234批疫苗、21批化学药品、6批治疗用生物制品、5批诊断试剂注册检验，向国家药监局报告疫苗受理及签发数据54次。全力做好新冠疫苗批检验及新冠疫苗批签发，签发新冠疫苗批检验512批次，占全国的20.3%，平均用时不超过21天，签发新冠疫苗批签发92批次，占全国的32.9%。规范做好新冠疫苗批检验统计工作，协调包括中检院在内的13家批签发机构，完成统计报告723期（次），为掌握疫苗供应情况和追溯信息化等提供有力数据支撑。

### 规范做好优先检验工作

落实《优先检验管理办法》《检验业务考核管理办法》相关要求，采取受理时特殊标记提醒、检验过程中优先处理、定期院内督办的措施，对29个品种、128批次完成优先检验，为产品加快上市提供及时有效技术保障。

### 推进检验报告书电子化

上半年实现了合同检验报告书、委托检验报告书、复验报告书的电子化，按期启用批签发电子证明，正开展我院组织口岸药品检验机构开展的注册检验报告书电子化启用前的测试工作。中检院检验报告书已基本实现电子化。开展报告书电子化涉及的质量体系文件制修订工作，完成检验报告格式控制程序、业务发文及检验报告发送标准操作流程等7个体系文件的修订。

### 加强与审评衔接沟通

与国家药监局药品审评中心共同起草《药品技术审评与注册检验任务工作衔接程序》，进一步明确药品注册检验启动、进行和完成三个关键节点的衔接要求，并形成了与药品审评中心进行信息交换和疑难问题协调处理程序。对于因审评需要启动的药用辅料和药包材的注册检验，协助药用辅料和包装材料检定所，在启动依据、质量标准、样品要求等方面与药审中心达成一致。

### 规范技术合同管理

修订技术服务合同模板和我院技术合同模板，明确技术附件的填写要求。完成技术合同电子化，实现线上审签和电子用印。启用合同检验业务专用印章，区分合同检验报告与其他检验类型报告。委托第三方机构协助开展合同认定。起草技术合同收费标准指导原则及研究报告的格式，准备征求意见。

### 改进留样管理工作

针对今年留样管理中发生的问题，认真落实上级部门和领导提出的整改意见和要求，及时修订留样管理制度，完善留样信息管理系统，加强留样库技防人防工作，清理分离已过效期留样，将高值留样单独隔离存放，对留样实行分类存放管理，目前正按计划加快进行高值留样盘点，之后对全部6个留样库效期内样品进行盘点和存放位置登记更新，并按程序销毁过效期留样。

## 仪器设备

### 性能验证工作

为保障温（湿）度环境试验类设备的准确运

行，在制定《环境试验设备性能验证规程》的基础上，组织此类设备的验证工作。此次涉及全院32个检验部门，主要覆盖冰箱、培养箱、干燥箱和水浴锅等10余种共计422台（套）仪器设备，为建立温（湿）度环境试验类设备满载和半载情况下的校准数据及判定规则提供了有效依据。

### 信息化建设工作

在系统建设方面：优化系统界面，简化工作流程，完善采购、维修、计量等90余项模块功能，并增加短信提醒、验收确认等功能，方便用户使用、减少单据流转、提高整体效率，实现仪器设备全过程管理的信息化与网络化。

在计量标准信息化建设方面：积极推进计量标准信息化建设工作，梳理常用仪器设备校准证书1500余份，更新和电子化在用检定规程/校准规范160余份，为检验部门开展仪器设备结果确认工作奠定坚实基础。

### 全周期管理

采购仪器设备2039台（套）、支付金额2.75亿元；完成设备验收1263台（套）、金额1.72亿元；完成设备计量4264台（套）、期间核查207台（套），安全类设备检测444台（套）；维修设备7100台（套）、金额0.26亿元。新增仪器设备固定资产1130台（套）、金额约1.82亿元；报废仪器设备656台（套）、金额0.2亿元。

组织开展2022年度仪器设备供应商评审，共有3家单位通过初评审、15家原入围单位通过复评审、1家单位取消仪器设备供应商资格。

### 制度建设

为进一步规范和完善仪器设备管理工作，落实质量管理和内部控制的要求，建立健全仪器设备管理制度，组织开展规章制度修订工作。本次修订涉及11个院级和1个部门级规章制度（SOP），新增1个部门级管理办法，并废止《通用办公设备和办公家具配置管理办法》中通用办公设备配置相关内容。

## 人事管理

### 薪资管理

2022年度调整在编人员和离休人员基本工资标准，并补发2021年10月以来的工资差额。

### 公开招聘

编内招聘方面，2022年计划招聘编内需求共计29人，经国家药监局审批招聘共计19个岗位，应届毕业生18人（京内、京外生源各9人），社会在职人员8人。共收到报名简历717份，共有590名人员符合要求，434人通过资格复审参加笔试。经心理测评、面试、体检及考察等环节，最终录用24人。计划完成率达到92%。

编外招聘方面，今年共发布岗位需求11个，计划招聘42人。共计收到简历775份，共491人通过简历资格审查。最终录用28人，计划完成率为67%。

### 领导干部个人有关事项重点抽查工作

2022年，中检院应报告个人有关事项60人，实际报告60人，报告率为100%，其中正处级26人，副处级27人，拟提拔对象7人。中检院于今年共开展了1次随机抽查，3次重点核查；共计查核14人，已查核完成14人，总查核一致率为92.8%。

### 技术职务评审

按照《关于组织开展2021年专业技术职务任职资格评审工作的通知》（药监人函〔2021〕82号）的有关要求，依据《国家药品监督管理局直属单位专业技术职务任职资格评审办法》（药监综人〔2018〕38号），配合国家药监局人事司在2022年7月份完成了2021年度国家药监局直属单位专业技术职务任职资格评审工作。收到专业技术职务任职资格申报材料60份，审核后符合申报要求的52份。评审通过24人。

### 表彰奖励

经党委常委会研究决定：给予何欢等19人记功奖励，给予刘丹丹等266人嘉奖奖励。评选办公室等12个部门为“中检院抗击新冠肺炎疫情先进部门奖”、食品化妆品检定所理化检测一室等20个科室为“中检院抗击新冠肺炎疫情先进科室奖”；评选王迎、肖美莹等52名同志为“中检院抗击新冠肺炎疫情先进工作者抗疫专项奖”。评选徐苗、项新华等4名同志为NRA突出贡献奖；韩若斯、薛晶等26名同志为NRA重要贡献奖。

## 财务管理

### 年度收支情况

2022年，收入实现16.36亿，与上年相比减少2.31亿元，减少12%，其中：财政拨款收入1.69亿元，比上年减少2.78亿元，减少62%；创收收入13.99亿元，比上年增长0.66亿元，增长5%；科研专款收入0.49，比上年减少0.22亿元，减少31%；支出共计13.6亿元，比上年减少1.83亿元，其中：人员经费支出3.96亿元，比上年增加0.51亿元，增加15%；商品和服务支出7.04亿元，比上年减少0.49亿元，减少6.5%；资本性支出2.4亿元，增加0.3亿元，增加14%；资本性支出（基本建设）支出0.15亿元，减少2.15亿元，减少92%；全年核算凭证13.30万份。

### 财务制度建设

受国家药监局委托，起草《国家药品监督管理局局属事业单位国有资产管理办法》《国家药品监督管理局局预算管理办法》《药品安全监管项目资金管理暂行办法》。

修订《中检院预算管理办法》《中检院国有资产管理办法》。

### 中央预算管理一体化系统

首次启用中央预算管理一体化系统编制部门预算。完成2022年10月之前所有资产系统基础数据迁移确认工作。

### 推进支出标准体系建设

组织完成药品检验、药品抽验、医疗器械抽验，医疗器械标准制修订和化妆品审评等5个项目的支出标准制定。

### 启动职务科技成果转化

按院领导要求起草《中国食品药品检定研究院职务科技成果转化奖励工作方案》，并组织7次院领导专题会进行研讨。

### 财务管理工作

2022年首次完成院属企业财政部、国资委两套决算上报，并获得国家药监局的通报表扬。完成院属企业公司制改制相关的资产评估工作。

## 安全保障

### 加强进院管理，助力疫情防控

面对复杂多变的疫情防控形势，始终严格落实北京市、国家药监局、属地以及院疫情防控领导小组疫情防控相关要求，加大对接待室及院门口安保人员执勤工作的监管和抽查力度，严把进院关卡。门卫严格执行测温、扫码、查看核酸检测阴性证明等疫情防控措施；外来人员除执行上述疫情防控措施外，还需接待部门提前向安保处备案，来访人员方可凭当天会客单进院。2022年累计扫码测温45万余人次，在执行疫情防控措施过程中，发现北京健康宝弹窗人员83人次；查出核酸检测阴性证明超过规定期限的48人次，均按照疫情防控应急预案进行了妥善处置。

## 发布安全通知，强化安全责任

发布了《关于进一步加强安全管理工作的通知》《关于安全管理工作有关事项提示的通知》《关于做好2022年春节和北京冬奥会期间安全管理工作的通知》《关于加强春节假期安全管理措施的通知》《关于规范车辆停放秩序和加强电动车管理的通知》《关于加强实验室安全管理的通知》《关于职工带孩子上下班安全提示的通知》《安全管理工作规则和安全检查管理办法有关问题的解释》等20余个安全管理通知，促进了安全工作规范开展。

## 落实安全检查，督促隐患整改

为进一步加强安全管理工作，细化检查内容，安保处重新修订了安全检查记录本（包含房间检查记录本、科室自查记录本、部门自查记录本等十余种），现已形成严格落实日、周、月、季、节安全自查，监督抽查及督查的常态，广大干部职工养成了下班检查水、电、气是否关闭，坚持风险隐患“日清零”的责任意识。

以每日风险隐患排查为基础，推动全院安全治理工作向事前预防转型，全年共检查137次（院领导检查48次，安保处督查88次，党建与安全管理深度融合活动检查1次），共计发现安全隐患481处（同比下降49.5%），发布安全问题通报3次，均按照《安全管理工作规则》和《安全检查管理办法》对有关人员进行了处理；下发安全问题告知单35份，整改回馈35份，完成整改461处，整改率达到95.8%（未整改的主要是硬件设施方面，均已列入明年整改计划）。安保人员日常巡查发现跑冒滴漏21次，火灾隐患6处，均按照流程进行了妥善处置。在全院各部门的共同努力下，全年未发生安全事件，有力保障了检验检测工作顺利开展。

## 加强安全培训，夯实管理基础

为有效提升干部职工安全技能，安保处有计划地选择同干部职工工作和生活密切相关的领域开展专项培训，全年共开展各类培训6次，累计培训人员3054人次。包括：反诈骗培训、《实验室安全手册（第六版）》宣贯培训、生物安全培训、辐射安全培训、危险化学品安全管理培训、消防安全培训等。受疫情防控政策影响除消防培训的现场演习部分外，其余培训均采取线上方式进行，其中大部分课程被录制成培训课件并上传至“中检课堂”，为保证学习效果，重要课程还设置了线上答题环节。通过安全培训，给广大干部职工分析事故原因，教育大家防祸于未然，达到了提高大家预防事故意识的培训目的。

## 抓住关键环节，推动工作落实

一是召开安全会议，部署安全工作。组织安全委员会消防（反恐防暴）、危险化学品、生物安全、辐射四个安全管理小组进行安全总结，并将有关情况上报安全委员会；组织召开安全委员会全体委员会议，院领导、28个内设机构主要负责人和院属企业负责人参加，全面落实各级安全管理责任。二是完善设备设施，提升防范等级。根据公安部门要求，完成四个办公区的年度消防设施电气设备检测和灭火器年检；完成部分消防安防设备设施维修改造（消防预作用管网漏气维修改造、消防报警系统维修改造、留样库加装监控、重点部位增设监控摄像机等）；定期对安防消防设备设施进行维护保养，有力保障了安防消防设备设施的平稳运行。三是落实行业标准，规范危化品管理。按照北京市安全生产委员会要求，组织对中检院危险化学品采购、储存、使用等管理情况进行了全面的自查整改；按要求完成剧毒、易制爆储存场所和相关从业人员的验收和备案工作；完成80台自净化危险化学品储存柜的配备工作；针对易制爆、剧毒化学品库等重点部位，严格落实“五双”管理制度，重要节点启动“四停一封”管控措施，确保危险物品安全。四是加强生物安全管理，筑牢生物安全防线。针对高致病性病原微生物菌（毒）种库，实行双人双锁，科室、设备、安保三巡查，高清视频监控存储达90天以上，监控室每天记录库内情况；根据实验活动需求，向国家卫生健康委及时更新完善152套生物安全实验室（58套P1，94套P2）的人员、实验活动、设施设备等备案信息；节假日及重大活动期间，向东城区和大兴区卫生健康委报送生物安全日报告210次；报送生物安全密文10余件；报送自查材料30余件，及时落实卫生、公安等主管部门各项要求，顺利保障了相关检验工作。五是加强源库管理，确保万无一失。依规通过辐射安全延续许可（延续至2027年1月24日）；Ⅴ类放射源库实行双人双锁、24小时监控、红外入侵报警等安防措施；组织17名辐射工作人员，定期进行放射职业健康体检，未见辐照射超标人员；委托第三方辐射监测单位，对辐射工作场所进行辐射安全检测和现状评价，监测结果符合要求；完成东城区和大兴区两地放射职业危害年度备案工作；定期更新6个辐射信息网站放射相关人员、培训、剂量监测、职业体检等信息，落实生态环境、公安、卫健等部门要求，保障辐射安全工作顺利开展。

### 规范迎接检查，落实各项要求

2022年相继迎接了国家卫健委、国家药监局、北京市卫健委、北京市应急管理局、北京市生态环境局、大兴区治安支队、大兴区生态环境局、大兴消防支队、东城消防支队、东城治安支队等上级主管部门的执法检查83次。

2022年在中检院党委的精准指挥和全院各部门的通力协作下，坚持“安全第一，预防为主”的方针，实现了全院安全生产“零事故”的工作目标。

## 后勤保障

### 疫情防控

2022年常态化储备口罩、护目镜、防护服等防护用品8种，共14.1万件；酒精、消毒湿巾、消毒凝胶等消毒用品5种347件；毛毯、棉被、洗漱包等应急物资5种704件/套。全年发放口罩81.6万只。与离退休处配合，接收抗原10.2万人份，发放37458人份。加大环境消杀力度，筑牢环境防控防线。对电梯、卫生间等公共区域消杀23.98万次，密接、阳性人员活动区域消杀51次。

2022年5月9日至6月7日、2022年11月21日至2023年1月1日期间，特殊原因暂停堂食72天，保障200位封控人员就餐5921份，发放毛毯、棉被、洗漱用品、帐篷等共计646件/套；在大面积感染的情况下，调整力量，保障用车、餐饮、物资、物业、实验条件等基本运行工作。

### 服务保障

政府采购方面，全年发布政府采购意向公开33个，涉及预算资金5.0亿元；收到政府采购申请130个，预算资金4.8亿元；完成政府采购项目110个，成交总金额3.5亿元；全院共签订支出合同2645份，合同金额4.9亿元；合同备案2523份，合同金额4.85亿元；履行完成合同1530份，合同金额1.4亿元；5万元以上合同审核437份，合同金额1.4亿元。物资供应方面，全年完成物资采购订单34553笔，采购金额1.28亿元；结算15349笔，结算金额1.2亿元；合同签订1476份。修缮改造工程方面，日常建设项目14个，合同金额共约675.7万元。实验条件保障方面，专业设施维修639次，医疗废弃物灭菌665次，更换气瓶1611瓶，水质检测846次，相关费用支出948万元。能源消耗方面，全院用电3333.1万kW×h，同比增长8.2%；用水31万立方米，同比增长7.6%；燃气290.7万立方米，同比增长21.3%；外购热力3.4万立方米，同比下降15%，总金额5277.1万元。其他保障方面，全年保障供餐46.1万人次；公车安全行驶17.8万公里，处置老旧公车8辆，新置1辆；餐饮和公车方面支出1697万元。全年采购办公家具783件，593456元；实验家具312件，581210元。

## 规范采购

完成《中检院政府采购需求管理规定（试行)》的制定工作，7月13日发布实施，并完成相关培训工作。修订《中检院政府采购管理办法》，经广泛征求各方意见、专题讨论，完成院内征求意见，并形成修改稿。协助国家药监局起草《国家药品监督管理局政府采购管理暂行办法》，并编写了编制说明、制度汇编目录、采购流程图。

结合办公实验耗材管理系统（阳光采购平台）采购供应模式，起草和修订了办公实验耗材管理系统产品管理程序、办公实验耗材类物资采购供应程序、办公实验耗材供应商评价程序等文件，规范采购工作程序，推行计划采购。

根据中检院新冠肺炎疫情常态化防控工作相关文件，制定《防疫物资储备应急预案》，积极落实疫情防控储备物资采购及保障工作，确保物资储备充足，储备物资动态化管理。

## 环境设施

2022年5月，后勤服务中心条件保障部对P3实验室承担实验核心区设备运行的6组UPS的电池组和电容进行了更换维护，进一步保障生物安全三级实验室的安全运转。

应质管中心内审中提出的建议，条件保障部于2022年10月完成滴定液配制实验室改造工作，降低了环境因子对滴定液配制的影响，进一步保障了中检院滴定液质量。

## 供应商管理

供应商评价。自2022年9月1日起，支出合同管理系统新增供应商评价功能，要求合同申请人通过平台对每个合同相对方（供应商）进行评价。2022年评价供应商数量273家，签订合同388份。从合同标的质量、交付情况、履行中服务情况、售后服务情况和廉洁纪律等方面内容进行评价打分。得分60以上的供应商占比99.3%，得分60以下的供应商仅有两家，占比0.7%。

采购代理机构评价。2022年中检院政府采购委托项目共计49个，预算金额约39251万元，采购金额约37774万元。其中，委托中央国家机关政府采购中心的项目共计5个，委托入围采购代理机构的项目共计44个。通过项目管理人员采购标代理机构服务情况进行评价，本年度有1家单位未通过违约失信行为审查。

## 天坛办公区腾退补偿

2022年，北京市完成了中检院天坛办公区地上物腾退补偿评估工作，出具了《评估报告》。经评估：中检院天坛院区总建筑面积37048.82平方米，其中楼房22177.15平方米，平房14871.67平方米。所涉房屋均为办公、业务、后勤服务用房。内含高等级实验室46间（套），总建筑面积3163.3平方米。以房屋重置成新价法评估补偿总价人民币捌仟贰佰叁拾贰万伍仟玖佰壹拾肆元（小写：RMB 82325914元）。同时天坛院区占地按照中检院2011年测绘成果为准，共计占地面积48800平方米，折合67.2亩。按照120万元/亩的标准进行补偿，天坛办公区用地补偿金额为捌仟零陆拾肆万元（小写：RMB 80640000元）。

综上，中检院二期项目建设完成后，天坛办公区将全部交给北京市作为世界文化遗产范围统筹使用，北京市将给予1.63亿元的腾退补偿。北京市已出具了“关于中检院天坛院区腾退补偿有关情况的函”，确认了补偿金额。

# 第十三部分　部门建设

## 食品化妆品检定所

### 《化妆品安全技术规范》制修订工作

对《化妆品中丙烯酸乙酯等 40 种原料的检测》等 3 项方法进行了结题审评，并向社会公开征求意见；对《已使用化妆品原料名称目录》中原料基本信息的研究报告等 2 项研究报告进行了审议。对外征集了 2022 年化妆品标准制修订立项建议，并组织专家进行了讨论，形成了 2022 年化妆品标准制修订立项计划。

以贯彻落实《化妆品监督管理条例》等法规新要求、梳理整合技术规范动态调整内容、规范细化技术要求等为目标，开展《化妆品安全技术规范》换版修订工作，形成了 2022 年版报送稿、修订内容对照表等，并完成了公开征求意见、审议，同时 3 次对 TBT 通报的评议提供了答复口径。

### 化妆品标准委员会组建工作

协助国家药监局开展化妆品标准委员会组建工作，起草组建方案、接收遴选报名材料、起草化妆品技术规范委员会筹建工作情况汇报材料、接收反馈意见等，并起草了委员会章程等多项管理文件初稿。

### 国际化妆品技术标准追踪工作与化妆品风险评估

对国际化妆品技术标准持续进行动态追踪，并与我国情况进行对比分析，开展技术发展趋势研究，形成了共 4 个季度的《国际化妆品技术标准追踪报告》，为我国监管措施、监管重点的调整等提供技术参考。

评估了化妆品中吡硫鎓锌和苯的使用安全性，并调查了行业使用情况，分别形成了《关于化妆品中吡硫鎓锌有关情况的报告》和《化妆品中微量苯的风险评估报告》，组织对报告进行审议后报送国家药监局。

### 化妆品风险监测

全年化妆品风险监测共完成儿童类、宣称祛痘类、祛斑美白类、淋洗类、防脱发类、宣称舒缓（适用敏感肌肤）类、彩妆类、染发类、牙膏共 9 个类别 4561 批次任务。与往年相比，监测机构扩展到全国各省份，监测批次数量提升至原来的 4 倍，自拟方法增加至 18 项，并首次与化妆品安全高风险信息“直通车”实现对接。

### 化妆品检验工作管理

起草并完善了《化妆品检验工作规范》，已报送国家药监局；协助起草完善了《化妆品检验资质认定条件》。持续进行化妆品注册和备案检验检测机构备案资料核对及更新信息核对，对 2021 年能力考评结果不满意机构进行整改资料审查 29 家。

### 标准物质研制和能力验证组织实施

根据 2022 年度国家药品标准物质研制品种名单，开展以下研制工作：化妆品首批 38 个品种；食品首批 7 个品种；换批食品和化妆品各 1 个品种。根据 2022 年中检院能力验证计划目录，完成以下组织实施工作：化妆品第一批 8 个项目；食品第一批 10 个项目；化妆品第二批 1 个项目。

### 开展技术交流与培训

在中检院科技周活动药理毒理分会场中在线举办了“化妆品动物实验替代方法成果示范活动”，

系统内化妆品检验机构、地方监管部门、化妆品及原料生产企业等共180余家单位参加了交流活动。组织中检院质量年会化妆品分会场部分报告活动，围绕化妆品补充检验方法、植物原料、生物技术来源原料、微生物检测方法优化、安全风险监测等进行交流。举办了化妆品检验检测技术及能力验证网络培训，培训的主要内容有技术规范热点问题、理化与微生物检测关键控制、功效学评价应用、毒理学数据应用等。

### 食品检验相关工作

在完成食品检验领域资质认定复评审和扩项评审的基础上，顺利中标国家市场监督管理总局（以下简称“市场监管总局”）本级保健食品安全抽检监测承检机构，并投标食品审评中心特殊食品、保健食品注册抽样（复核）检验资格（正在评标过程中）。完成市场监管总局本级保健食品抽检监测第三至四季度、违法添加专项的抽样和检验任务，完成特殊食品注册抽样（复核）检验任务。

### 毒理学检验相关工作

开展《化妆品原料皮肤吸收体内试验方法》《急性毒性试验—急性毒性分类法》等化妆品安全技术规范相关制修订工作。完成《保健食品功能检验与评价技术指导原则（2022年版）》《保健食品功能检验与评价方法（2022年版）》《保健食品人群试食试验伦理审查工作指导原则（2022年版）》的制修订，已报送市场监管总局。毒理功效实验室完成了从天坛院区到大兴院区附近的搬迁工作，并通过了食品、保健食品和化妆品毒理和功能领域实验室资质认定和认可评审。

## 中药民族药检定所

### 中药标准物质研制、标定和期间核查工作

完成中药化学对照品的保障和困难品种的研制工作，保证了老品种的正常运行，保证了检验用对照品的供应，全年共标化完成中药化学对照品139批，新品种27批。保证了标准物质的100%供应。完成原花青素B、6－姜烯酚等25个品种配方颗粒标准新增中药化学对照品。其中完成了绞股蓝皂苷A的结构“考证”工作，解决了近30年绞股蓝皂苷A结构混乱的问题。并对98个品种中药化学对照品进行了质量监测。对发现的问题及时解决，保障了对照品的正常发行。完成了修订“NIFDC－SOP－S－M－5451中药化学对照品制备标定规程”等26个中药化学对照品相关体系文件工作，保证了中药化学对照品的标定过程更加规范。

完成对照药材品种共87批，其中首批研制6批。基本做到了每个品种离断货提前一年启动研制。确保100%供应。并对61种对照药材进行了质量监测，发现稳定性问题1个批次，对发现的问题及时解决，保障了对照品的正常发行。同时，民族药室共计开展9个民族药首批对照药材品种研制工作，包括青刺尖（彝药）、三七茎叶（云南习用）、秧草根（彝药）、马尾黄连（彝药）、救军粮（彝药）、榛子花（朝药）、藤茶（蒙药）、黄葵子（藏药）和五香血藤（彝药）。开展4个对照药材品种稳定性期间核查（刺柏叶、蜜桶花、大火草、菥蓂子）。

完成首批枳壳对照提取物的研制工作。完成共计9个品种的换批研制。并完成9个品种质量监测。

### 国家药品评价性抽验

完成国家药品抽检标准检验任务：共234批，其中紫草88批，大黄饮片91批，菊花禁用农药残留52批，菊花配方颗粒7批次。完成紫草、菊花、大黄药材质量监测69批，完成探索性研究，撰写质量监测报告和抽检报告。

**1. 大黄**

大黄饮片共计91批，对【性状】和【检查】

土大黄苷项目进行了法定标准的检验，结果均符合规定；探索性研究主要围绕大黄整体质量参差不齐以及现行标准含量测定样品前处理方法较为繁琐且大量使用易制毒试剂的问题，分别开展大黄质量控制新方法研究以及现行标准修订工作。以大黄生长年限和生长海拔高度作为影响大黄质量的关键因素，基于质量属性形成的真正质量评价指标的发现为研究目标，开展质量控制新方法研究。采用高效液相色谱特征图谱、浸出物含量及关键化学成分含量等多指标综合评价大黄饮片质量优劣。对现行标准含量测定项下总蒽醌和游离蒽醌两项指标的样品前处理方法进行优化和简化，并采用绿色环保试剂替代原有易制毒试剂，形成大黄标准修订草案。

**2. 菊花、菊花配方颗粒**

2022 年天然药物室承担的国家药品抽检品种为菊花和菊花配方颗粒，对 51 批次菊花中禁用农药残留量进行了检验，合格率为 68.6%，不合格项目为甲拌磷或氟虫腈超标。此外，还对 25 批次质量监测菊花样品进行了禁用农药检查，合格率为 88%，不合格项目为甲拌磷或克百威超标。

**3. 紫草**

完成 2022 年国家药品抽检紫草品种 88 批样品的实验和检验报告，其中结论为不合格的报告 11 批；完成 2022 年国家中药材质量监测专题工作 24 批。

完成 2022 年国家药品抽检紫草品种的探索性研究。①辨色论质：使用色度测量技术，量化不同来源紫草药材粉末在 CIE 色彩空间上的差别，探索建立紫草药材掺伪的快速检测方法。②辨味论质：借助仿生技术——人工智能感官电子鼻对气味进行量化，对紫草的质量进行评价。③NIR 方法研究：采样应用近红外光谱（NIRS）技术结合偏最小二乘（PLS）建立紫草中 5 种萘醌类色素的快速无损检测方法，以更好地控制紫草的质量。④紫草中不同紫草素的空间分布研究：采用质谱成像对紫草的各个组织部分所分布成分进行探究。⑤紫草 UPLC 方法研究：采用超高效液相色谱法建立紫草中 $\beta,\beta'$ - 二甲基丙烯酰阿卡宁的含量测定方法。⑥紫草中 13 种真菌毒素研究：采用 UPLC - QQQ - MS 法对黄曲霉、玉米赤霉烯酮等 13 种真菌毒素进行初步筛查，以考察紫草饮片安全性。⑦基于 ITS2 序列的紫草鉴别研究：基于 ITS2 序列可以准确鉴别市场上紫草药材的正伪。

2022 年承担了国家评价性抽检药材饮片专项紫草品种的工作，该工作为 2015 年抽检工作的延续与持续跟进。因紫草生长条件苛刻并以野生资源为主，市场供不应求，导致混乱品种较多，造成资源匮乏，抽检不合格率超过 50%，引起了业界极大的震动。从 2015 年至今，经过 7 年时间，对紫草进行跟踪研究，市场有了很大改善，2022 年抽检的不合格率降低到 12.5%，但也出现了掺伪的新情况。自 2016 年开始，持续关注并参与新疆紫草的栽培抚育，至今已抚育成功，在新疆多个地方建立栽培基地，初步缓解了紫草资源紧缺的问题。也起草了紫草的标准提升草案，修订紫草药典标准，从源头解决中药民族药资源与质控的问题。

## 标准起草、修订、提高工作

**1. 药典标准提高工作**

完成研究和申报 3 个补充检验方法，包括舒筋定痛片中松香酸检查补充检验方法，铁丝威灵仙（饮片）齐墩果酸检查项，舒筋定痛片中新橙皮苷检查项补充检验方法，其中舒筋定痛片中松香酸检查补充检验方法已获批，其余两个补充检验方法已完成方法复核和专家审核工作。

完成广藿香、防风及其饮片、丹参饮片、马钱子、马钱子粉、活血止痛胶囊等标准起草及复核检验工作，葶苈子、莱菔子、芥子、胡芦巴、柏子仁、千金子等 6 种药材性状显微标准梳理和修订研究，没药、乳香、吡咯里西丁生物碱和中药中多环芳烃检测技术研究等。

**2.《1995 部颁藏药标准》修订工作**

2022 年，按照国家药监局的指示，总结前期工作经验，完善更新《1995 部颁藏药标准》（以下简称“《95 部颁藏药标准》”）品种修订情况动态信息库；参加国家药典委员会组织的《95 部颁藏药标准》修订工作交流会，总结 19 个部颁藏药品种申报经验，计划下一步工作；参与完成 95 部颁藏药医学内容规范修订工作指导原则的建立工作，完成相关院发函；参与完成所发函《关于含木香马兜铃药材藏成药的药品监管相关工作的函》。

自 2020 年开始，受国家药监局药品注册管理司的委托，在技术层面协助五省区藏药标准协调委员会（以下简称“藏药协调委员会”）推进《95 部颁藏药标准》提高工作。此项工作为“十四五”国家药品安全及促进高质量发展规划、国家药监局重点实验室和中检院 2022 年重点工作任务。具体工作包括协助制定五年的标准修订工作规划并分为三个阶段有序推进。协助构建并完善了《95 部颁藏药标准》品种修订情况动态信息库，起草了纲领性文件《五省区藏药标准协调委员会章程》（以下简称“《章程》”），设计并制定了一系列标准修订的程序文件，参与改选了新一届藏药标准专家委员会；协助国家药监局注册司组织召开了第二届五省区藏药标准协调委员会第四次会议，会议重点审议修订通过《章程》（试行）。协助完成 19 个部颁藏药品种向国家药典委的申报工作，参加了药典委组织的《95 部颁藏药标准》修订工作推进会，并总结了 19 个部颁藏药品种申报经验。协助建立了《95 部颁藏药医学内容规范修订工作指导原则》。完成了给五省区《关于含木香马兜铃药材藏成药的药品监管相关工作的函》。此项工作得到国家药监局注册司领导的高度信任和认可。

**3. 香港药材标准项目**

2022 年承接国家药监局港澳台办公室与香港特别行政区政府卫生署相关合作的联络工作。继续推进香港中药材标准第 11 期（A）和第 11 期（B）两个项目共计 8 个药材的研究工作，港标第 11 期（A）明党参、苏合香、没药三个品种已通过国际专家委员会讨论通过。港标第 11 期（B）凌霄花、藿香、白芷、菊花四个品种已完成研究，以备科学委员会审议。成功中标港标第 12 期（A）第二组苦楝皮、常山、旋覆花和素馨花四种中药材标准研究项目，并已开展标本和样品收集、指标成分选择等相关工作。

## 仲裁复验检验

2022 年完成复验 121 批，其中中成药 14 批，中药饮片 59 批，进口药材 47 批次。

完成益母草颗粒、藿香正气水等 9 个品种 15 批中成药复验。

完成天然药复验 47 批次（涉及重金属及有害元素、禁用农药残留、有机氯农残、黄曲霉残留、水分、霉变、杂质等），其中 1 批次与原检单位结论不同，占比 2.1%。

完成饮片复验 59 批，与原检单位不一致 23 批，占 39%。其中主要是性状项判定不一致。完成民族药复验 10 批次。

## 注册检验

共收到注册检验申请太子神悦胶囊等 10 个品种，30 批，已完成 6 个品种 18 批注册检验和标准复核。

完成进口复核：完成到手香糖足愈合膏 1 个品种 2 次复核，包括制剂及药材、提取物关联审评。

## 开展对允许进口药材的边境口岸进行评估

按照国家药监局药品注册司《关于开展珲春口岸作为允许进口药材边境口岸现场评估工作的复函》和《关于开展增设绥芬河口岸、同江口岸作为允许进口药材边境口岸现场评估工作的复函》

有关要求，中检院组织口岸评估专家组于2022年7月18日至20日和8月1日至5日分别对增设吉林珲春口岸和黑龙江绥芬河口岸、同江口岸作为允许药材进口边境口岸开展了现场评估工作。

评估专家组内部分工明确，按照《增设允许药材进口边境口岸评估工作方案》既定要求开展了人员评估、现场检查，出具了《评估考核现场检查报告》。现场检查的结论为“通过”。

按照国家药监局药品注册司有关要求，中检院对吉林省药监局、广西壮族自治区药监局和黑龙江省药监局提供的相关资料进行了审核，并组织口岸评估专家组分别对增设吉林临江、珲春，广西爱店，黑龙江同江、绥芬河药材进口边境口岸相关口岸局和口岸药品检验机构按照拟订的《现场评估检查细则》从仪器配置、人员资质、检验能力和制度建设等方面，开展了现场评估工作。

按照国家药监局药品注册司要求，中检院组织湖南长沙等七个药品进口口岸申请增加药材进口备案工作进行审查，针对七个口岸申请单位提供的自评估报告和相关证明性材料，从仪器配置、人员资质、检验能力和制度建设等方面进行了审核评估。出具了《湖南长沙等七个药品进口口岸增加药材进口备案事项函审评估报告》，并提交国家药监局。目前，湖南长沙等七个药品进口口岸已获国家药监局批准增加承担药材进口备案有关工作。

## 初步形成《中药中外源性有害残留物监测体系构建的工作计划》

根据国家药监局等8部门于2021年10月发布的《“十四五”国家药品安全及促进高质量发展规划》，在加强中药民族药检验体系建设方面提出“分地域建设1个国家级、8～10个区域性中药外源性污染物检测与安全性评价技术平台，构建中药外源性有害残留物监测体系”以提升中药民族药检验能力。围绕构建有害残留物监测体系的工作任务、体系搭建及经费等方面，初步形成了《“十四五”发展规划中药中外源性有害残留物监测体系构建的工作计划》。此计划拟定了开展例行药品质量安全监测工作和中药中外源性有害物质风险评估作为中药外源性有害残留检测中心建立的主要工作任务，并对具体实施方案、步骤进行规划。“中药外源性有害残留检测中心”是建立外源性污染背景数据库的基础设施，并可以动态了解我国中药中主要外源性污染物的污染情况及趋势，是保证中药安全性的重要技术支撑。

## 关于菊花国家药品评价性抽验结果的简介

禁用农药是国家严格禁止使用的剧毒或高残留农药，作为外源性残留污染是影响药品安全性的重要因素。《中国药典》2020年版四部（通则0212）“药材和饮片检定通则”中新增了对植物类药材及饮片中33种禁用农药残留量的限量规定，限量要求为不得检出，标准一经颁布就引起了社会很大反响。

2022年天然药物室承担的国家药品抽检品种为菊花和菊花配方颗粒，对51批次菊花中禁用农药残留量进行了检验，合格率为68.6%，不合格项目为甲拌磷或氟虫腈超标。此外，还对25批次质量监测菊花样品进行了禁用农药检查，合格率为88%，不合格项目为甲拌磷或克百威超标。

作为常用药材品种，菊花病虫害情况较为严重，残留农药检出率较高，残留情况复杂。故在进行探索性研究时，针对菊花特点建立了常用农药多残留检测方法，对检出农药进行风险评估，并对菊花在做药用及茶饮时的农药残留转移规律进行了探索，结论如下：

通过对78批次菊花样品农药多残留筛查。实际检出常用农药68种和禁用农药3种，菊花中农药检出率100%，平均每批检出农药11种，最高在一批菊花检出农药42种，说明菊花种植过程中可能存在滥用农药的情况。虽然菊花中农药残留检出率较高、检出品种较多，但检出的多为中低毒性农药，风险评估结果表明，检出农药中，常用农药慢性风险不高，但针对甲拌磷等禁用高残留量样品存在急性风险。

从菊花药材到入口服用通常会经过加工处理，这些加工方式会在不同程度上影响药材中的农药残留水平。加工处理对农药残留的影响程度通常采用加工因子来描述。本研究测定了菊花中17种高检出率农药在不同加工方式中的加工因子，应用于暴露评估。结果表明加工后17种农药残留水平均降低。无论是水煎煮还是浸泡，转移至药液中的吡唑醚菌酯、苯醚甲环唑、虫螨腈、哒螨灵、茚虫威和氟虫腈农药量都很低（不到10%）；水煎煮可使50%以上的啶虫脒、噻虫嗪、烯酰吗啉转移至药液中；乙醇提取几乎将药材中绝大部分农药转移至药液中。

## “中药外源性有害残留物检测技术、风险评估及标准体系建立和应用”项目荣获第十七届中国药学会科学技术奖一等奖

“中药外源性有害残留物检测技术、风险评估及标准体系的建立和应用”获得第十七届中国药学会科学技术奖一等奖。项目首创性地建立了国际领先的符合中药使用特点的中药中外源性有害残留物检测技术、风险评估及标准体系。包括建立了中药中农药多残留 GCMSMS、LCMSMS 测定平台，可快速、准确检测400余种农药；建立了中药中40种重金属检测平台及基于金属元素指纹图谱的中药材产地分析方法、基于 in vitro PBET/Caco－2 和 in vitro PBET/MDCK 细胞模型的中药中重金属生物可给性分析方法；建立了中药中真菌毒素 LCMSMS 检测平台、16种多环芳烃检测方法以及二氧化硫残留测定方法，极大地提升了我国中药中外源性有害物质的整体检测技术水平。首次建立了符合中药使用特点的中药中外源性有害残留物确定性和概率风险评估技术体系。完成了5种重金属、33种禁用农药、4种真菌毒素国家标准物质研制，并向社会提供；建立了1项国际标准 ISO 22256《辐照中药光释光检测法》，52项国家标准收入《中国药典》，2项指导原则拟收录于《国家药品工作手册》（总计55项标准）。本项目对保障公众的用药安全、攻克国际中药贸易壁垒、促进中医药文化传承创新发展起到了重要作用。

## 民族药质量控制研究技术平台

通过十年的民族药研究，现已建立藏药、蒙药、维药等民族药质量控制研究技术平台。截至2022年12月，基于该平台开展了民族药的系列研究。一是开展了三期国家药监局注册司专项工作，由中检院牵头，联合18个省级药检机构合作开展系统的民族药示范性研究，结合国家药典标准的研究思路，遵循民族医药理论体系，探索适合民族药发展的规范化标准化质量评价体系，2022年8月印刷了35余万字的注册司二期结题报告汇编。二是在国家药监局注册司的领导下，协助五省区藏药协调委员会推进《95部颁藏药标准》提高工作。协助构建品种动态信息库，起草章程，制定程序规范，建立专家委员会，并制定未来5年的标准修订工作规划并有序推进。三是发放民族药对照药材60余个品种，填补了民族药实物标准的空白。四是重点开展民族药材以野生资源为主导致的资源匮乏问题，开展持续的民族药材专项研究，以新疆紫草为例进行2015年和2022年的国家评价性抽检、辅助主产区开展新疆紫草的栽培抚育、进行野生和栽培新疆紫草的品质评价对比研究等。五是开展民族省区民族药检验学术带头人和技术骨干的人才培训计划，目前已培训80余人。基于该平台，发表文章百余篇，申请专利十余项。

## 伊犁贝母掺伪检测方法的建立

针对市场上较常见的伊犁贝母冒充或掺入

川贝母的现象，研究建立了基于 TaqMan 探针荧光定量 PCR 技术的伊犁贝母掺伪检测方法，可特异性检测混合物中的伊犁贝母源性成分，对于川贝母 6 个基原及其他可能的川贝母伪品来源都没有交叉反应，因此方法具有高度的专属性；并且根据中药特点设置了合理的阈值限度，在有效检出的同时，避免了方法灵敏度高导致的杂质允许限度内的检出，因此方法具有良好的实用性。

## 饮片质量研究初见成效

在广藿香饮片国家药品评价性抽检工作基础上，紧紧围绕道地性和生产规范性是中药质量形成的关键因素，通过代表性样品的收集，充分挖掘了影响广藿香药材饮片质量的关键因素：叶比例，并通过指纹图谱、多成分含量测定结合化学计量学等技术确立广藿香叶比例足量加入的关键指标，解决了饮片生产不规范的问题，一定程度上保障和提升了广藿香饮片的质量。在此基础上，修订了广藿香药材和饮片的国家药典标准，初步形成了广藿香药材等级评价标准。

近 5 年来，得益于国家药品各种抽检工作的精心部署和顺利进行，中药饮片质量合格率逐年稳步提升。本次汇总了 2017—2021 年合计 5 年全国中药饮片抽检数据，对抽检数据进行回顾性整理、归纳和统计分析，概括了全国中药材及饮片抽检的总体情况。近 5 年中药材及饮片的合格率虽然持续提高，但质量问题仍然集中在不规范化栽培种植导致的药材品质下降、指标性成分含量不合格、染色增重、非药用部位过多、品种掺伪掺杂、外源性有毒有害残留物超标以及虫蛀霉变等方面，而这些质量问题的发生除与上游中药材种植不合理、中游中药饮片加工不规范、下游流通贮藏不当等主体环节有关，还可能与药材饮片质量标准不合理或者无法控制药材饮片质量有关。通过深入剖析了质量问题产生的原因，提出了要引导和加强规范化种植养殖，推动新版 GAP 落地见效，通过源头和全过程控制提升中药材质量，要持续完善中药材及饮片标准，建立科学实用的质量等级评价标准等相关监管策略与建议，为提升中药材及饮片质量控制水平、修订完善中药材及饮片质量标准以及建立健全饮片质量源头监管机制提供支撑。

## 苏合香的《香港中药材标准》建立

进口药材苏合香为重要的芳香开窍类树脂药材。围绕苏合香的资源和质量问题，中检院中药所中药材室结合国内外各国药典开展研究，确定北美枫香（Liquidambar styraciflua L）为其基原；以肉桂酸、肉桂酸肉桂酯、肉桂酸 - 3 - 苯基丙酯为化学指标，建立了含量测定和指纹图谱方法，形成了一整套完备的苏合香的《香港中药材标准》；同时发表一篇文章，探讨进口药材的标准与监管问题。

## 参加五省区藏药标准协调委员会《1995 部颁藏药标准》修订工作交流网络视频会议

4 月 13 日，由五省区藏药标准协调委员会组织的《1995 部颁藏药标准》（以下简称“《95 部颁藏药标准》”）修订工作交流会以网络视频会议的形式召开。国家药典委员会中药处，中国食品药品检定研究院中药民族药检定所（以下简称“中检院中药所”），五省区藏药标准协调委员会（以下简称“协调委员会”）的主要负责人及相关专家等 30 余人出席本次会议。

协调委员会秘书长达娃卓玛主持了会议。会议内容包括：一、国家药典委员会中药处负责人介绍藏药标准修订工作中 19 个品种的审核情况，并以肉果草、珠芽蓼、紫檀香、瑞香狼毒等品种为例，针对有关问题进行交流和探讨；二、协调委员会专家与各起草单位分别就药典委提出的申报材料中医学部分和药学部分的相关问题进行了解释与沟通；三、中检院中药所将继续在《95

部颁藏药标准》修订工作中积极发挥协调作用，协助相关工作的推进，加快修订工作的申报进程，后续将一如既往地提供技术支持。

## 组织召开第12A期香港中药材标准项目启动会议

应香港特别行政区政府卫生署邀请，中检院前期联合河北省药品医疗器械检验研究院和深圳市药品检验研究院参加了香港特别行政区政府组织的第12A期香港中药材标准项目的招标，现已成功中标。该项目将于2022年8月1日正式启动，为期30个月。为保障该项目研究工作的顺利开展，中检院中药所于2022年7月27日下午通过网络会议的形式召开了第12A期香港中药材标准项目启动会议。会议由中检院中药所中药标本馆临时负责人主持。

中检院中药所主要负责人首先回顾了中检院与香港特别行政区政府卫生署在香港中药材标准研究领域的合作历程，介绍了第12A期香港中药材标准项目的合作背景、品种情况和任务分工。中检院中药所相关负责人结合近年来研究情况，从熟悉程序、分工协作、重视质量、加强沟通等方面跟大家进行了经验交流。中检院中药所相关技术人员和深圳市药品检验研究院具体负责同志先后就第12A期香港中药材标准相关技术要求、第11期香港中药材标准研究情况进行了交流。与会研究人员分别发表了意见和建议。

国家药监局一直保持与香港特别行政区政府相关合作。在相关合作框架下，中检院与香港特别行政区政府卫生署就中药标准的技术规范及研究等范畴一直进行合作与交流。2021年6月15日，国家药监局发布了国家药监局港澳台办公室与香港特别行政区政府卫生署签署的《关于中药检测及标准研究领域的合作安排》，中检院中药所作为国家药监局港澳台办公室指定单位将负责合作事项的联系与协调工作。本项目是继第11A期和11B期之后，中检院与香港特别行政区政府卫生署在香港中药材标准研究的进一步合作。该项目的开展必将深化双方在中药检测及标准研究领域的交流与合作，为香港特别行政区中医药事业的发展提供技术支撑。

## 2022年中成药掺伪打假专项研究中期总结会顺利召开

为推进“2022年中成药掺伪打假专项研究工作”顺利开展，解决研究中存在的问题，由中检院主办的“2022年中成药掺伪打假专项研究”中期总结会分别于7月22日和8月1日顺利召开。会议采取线上模式，讨论各单位工作进展、遇到的问题及解决方案。各参加单位主管领导、项目负责人及主要参与人员共43人参加了本次会议。

本次会议根据前期任务安排分为新增、人参、树脂、川贝母四个专项进行汇报。首先，各参与单位负责人针对本单位承担的品种的研究进展进行了详细汇报，内容包括中成药制剂基本情况、抽样情况、掺伪打假方法研究进展及实际样品测定结果，同时，重点汇报了现阶段遇到的问题、研究难点及下一步工作方案。与会各位专家对汇报单位的工作及有关问题给出了良好建议，为后续研究指明了方向。

会上，中检院肯定了各参与单位完成的本阶段研究工作，强调新增、人参、树脂、川贝母要继续加强合作，针对目前发现的问题提出切实可行的解决方案，同时，重点研究南板蓝根、防风、红参、拳参、紫苏叶油、苍术、川贝母及海藻等药材及中成药的掺伪研究。后续工作应继续本着科学严谨、严肃认真、注重实用的基本原则，利用先进技术，找准问题，建立相应的补充检验方法，打击中成药中的掺伪使假的行为，继续推进中成药的质量提高，保障临床用药安全。

本次会议针对14个研究品种的研究难点进行了热烈讨论，并提出了解决方案，为本项目的顺利完成奠定了坚实的基础。

## 构建药品智慧监管新路径——智能检验设备研究与应用联合实验室正式揭牌成立

2022 年 8 月 5 日上午，中检院中药所与深圳市药品检验研究院通过线上线下联动形式共同举行智能检验设备研究与应用联合实验室揭牌仪式。中检院中药所所长马双成、深圳市药品检验研究院院长王冰等业内专家、学者、企业代表共同见证此次揭牌仪式。

智能检验设备研究与应用联合实验室将打造集科技创新与成果转化、应用培训、共享仪器、人才交流合作于一体的技术交流平台，构建中药与智能制造、人工智能的跨领域交流合作新模式，为中药监管提供新方案。

联合实验室将重点研究开发“专家型中药智能检验机器人（Alpha Test 2）”，该项目主要针对农药残留和真菌毒素等项目进行设计，由 3 个功能平台共 14 个功能模块组成，平台之间使用导轨连接，平台内的模块间采用六轴机械臂串联，可实现复杂且精细化的中药检验痕量分析提取流水线操作。中药智能检验机器人具有准确性高、速度快、稳定性好等优点，在中药检验业界引起广泛关注，将有效拉动数字经济，为国内智能化机器人制造领域的商业化应用开辟新赛道，为药品科学监管提供创新技术支持。

接下来，智能检验设备研究与应用联合实验室将进一步整合优势资源，充分发挥各自优势，逐步扩大中药智能化检验范围，不断探索中药与智能制造、人工智能的跨界合作，建立“中药+”的质量研究和监管新模式。

## 中药民族药数字标本平台建设不断发展

2016 年始，中检院组织举办了“全国药检机构中药民族药标本数字化研讨会”，就平台建设的总体目标、系统构建、规范制定和实施方式等内容达成了比较一致的意见。2017 年至 2022 年先后联合了 30 余家药检机构共同开展中药民族药数字标本平台建设项目，目前已有 130 余位专业人员参与到项目建设中。数字标本的建立坚持以“服务中药监督与检验”为目的，以“全面、准确、可追溯”为原则，以专题的形式进行任务的分解与实施。从贴近基层监管的性状和显微等传统检验技术数字化研究入手，完成数据采集和加工等通用规范的建立，研究制定了中药材标本鉴定和数字化规范。为服务科学监管，助力中药检验提供全面准确参考。

2022 年数字标本平台系统功能得到进一步提升，实现移动端、PC 端和离线客户端的功能升级，实现跨区域各机构协同开展工作；规范化研究逐步深入，完成种子类药材专题 130 种，果实类药材专题 71 种，开展了根类、叶类等 4 个数字化规范的研究；标本管理能力不断加强，完善标本管理制度，补充标本 830 套，标本数字化 697 份，照片 6956 张。

# 化学药品检定所

## 落实化学药品注册检验优先检验措施

组织深入学习新的《药品注册管理办法》《药品注册检验规范和工作程序》，完善工作的流程机制。积极配合业务处，简化进口注册检验申请流程，将进口药品注册检验平台与网上送检平台对接，构建进口药品注册检验平台。截至 11 月，组织各口岸药品检验机构开展化学药品进口注册检验 1000 件，是 2021 年同期任务量的 108%，完成注册检验并将结果发送审评中心 944 件，是 2021 年同期任务量的 149%。完成国内新药注册 176 件，样品共计 607 批，是 2021 年同期任务量 201%，其中创新药物优先审评品种注册检验 50 件。

## 保证化学药品标准物质的供应

积极开展化学药品标准物质的研制工作，提高政治站位，从人民用药安全角度认识标准物质研制工作。加快即将断货品种的研制速度，品种落实到人，督促规范标准物质标定工作，积极推进化学药品杂质标准物质的研制工作。截至2022年11月，化学药品检定所共研制标准物质324个，其中首批完成83个，换批完成241个，完成年度计划任务量的167%。目前标准物质保供率已达到100%。

## 按计划开展国家药品评价抽检工作

2022年化学药品检定所共承担5个品种和1个专项的国家评价行抽检的任务。按照抽检工作安排，418批次的法定检验工作均在规定的时限内完成。受理各级检验机构检验不合格申请复验品种14个，全部按要求完成。

## 重点实验室工作

以重点实验室为依托，开展标准、标准物质、检测方法的研究工作，为新时期药品监管做好技术储备。按照重点实验室发展方向，开展药品结构分析与控制、制剂评价技术、药品质量安全控制策略研究，目前2022年25个重项目已全部完成。提前规划2023年化学药品检定所学科建设课题，目前已组织32项目任务书编制工作，落实配套资金1600万元。持续开展化学药品遗传基因毒性杂质的研究工作。密切追踪药物基因毒性杂质最新情况，开展遗传毒性杂质的检测方法与策略的研究。

## 全面加强实验室安全管理

按照安全检查办法要求，组织各科室开展安全培训和安全自查，重点部位落实安全责任人。坚持问题导向，推进安全隐患排查。开展全面风险排查工作，对危险化学品、放射源、毒麻精等实验室安全重点部位，各类库房，以支部纪检委员带队，认真开展安全风险自查，强化重点要害部位的日常管理，检查力度，对发现的风险隐患及时报送相关部门开展整改工作，确保实验室处于安全稳定受控状态。进一步加强实验室安全管理工作，为检验检测工作做好安全保障。

## 其他各项相关工作稳定运行

持续开展新增口岸的评估工作，及时梳理总结，完善工作机制，开展安徽合肥、山东烟台、江苏泰州等地新增药品口岸申请评估工作。

2022年化学药品检定所共发出检验报告1718批次。协检6056批次，其中新冠疫苗协检789批次。新登记合同117份，合同涉及收入2423万元。

积极开展对外培训工作，通过线上开展全国药品微生物检验控制技术培训班。

组织氮含量测定、残留溶剂、细菌内毒光度法检测能力验证、测定能力验证工作。积极参与国际药典、国际实验室比对，ICH转化研究等工作，为国际标准制修订工作贡献中国力量。提升我国在国际化学药品标准的制修订、药品标准物质研制、上市后药品的质量监测方法的研究等方面国际影响力。

# 生物制品检定所

## 加强和完善批签发管理工作

制修订了《生物制品批签发工作程序》《疫苗批签发网络实验室绩效评估指南（试行）》《生物制品批签发申请人申请产品撤检的处置原则（试行）》《疫苗批签发机构评估工作程序实施细则（试行）》等文件。加强生物制品监管相关法规宣贯学习，组织编制了《生物制品监管法规文件汇编》，举办“生物制品监管相关法律法规宣贯会”。开展了4期批签发培训、共计培训

14 个省院的技术人员 73 人次，指导北京、上海、四川院等批签发机构落实《疫苗批签发网络实验室质量管理规范》。组织完成了对 6 家省级药检机构的疫苗批签发授权评估工作。配合综合司，牵头 26 家省级药检机构共同编制《加强疫苗等生物制品批签发及检验检测能力建设实施方案》，目前已经完成初稿；在住建部的支持和国家药监局综合司的领导下，牵头开展《生物制品（疫苗）批签发实验室建设标准》编制项目。在保障新冠疫苗应急检验的同时，确保常规疫苗批签发工作不受影响。

### 落实优先检验工作

全年共开展单抗优先检验 14 个品种，共计 89 个批次。在进口检验方面，完成达妥昔等 4 种儿童用药及依库珠等 11 种罕见病用药共计 82 批次的注册检验和上市后进口检验工作。全年总计完成 37 批次，包括 9 批慢病毒载体和 28 批 CART 等细胞治疗类产品检验，均为优先审评品种。

### 推进实验室建设

按照国家药监局领导批示要求，组织召开专题研讨会 20 余次、起草组会议 60 余次，组织相关业务所、国家药典委员会、国家药监局药品审评中心和药品评价中心，对牵头申报的国家重点实验室组建方案和 PPT 完成了 15 次改版，于 9 月按期向科技部提交了申请书和答辩报告。依托国家卫生健康委重点实验室“生物技术产品检定方法及其标准化重点实验室”继于 2017 年“十二五”运行情况被评估为优秀后，再次于“十三五”运行情况评估中获评“优秀”等级。持续完善 P3 实验室安全管理体系。完成 6 次体系文件的修订、2 套实验室和关键防护设备的第三方检测、4 套实验室及关键防护设备的消毒验证；开展了 8 次生物安全培训，培训人员共计 100 余人次；2022 年 5 月 20 日 P3 实验室正式开展实验活动，目前有新冠病毒等 4 个项目组开展实验活动；办理或协助办理高致病性菌毒种转运证 13 份，实验室先后接收 13 家单位、共计 137 株高致病菌毒种，用于支持开展 P3 相关实验活动；完成 CNAS 能力增项，P3 实验室增加一套 ABSL－3，可开展实验的高致病性病原微生物增加 6 种。

## 医疗器械检定所

### 检验检测工作及开展 9706 系列标准检验指导

受理各类检品 1027 批，签发检验报告/业务发文 829 份，签订合同 485 份。深入落实《条例》及配套规章要求，提升服务产业意识，做好监管技术支撑，针对疫情防控急需产品，如 ECMO，安排专人，随到随检，保障疫情防控用械。检验工作质量效率不断提升，顺利完成各项绩效指标。

受国家药监局器械注册司委托，紧急开展 9706 系列标准检验情况调研，梳理 2.7 万注册证分布情况和 100 多家检验机构新旧版资质情况，调研 20 余家检验机构新版标准年检验量、受理量及报告量，为政策制定提供详实数据。按国家药监局总体方案，深入开展检验技术指导。举办有源医疗器械标准及常见问题解析网络直播培训班，组织 8 家检验机构制定发布了 GB 9706.1—2020 检验操作要点、样品、资料清单及报告模板，并分步开展 9706 系列其他标准检验报告模板制定工作。全面摸清底数，每月查询发布新版 9706 系列标准检验能力资质信息。组织推荐 96 名资质认定专家，指导检验机构加快推进资质认定，为新标准实施奠定基础。

### 实验室认可暨资质认定及能力建设工作

通过 CNAS 和 CMA 二合一扩项现场评审。无源领域 CNAS 和 CMA 扩项 10 个对象，28 个项目；变更 14 个对象，14 个项目。有源领域新增

23个项目参数，51个标准，变更25个标准。发布的59个新版GB 9706系列标准，已扩项48个，受理检品100余批次。无源领域CNAS检验资质211项，CMA检验资质414项；有源领域CNAS检验资质1392项，CMA检验资质1460项。

实现合同检验和抽检报告书电子化，启用新版收入合同文本。分步推进CNAS GLP质量管理体系建设。配合后勤服务中心推进二期建设和检验检测能力建设项目实施。

## 标准化能力建设

持续加强6个分技委/归口单位的管理，产业急需标准及时推进升级为国际标准。积极筹备和参与国家标准验证点申报工作。完成2022年13项行业标准起草工作和2023年预立项提案征集。组织工程和纳米医疗器械领域申请2项国家标准立项。完成人类辅助生殖技术用医疗器械标准化技术归口单位专家组换届。医用机器人归口单位提交《全国医用电器标准化技术委员会医用机器人分技术委员申请筹建报告》，积极进行筹建申请。深入开展医用软件和中医器械等领域标准化研究，做好技术储备。

积极推进创新标准的国际化升级，在国际标准化活动中发挥更大作用，争取更多主动权。《ISO/TS 24560－1：2022组织工程医疗产品　软骨核磁评价　第1部分：采用延迟增强磁共振成像和T2 Mapping技术的临床评价方法》获批发布。《ISO/AWI 6631胶原蛋白特征多肽定量检测》和《ISO/AWI 7614脱细胞支架材料的残留DNA定量检测》2项标准通过立项投票，并提出重组胶原蛋白新项目提案1项，第一时间将我国的行业标准推动升级为国际标准。《IEEE 2801医学人工智能数据集质量管理》标准获批发布，《IEEE 2802人工智能医疗器械性能和安全评价术语》报批通过。归口单位秘书长王浩获国家标准委批复加入IEC TC62 PT8项目组，参与IEC *PWI 62－3 ED1 Artificial Intelligence/Machine Learning-enabled Medical Device-Performance Evaluation Processp*（人工智能/机器学习医疗器械—性能评估过程）预研项目工作。徐丽明和邵安良作为ISO专家深度参与国际纳米技术委员会健康与安全工作组（ISO/TC 229/WG3）的标准制修订工作。国际标准化活动取得重要进展。

持续加强标准物质研制工作。年内，获批3个：牛Ⅱ型胶原蛋白特征多肽对照品、猪Ⅰ型胶原蛋白特征多肽对照品、牛Ⅰ型胶原蛋白特征多肽对照品。在研项目已报批10个（猪Ⅰ型胶原蛋白、牛Ⅱ型胶原蛋白、DNA对照品（源于牛肾细胞）、曲拉通X－100（Triton X－100）、偏苯三酸三辛酯（TOTM）、稳态前向流标准喷嘴、稳态反向泄漏标准喷嘴、脉动流实验标准瓣膜－19A、25A、25M）。在研项目待报批1个（肌肉植入试验用高密度聚乙烯阴性对照材料）；尚在研制中3个［聚山梨醇、3D表皮模型参考品、医疗器械多元素混合标准溶液（30种常用元素）］。完成环氧乙烷溶液标准物质换批，该标物年销售4130支，为疫情防控物品的环氧乙烷残留量检测提供重要保障。

## 重点实验室建设及科研成果转化

作为国家药监局医疗器械质量研究与评价重点实验室承担单位，完成年度报告及经验交流材料撰写、签报，简报报送，统领全局做好系统内检验机构整体协调，突出重点加强与科研院所合作交流，积极探索加大前沿创新科研力度，求真务实为做好监管科学助力。组织召开医疗器械质量研究与评价重点实验室2022年会暨学术交流会。樊瑜波教授、戴建武教授和田捷教授共3位学委会专家应邀分别以“内植物与宿主组织相互作用及其对监管的启示”“生物材料与再生医学”“国产自主创新医疗器械的研发及标准化”为题，对前沿技术动态进行专题报告。重点实验室主任李静莉汇报实验室2022年工作总结和下一步工作设想。

以重点实验室为平台加强产学研检医各方合作，聚焦战略性、前瞻性技术，促进创新成果转化。结合学术方向开展了7项检验方法研究。建立脑部植入实验新方法、变性胶原蛋白检测——胰蛋白酶敏感性实验新方法。完成主动脉瓣膜及二尖瓣膜的PIV流场测试用模块的设计及加工，已授权专利1项，专利申报1项。开展人工血管顺应性测试方法研究，完成对3种不同规格、合计30支聚氨酯人工血管进行了动态顺应性测试和数据采集。完成医疗器械致癌性筛查－体外细胞转化试验的方法建立，并承接相关检验任务。初步建立提取蛋白类（胶原蛋白、丝素蛋白）生物材料的质量评价方法。作为国家药监局医用纳米材料检测与评价重点实验室的合作单位，强化了纳米检测与评价实验室建设，承担的含银敷料的药代动力学研究项目基本完成。为适应医美产品监管需要，建立注射用透明质酸钠凝胶、注射用透明质酸钠复合溶液、胶原蛋白植入剂、聚乳酸填充剂、乳房植入物等主流医美产品的检验评价体系，实现这几类医美产品的全项检验；并作为第一起草单位牵头起草的行业标准YY/T 0962—2021《整形手术用交联透明质酸钠凝胶》、YY/T 0647—2021《无源外科植入物　乳房植入物的专用要求》在2022年正式实施；提出YY 0954—2015《无源外科植入物Ⅰ型胶原蛋白植入剂》的标准修订立项；完成《注射用透明质酸钠复合溶液》行业标准草案。建立动物源性心血管植入物抗钙化性能评价标准方法，并形成行业标准YY/T 1859—2022《动物源性心血管植入物抗钙化评价　大鼠皮下植入试验》，2022年正式发布。积极开展医疗器械中可沥滤物检测和评价方法研究，建立同种异体医疗器械产品中可沥滤物检测和评价方法，并申请标准立项。

推进监管科学行动计划第二批项目子课题研究任务。“医用机器人质量评价研究”子课题建立采用机器人技术的骨科手术导航设备要求及试验方法。“生物3D打印新材料技术评价研究”子课题建立增材制造技术工艺链条的全环节标准体系，建立各类材料的理化表征和生物安全性评价方法。“神经修复再生医疗器械评价技术研究”子课题任务完成《组织工程医疗器械产品　生物源性周围神经修复植入物通用要求》行业标准制定，初步建立神经细胞毒性试验、施万细胞生物学效应评价试验方法。

组织院关键技术研究基金项目人工智能领域新产品的质量控制方向申报和初评工作，牵头的“面向眼底和肺结节图像的人工智能医疗器械可信赖评价方法研究”“面向冠脉CT、肢体运动、乳腺超声的人工智能医疗器械测试集的开发”2项课题顺利通过答辩。承担的“十三五”国家重点研发计划项目等科研任务有2项已顺利结题。“十四五”1个项目和6个课题申报成功。积极参与“生物材料创新合作平台”研究工作。及时跟进参与科技部“中医药装备重大专项”落地项目。

## 培训与宣传工作

积极开展新发布标准宣贯及新版GB 9706系列标准检验技术培训。举办医用增材制造、神经修复与再生产品、医学人工智能和胶原蛋白等新领域、新技术、新方法交流培训和科技周活动，线上线下培训逾万余人次，有效促进了学术交流和检验技术提升。

根据国家药监局通知，以“安全用械　共治共享”为切入点，组织内容丰富、形式多样安全周活动。

**1. 创新器械检验免费培训**

利用“中检云课”平台举办创新器械检验免费培训。器械所团队制作科普视频，介绍辅助生殖医疗器械、助听器和医疗器械检验新工具新方法，聚焦人口生育及老龄化社会应对和器械创新发展等群众关切问题。6位技术专家进行专题讲座，介绍医疗器械标准物质、动物源材料、人工智能、医用机器人等新兴领域的新方法、新工具和新装备，多角度、全方位展示医疗器械检验新行动。培训为期一周，得到行业内外广泛关注，一千余人注册参训，对医疗器械科学应用和科学检验起到了良好的宣传交流效果。

**2. 中关村医疗器械园企业座谈会**

在中关村医疗器械园召开“立足基地，服务企业，院企携手共促医疗器械产业高质量发展”为主题的座谈会。建立中检院与器械园稳定交流机制，为进一步提高医疗器械检验及标准服务水平，推动医药基地企业高质量发展奠定良好基础。

**3. 建设常态化宣传体系**

为进一步巩固安全宣传周宣传效果，建设常态化宣传体系，中检院对“创新器械检验免费培训课程”在中检云课和中检课堂进行长期专题展播，持续推进医疗器械检验、标准等政策法规宣贯和工作交流。录制已发布的9706系列标准的宣贯视频，在标管中心网站陆续免费公开，为各相关方更好地理解和掌握标准，进一步提高我国医用电气设备的安全有效性提供技术支持。

**4. 为宣传周其他活动提供技术支撑**

中检院器械所派员参加器械注册司主办的“家用医疗器械座谈会”，应邀对家用医疗器械质量评价方法进行授课，主要从家用医疗器械的定义、分类、使用风险、质量评价等方面向公众做了全面深入的解读，效果显著。

### 国家监督抽验工作

完成28批次注射用透明质酸钠凝胶、28批次空心纤维透析器以及5台套电子内窥镜的国家监督抽检工作。连续两年对市场上68%的透析器进行了抽检和探索性研究，摸清了透析器生物安全性情况和存在问题，并提出了标准修订的具体建议。

## 体外诊断试剂检定所

### 国家药监局体外诊断试剂质量研究与评价重点实验室

2022年稳步开展体外诊断试剂质量研究与评价重点实验室工作。包括完成不同数字PCR平台用于病毒核酸标准品定量的比较研究以及完成了BRCA基因突变检测试剂盒及数据库通用技术要求（高通量测序法）标准的制定工作。

### 实验室认可工作

2022年实验室开展了CNAS和CMA二合一扩项复评审工作。体外试剂领域完成胎儿染色体非整倍体21三体、18三体和13三体检测试剂盒（高通量测序法）等43个项目扩项，以及6个项目变更。目前诊断试剂检测领域的CNAS、CMA承检能力达到263项。

### 能力验证工作

2022年积极推进诊断试剂能力验证工作，完成向社会提供“血浆中HIV抗体检测”等7项能力验证工作。

### 医疗器械标准制修订

2022年按照技委会工作安排，申报并获批5项国家行业标准制修订，均完成起草、验证、征求意见、标准审查以及行业标准的资料报批工作。

作为“国际标准化组织医用临床检验实验室和体外诊断系统标准化技术委员会第六联合工作组（ISO/TC 212/JWG6）”中方专家，共同参与制定国际标准 *In vitro diagnostic test systems—Requirements and recommendations for detection of severe acute respiratory syndrome coronavirus 2 (SARS-CoV-2) by nucleic acid amplification methods (ISO/TS 5798: 2022)*。

作为医用高通量测序技术标准化技术归口单位承担单位，审议推荐胚胎植入前染色体结构异常检测方法等4个行业标准项目立项。

### 标准物质研制工作

2022年共有包括ALDH2基因检测国家参考品等6项新研标准物质并获批，换批12项，待批9项，在研11项。截至目前向社会发布标准物质204项。

### 国家医疗器械监督抽检

2022年完成HPV核酸检测试剂等5个品种的国家抽验工作。完成国家药监局监督抽检41个批次新冠抗原试剂，支援地方局完成25个批次新冠核酸检测试剂的省级监督抽检。

## 药用辅料和包装材料检定所

### 检验和标准物质工作

2022年，药用辅料和包装材料检定所（以下简称“辅料包材所”）完成各类检验374批，其中监督检验159批、委托检验55批、复检3批，协助其他部门检验157批。承担全院生物安全类设备的检测291台，其中生物安全柜224台，洁净工作台67台。

2022年，辅料包材所新研制标准物质42个，开展换批27个，对30个在售标准物质进行质量监测。同时保证了辅料包材所所有在售标准物质的足量可供。

### 药用辅料质量研究与评价重点实验室工作

申请的全球盖茨基金课题资助项目《药用辅料生产质量审核指南》的编纂工作已完成，书号：978-7-5214-3697-6。承担了中国药品监督管理研究会《儿童制剂用辅料安全性数据库的建立》课题，重点实验室牵头建立了儿童制剂用辅料安全性数据库，填补了国内空白。建立了天然油脂类药用辅料的分离、组分结构确证和组分分析测定新方法——超高效合相色谱法串联四级杆飞创新行时间质谱法（UPCC-QTOF-MS/QQQ-MS），并应用于实践。开展了难溶性固体料色度检验技术研究，填补了国内空白，获得专利授权1项。申请了固体包衣辅料色值快速检测方法专利，建立了药用辅料注册检验程序。

### 药用辅料和药包材监督抽验工作

按照2022年国家药品抽检工作方案，开展了2022年药用辅料和药包材三个品种的抽检工作。完成了药用辅料二氧化硅品种（共计67批）和药包材硼硅玻璃管制注射剂瓶品种、注射剂用卤化丁基橡胶塞品种（共计92批）的抽检工作的法定检验、探索性研究和质量分析工作。依据标准检验发现，有一批硼硅玻璃管制注射剂瓶品种，其内表面耐水性项目检验不合格。

### 承担生物安全柜的检测工作

受院仪器设备管理中心委托，承担2022年全院生物安全类设备的计量检测。目前，已按计划完成271台生物安全柜的检测。检测中发现有29台设备不合格，原因主要为生物安全柜服务年限超过10年，已及时告知科室淘汰老旧设备。

### 全国药用辅料和药包材能力验证工作

2022年，承担了局级能力验证项目《二丁基羟基甲苯吸收系数的测定》，参加单位130家，满意实验室数104家，满意率为80%；承担了两个能力验证项目，NIFDC-PT-0374《塑料棒的密度测定能力验证》项目，参加单位41家，满意实验室数40家，满意率为97.6%，NIFDC-PT-0375《塑料硬片的易氧化物测定》能力验证项目，参加单位43家，满意实验室数37家，满意率为86.1%；洁净环境检测方面组织实施了洁净环境领域首个能力验证活动——CP“2+1”项目（洁净环境风速测定、洁净环境悬浮粒子测定、洁净环境风速测定），参加单位共计为57家，满意实验室数57家，满意率为100%。并于11月30日组织召开实验室间比对及能力验证双保险联动总结会，将“京津冀洁净检测技术联盟”扩容为“中国药监洁净检测技术联盟”（秘书处设在中检院辅料包材所）。同时今年进行了药用辅料和药包材8个项目、共计44家单位的测量审核工作。

### 探索支撑监管需要、服务行业发展

主动适应药品监管工作新需要，紧跟监管制度改革新步伐，开创检验检测工作新局面，5月16日，组织召开了第五届全国药用辅料与药包材检验检测技术研讨会，中检院副院长邹健出席会议并讲话，全国41家药用辅料、药包材及洁净环境检测机构的代表共计340人参会。会议共同讨论形成了全国药用辅料、药包材和洁净环境检验检测机构共同执行的12项技术共识。

为更好地推动我国药用辅料行业发展，药用辅料重点实验室牵头申请并于9月1日成立了中国药学会药用辅料专业委员会，并承担了国家药监局食品药品审核查验中心委托的药用辅料行业生产质量管理规范研究课题研究工作。

### 举办“玻璃类药包材检验操作指导技术网络培训班”

为指导药品、药包材生产研发企业以及检验机构技术人员更准确地把握药学研制和生产注册的核查要点，辅料包材所举办“玻璃类药包材检验操作指导技术网络培训班”，来自全国药品检验检测机构、药品、药用辅料和药包材企业、高等院校及科研单位等从事药用辅料药包材及洁净环境标准检验检测和管理人员等100多名学员参加网络培训。

## 实验动物资源研究所

### 新冠病毒感染疫情防控保障工作

按照院疫情防控工作要求，做好日常各类疫情防控和安全稳定工作，设立专职联络员，启用微信小程序，收集统计相关信息，做好每日疫情防控排查工作。在5月27日至6月9日顺四条院区封控、11月22日至23日新址院区临时管控以及12月5日至30日疫情暴发期间，实验动物资源研究所（以下简称“动物所”）统筹协调积极做好应急预案，保障了动物饲养及实验工作安全顺利平稳渡过。

为新冠相关实验等建立绿色通道，优先保障动物供应、单独开设实验场地供院内各科室使用；其他科室因疫情无法到岗开展实验的，辅助完成相关实验工作。

做好新冠模型小鼠KI－hACE2小鼠供应，向院内1家部门、院外11家单位，发送30批次，841只动物。同时，启动了新型新冠动物模型的构建，新设计构建了CD147等多个模型，部分进入显微注射阶段。

### CNAS评审专家组来院对实验动物机构进行现场监督评审

2022年2月22日至26日，中检院动物所接受了中国合格评定国家认可委员会（CNAS）为期五天的实验动物饲养和使用机构现场监督评审。评审专家组一行四人，由北京市实验动物管理办公室李根平研究员任评审组长。本次现场评审主要对组织管理、设施环境、动物饲养、动物使用、动物医护、兽医职责、实验动物管理与使用委员会（IACUC）运行、职业健康安全等五大类534项管理指标进行了审查。在评审末次会上，经评审专家组交换意见、细致考评后，对本次评审整体情况进行了通报：质量管理体系较为完善，能够形成闭环，将继续推荐中检院为CNAS认证实验动物饲养与使用机构。

### 实验动物生产供应服务

2022年全年实验动物生产50.1万只，销售25.16万只，其中内供10.05万只，100%落实了院内实验动物资源和场地需求，生产优先满足了科研检定工作对实验动物的需要。

## 动物实验服务能力

2022年动物实验期饲养量共计131914只，其中小鼠121123只；大鼠5384只；豚鼠4968只；SPF级家兔958只；地鼠92只，圆满完成了2022年度报告期内动物实验保障工作。

## 实验动物质量检测

2022年实验动物检测工作主要包括外部合同检验、相关行政机构委托检测和院内实验动物质量监测等3大类。其中外部合同检验涉及54家单位的123批次、共694只动物（或份样品）的检测，合计发出报告123份；委托检测涉及5个行政主体（35家生产单位）的1403只动物（或份样品）的检测，合计发出报告153份，其中北京市实验动物生产和使用单位质量抽检涉及31家，共计1381只/条/头/份，发出报告147份，其他单位委托检验涉及4家，共计22只/条/头/份，发出报告6份；院内实验动物质量监测涉及生产、模式、实验室等3个科室，339批次、共1205只动物（或份样品），发出报告339份。

## 动物源制品检测工作

2022年完成34家单位关于动物源制品的病毒灭活工艺验证、鼠源性病毒、猴源病毒、禽源病毒、外源病毒因子、支原体等检测项目，发送报告98份。完成院内14个科室、共144批检品的协检工作，发放协检报告157份。

## 洁净室（区）检测工作

2022年完成对外发放洁净环境检测报告5份，对院内发送洁净环境检测报告90份。

## 检测试剂盒发放

2022年全年共发送检测试剂盒515盒。其中小鼠365盒，大鼠90盒，豚鼠37盒，地鼠17盒，兔1盒，猴1盒，犬4盒。

## 模式动物研究技术平台建设

2022年度共开展了16个新模型的制作工作，其中7个经验证获得目标基因阳性的小鼠。新增10个模型，本年度冻存精子187支麦管，胚胎2287枚。为5个院内科室、20家院外单位提供86批次的模型动物，涉及19个品系共2818只。

## 重点动物模型的推广与应用

推动致癌性模型KI. C57－ras V2.0的联合验证与认可、供应，推进该模型的进一步应用；推出hKDR人源化小鼠模型用于单克隆抗体体内效力评价；建立预期可替代猴用于脊髓灰质炎神经毒性评价的模型。

## 检验检测能力建设

2022年顺利完成了内审及管理评审工作。通过了CNAS对我院CL06体系的现场监督评审以及17025、17043体系扩项及复评审工作，其中17025体系扩项18项。组织实施3个能力验证计划，共有33家实验室参加49项次能力验证和5次测量审核。实验室参加由ICLAS组织的微生物和遗传能力验证计划；并继续申请2022—2023年度的国际比对活动。

## 质量管理监督工作

完善人员资质的动态管理和报备；及时更新梳理体系文件，2022年度新增SOP 61个，改版10个，修订23个。开展业务技能培训，学习交流工作经验；开展风险回顾评估，建立有效控制措施；开展定期监督检查，建立了发现问题—实施纠错—效果验证良性闭环的监督检查运行机制，进一步加强了质量管理效能。

## 实验动物福利伦理委员会日常组织管理工作

2022年共组织完成新增一类项目4项，受理二类项目 55 项；年审一类项目 173 项的审查工作，为我院动物实验项目的科学性把关，为动物福利和员工职业健康保驾护航。

组织实验动物日活动，举办“世界实验动物日”线上主题宣教培训 1 次。

## 国家啮齿类实验动物资源库建设工作

初步规划建立资源库管理办公室，选调专职人员从事资源库相关工作，从框架、制度、体系等方面，全面开启资源库优化完善工作，顺利完成资源库 2021 年度自评工作。

**1. 供种工作**

截至 11 月 30 日，向 16 个省市、32 家单位提供 44 批次共计 17 个品系 3502 只优质种源动物。

**2. 资源收集工作**

新收集 floxed 7KQ 等 9 个品系的基因修饰小鼠资源和 A/JGpt 等 5 个常规品系小鼠资源，均进行了冷冻保存；完成 1 个小鼠资源数据科技汇交。

**3. 资源保存**

截至 2022 年，资源库活体保种 32 个品系，其中小鼠 26 个，大鼠 5 个，豚鼠 1 个。现有冻存胚胎 35197 枚，冻存精子麦管 8190 支。

**4. 技术研发**

开展大鼠体外受精技术研究，将大鼠体外受精率由 10% 提高至 80% 以上，达到胚胎体外移植的要求。已在 Wistar、F344 等两个品系验证了大鼠体外受精技术的可行性。同时，对 SD 大鼠等活体保存的 4 个常规品系大鼠进行肠道菌群送样测定，挖掘其生物学特性。

**5. 网站工作**

持续推进资源库网站完善工作，及时更新网站内容，补充网站模块信息，发布 32 篇资讯动态。

## 举办实验动物资源应用与应急管理网络培训班

2022 年 8 月 19 日，由中检院和北京市实验动物管理办公室（北京市人类遗传资源管理办公室）共同主办的实验动物应急管理网络直播培训班顺利召开。来自全国各省市实验动物饲养与使用机构共 1416 人报名参加此次培训。培训班特别邀请了上海实验动物研究中心赵勇高级工程师、北京大学实验动物中心朱德生教授、北京市实验动物专家委员会范薇研究员以及中检院的付瑞副研究员分别就疫情防控背景下如何做好实验动物应急管理、转基因动物的生物安全、普通实验动物设施风险评估与风险控制等方面进行了讲解和交流。

## 实验动物从业人员上岗培训及考试

动物所与质量管理中心联合组织中检院 2022 年度实验动物从业人员上岗培训及考试工作，共有来自院内 10 个业务所、中心共计 111 名学员报名，其中首次培训 77 人，换证 34 人。根据疫情防控要求，本次培训采用线上和线下相结合的方式同步教学。授课结束后，全体学员分批参加了北京市实验动物行业协会统一上机考试，成绩合格后获得实验动物从业人员上岗证。

## 实验动物生产与实验许可证换证现场评审

2022 年 3 月 23 日，中检院新址实验动物生产与实验屏障设施顺利通过北京市实验动物管理办公室组织的实验动物生产许可证和实验动物使用许可证换证现场评审。专家组对实验动物生产与实验屏障设施目前存在的问题提出了整改的意见和建议。

## 2021 年度实验动物饲养与使用管理体系管理评审会议

2022 年 3 月 29 日，中检院召开 2021 年度实验动物饲养与使用管理体系管理评审会议，会议由邹健副院长主持，院内各实验动物使用部门、相关职能部门负责人及动物所所级和科室负责人等共计 23 人参加会议。与会人员一致认为，

CL06 管理体系运行报告较为全面，各类评审中提出的整改项目基本落实，2021 年度的运行情况总体符合 CL06 规范要求，达到了预期目标。

# 安全评价研究所

## 参与部分新冠药物有关研发工作

承担重组抗新冠病毒感染疫苗安评项目 2 项，继续推进新冠病毒疫苗研发与转化。另外，受国家药监局审核查验中心邀请派遣技术专家多次参加国家药监局相关部门组织的新冠产品技术讨论、审评和现场核查等工作。

## 为国家药监局做好技术支撑和服务工作

根据国家药监局《2022 年药品监管能力建设工作重点督办事项的函》的文件要求，正在进行《国家药物毒理协作研究机制》技术专家咨询委员会的筹备工作，下一步将落实 2022 年能力建设工作重点督办事项中有关起草《国家药物毒理协作研究机制》的工作。

参加国家药监局药品审评/医疗器械技术审评中心线上审评 3 人次；1 名专题负责人借调到药品审评中心支持审评工作，1 名职工借调到科技国合司支持中国药品监管科学行动计划。完成 20 个 IND 品种及 20 个仿制药品种的参审；参加 2 项指南、标准制修订，包括《ADC 非临床安全性研究技术指导原则》《药品包装材料生物学评价与试验选择指南》；积极参加国家药监局科技周活动，录制科普视频“药品安全性评价的基本要求和内容”、中心科技重大成果。

继续组织开展国家药监局能力验证项目：负责实施中检院组织的全国药检系统和 GLP 系统的尿生化指标检测能力验证，血凝学指标检测能力验证和血清生化指标检测能力验证工作；负责实施国家药监局的血液学指标检测能力验证工作；组织开展了 2022 年的测量审核工作。

## 做好药品安全评价工作

针对新型细胞治疗产品、基因治疗产品、肿瘤新抗原、纳米药物等创新药物，开展关键新技术研究和药物全面临床前安全评价工作。截至目前，已与 49 家委托方洽谈合同工作，制订约 50 份安评方案，成功签订 25 份合同。开展 81 个药物安全性评价试验研究，其中 GLP 试验 97 项，非 GLP 研究 76 项，目前已经发出 GLP 报告 57 份，非 GLP 报告 25 份，英文报告 2 份。

2022 年开展了系列细胞和基因治疗产品、创新疫苗等重大创新药品的安全性评价研究。

在体内致突变评价方面，在国内首先建立大鼠体内彗星试验和大鼠外周血 Pig－a 基因突变试验方法，并于 2022 年将上述方法从科研阶段转化为 GLP 条件下开展的评价试验，服务药品临床前致突变性评价，完成 2 项大鼠 Pig－a 基因突变试验和 1 项大鼠体内彗星试验，分别支持两个 1 类新药通过药品审评中心的临床研究默示许可。

## 强化实验室能力建设，夯实工作基础

以零缺陷通过美国 CAP 的线上实验室认证；零不符合项通过 CNAS 的现场复评审，顺利通过国家卫生健康委临检中心组织的室间质量评比。

## 完善中心质量体系和规范性建设

开发合同时限和 SOP 电子化管理系统。目前合同时限管理系统已基本完成该软件系统的初步设计和上线试运行工作；SOP 电子化管理和记录表格电子化管理系统的基本框架和功能已初步完成，下一步需要开展测试、验证和完善细节的工作。组织人员开展 LIMS 系统的全面系统验证工作，开展 GLP 相关自查和人员培训工作。

## 支持国家法规监管方面的工作

承担国家药监局药品监管科学课题“干细胞

和基因治疗产品非临床评价技术研究”任务，参与《基因修饰细胞治疗产品非临床研究与评价技术指导原则》等细胞产品临床非评价技术指导原则的审阅和修订；参与起草《抗体偶联药物（ADCs）非临床安全性研究指导原则》；牵头起草国家标准《纳米技术　纳米材料遗传毒性评价试验方法指南》；牵头起草医药行业标准《纳米医疗器械生物学评价　遗传毒性试验　体外哺乳动物细胞微核试验》；参与ICH M7《评估和控制药物中DNA反应性（致突变）杂质以限制潜在的致癌风险》；作为核心实验室开展并完成纳米材料体外微核试验实验室间联合验证；参与OECD GLP系列法规文件的翻译，支持中国合格评定国家认可委员会工作。

# 第十四部分　大事记

## 中国食品药品检定研究院 2022年大事记

**1月13日**

中检院“国家药品监督管理局医疗器械质量研究与评价重点实验室”和南通大学“国家药品监督管理局组织工程技术产品研究与评价重点实验室”联合举办“神经修复与再生研究产品研发及质量评价学术论坛”。神经修复领域知名科研团队和相关的研究机构、临床单位、检测机构、监管部门、企业代表和中检院组织工程医疗器械产品分技术委员会等代表共300余人参加论坛。

**1月20日**

中药民族药检定所所长马双成、研究员魏锋、研究员程显隆随国家药监局团组应西太区草药协调论坛（FHH）邀请参加在线召开的FHH第19届执委会会议。研究员魏锋介绍中药质量控制及掺伪检测研究情况。

**1月21日**

召开党史学习教育总结会议，深入学习贯彻习近平总书记关于党史学习教育的重要指示和国家药监局党史学习教育总结会议精神，全面总结中国食品药品检定研究院党史学习教育开展情况，对巩固拓展党史学习教育成果、推动党史学习教育常态化长效化进行部署安排。

副院长路勇主持召开化妆品行政相对人座谈会，就化妆品和新原料注册备案的受理与技术审评相关问题进行座谈交流。来自行业协会、化妆品和新原料企业30余人参加。

修订并发布《中国食品药品检定研究院收支管理办法》（中检财〔2022〕1号）。

**1月26日**

研究员林志、副主任药师霍桂桃、副研究员屈哲、助理研究员李双星应日本毒性病理学会（JSTP）邀请在线参加第38届日本毒性病理学学会总会暨第1届亚洲毒性病理联盟联合学术交流会。

**1月29日**

发布2021年度国家药品标准物质（共计357个品种）质量监测结果。

**1月**

召开党史学习教育总结会议，深入学习贯彻习近平总书记关于党史学习教育的重要指示和国家药监局党史学习教育总结会议精神，全面总结中国食品药品检定研究院党史学习教育开展情况，对巩固拓展党史学习教育成果、推动党史学习教育常态化长效化进行部署安排。

张庆生、何兰、刘阳、卢忠林主编的《氟核磁共振技术在药品质量控制中的应用》出版，出版社：中国医药科技出版社；书号：ISBN 978－7－5214－2734－9。

**2月1日**

研究员聂建辉赴瑞士全球疫苗免疫联盟（Gavi）借调工作。为期1年。

**2月7日**

院士王军志作为起草专家成员应世界卫生组织（WHO）邀请参加WHO细胞和基因治疗产品监管趋同考虑要点非正式咨询会。为期3天。

**2月9日**

2022年全国药品抽检工作会议线上召开。国家药监局药品监管司副司长石磊和中检院副院长邹健出席会议并讲话。国家药监局药品监管司、中检院、31省及新疆生产建设兵团药监局和46家承检机构的相关人员参加会议。

**2月15日**

经2022年2月15日第9次党委常委会会议研究，任命：马丽颖为实验动物资源研究所动物实验室副主任（主持工作）；苏丽红为后勤服务中心（基建处）物资供应部副主任（主持工作）；范文平为后勤服务中心（基建处）政府采购部副主任（主持工作）。同时免去以上3名同志原任职务。免去陈欣后勤服务中心（基建处）物资供应部负责人职务。（中检党〔2022〕10号）

经2022年2月15日第9次党委常委会会议研究，任命：柴海燕为安全评价研究所综合办公室临时负责人；徐延昭为后勤服务中心（基建处）综合办公室临时负责人；王建宇为后勤服务中心（基建处）基建工程部临时负责人；王治国为后勤服务中心（基建处）物业管理部临时负责人；范涛为后勤服务中心（基建处）条件保障部临时负责人。（中检党〔2022〕11号）

**2月17日**

科研处组织院学术委员会专家对2019年度立项的5个院学科带头人培养基金课题进行验收，5个课题均通过验收。

**2月18日**

科研处组织院学术委员会专家分三次对2019年度立项及2017、2018年度延期的17个院中青年发展研究基金课题进行验收，17个课题均通过验收。时间分别为2月18日、2月23日、4月13日。

**2月22日**

通过中国合格评定国家认可委员会（CNAS）实验动物饲养和使用机构现场监督评审。为期5天。

发布《2022年度国家药品标准物质首批计划研制品种名单》。（标物函〔2022〕22号）

**3月11日**

3月11日国务院应对新型冠状病毒肺炎疫情联防联控机制综合组决定在核酸检测基础上增加抗原检测作为补充的消息发布后，3月13日上午国家药监局召开新冠病毒抗原检测诊断试剂协调会后，中检院紧急启动新冠抗原检测试剂应急检验工作程序。3月11日至17日共完成52个企业，61个品种，合计190批次的检验工作。

**3月14日**

在国家药监局党校组织开展的学习贯彻党的十九届六中全会精神主题征文活动中，裴德宁荣获一等奖，裴宇盛、刘可君、周海卫、董谦荣获三等奖，李静、王琰、高家敏、康荣、支劭阳、李希、张权、李帅涛荣获优秀奖。中检院荣获组织奖（药监党校〔2022〕1号）。

**3月15日**

印发《院领导班子成员挂钩联系党支部实施办法》（中检党〔2022〕18号）。

**3月23日**

新址实验动物生产与实验屏障设施顺利通过实验动物生产许可证和实验动物使用许可证换证现场评审。许可证号为：SCXK（京）2022-0002、SYXK（京）2022-0014。

医用高通量测序标准化技术归口单位举办“医用高通量测序技术用诊断试剂系列标准网络培训班”。来自全国医疗器械检验检测机构、诊断试剂研发企业、高等院校、科研单位及行业协会等从事医用高通量测序技术和产品研发、生产、检验、使用等的输电网员500余人参加。

**3月24日**

副院长路勇代表中检院与英国标准协会、中国欧盟商会联合签署《化妆品安全技术合作谅解备忘录》。

**3月31日**

副研究员刘博参加中央和国家机关工委关于“三年行动计划”实施情况的调研座谈会。

**4月4日**

院士王军志、研究员王佑春作为世界卫生组织（WHO）生物制品标准化专家委员会委员，生物制品检定所所长徐苗作为临时专家顾问应世界卫生组织邀请参加WHO生物制品标准化专家委员会第75届会议（网络会议）。为期5天。

**4 月 8 日**

2022 年化妆品监督抽检工作会议线上召开。国家药监局化妆品监管司、食品药品审核查验中心，中检院监督中心，各省（市、区）药监部门化妆品抽检工作人员，承检机构相关人员共 100 余人参加。

**4 月 14 日**

部分医疗器械产品潜在风险点工作研讨会线上召开。国家药监局器械监管司、器械注册司、器械技术审评中心、器械标准管理中心领导和有关专家，天津市医疗器械质量监督检验中心，上海市、浙江省医疗器械检验研究院，山东省医疗器械和药品包装检验研究院，广东省、湖北省医疗器械质量监督检验所，中检院体外诊断试剂检定所、技术监督中心有关人员参加。

**4 月 18 日**

印发《关于开展以党建推动落实习近平总书记重要指示和党中央经济工作决策部署专项工作的实施方案》（中检党〔2022〕22 号），就开展“学习研讨、查摆问题、改进提高”任务作出安排部署。

**4 月 19 日起**

首次使用中央预算管理一体化系统。

**4 月 20 日**

召开保密工作小组全体会议。会议传达国家药监局保密委员会第 7 次全体会议精神及保密宣传教育有关工作要求。

**4 月 26 日**

主任药师陈华、研究员魏宁漪、研究员刘倩和副主任药师庾莉菊应美国食品药品管理局邀请在线参加 2022 年线上仿制药论坛。为期 2 天。

**4 月 27 日**

化学药品检定所青年理论学习小组被授予“2021 年度国家药监局青年理论学习示范小组”称号；体外诊断试剂检定所胡晋君同志被授予“2021—2022 年度国家药品监督管理局优秀共青团员”荣誉称号；药用辅料和包装材料检定所王珏同志被授予“2021 年度国家药监局青年学习标兵”称号（药监机团〔2022〕4 号）。

**4 月 29 日**

“方法替代统计比较软件［简称：ALTER］V1.0”获得计算机软件著作权登记证书。著作权人：中国食品药品检定研究院（国家药品监督管理局医疗器械标准管理中心、中国药品检验总所），登记号：2022SR0551377，证书号：软著登字第 9505576 号。

“生物活性方法验证软件［简称：BMV］V1.0”获得计算机软件著作权登记证书。著作权人：中国食品药品检定研究院（国家药品监督管理局医疗器械标准管理中心、中国药品检验总所），登记号：2022SR0551474，证书号：软著登字第 9505673 号。

**4 月 30 日**

体外诊断试剂检定所胡晋君同志被授予“2021—2022 年度国家市场监督管理总局直属机关优秀共青团员”荣誉称号（机团字〔2022〕5 号）。

**4 月**

联合国内外（14 个国家）相关专家共同制定的新型冠状病毒核酸检测国际标准 *In vitro diagnostic test systems-Requirements and recommendations for detection of severe acute respiratory syndrome coronavirus 2（SARS-CoV-2）by nucleic acid amplification methods（ISO/TS 5798：2022）*［体外诊断检测系统－核酸扩增法检测新型冠状病毒（SARS－CoV－2）的要求及建议］，获国际标准化组织（ISO）批准发布。

**5 月 5 日**

电气电子工程师协会（IEEE）生物医学工程（EMB）标准委员会召开网络会议，中检院提交的 IEEE“人工智能医疗器械性能和安全评价术语”（P2802）国际标准草案获批进入投票环节，将面向全球征求意见。

“能力验证提供者和标准物质提供者统计软件［简称：PTP/RMP］V1.0”获得计算机软件著作

权登记证书。著作权人：中国食品药品检定研究院（国家药品监督管理局医疗器械标准管理中心、中国药品检验总所），登记号：2022SR0557128，证书号：软著登字第9511327号。

**5月6日**

“药品溶出/释放度一致性分析软件［简称：DRCS］V1.0”获得计算机软件著作权登记证书。著作权人：中国食品药品检定研究院（国家药品监督管理局医疗器械标准管理中心、中国药品检验总所），登记号：2022SR0562608，证书号：软著登字第9516807。

**5月7日**

经2022年5月7日第19次党委常委会研究，任命：崔生辉为化妆品检定所副所长；魏锋为中药民族药检定所副所长；王岩为化学药品检定所副所长；李长贵为生物制品检定所副所长；黄杰为体外诊断试剂检定所副所长；赵霞为药用辅料和包装材料检定所副所长；梁春南为实验动物资源研究所副所长（主持工作）；耿兴超为安全评价研究所副所长（主持工作）。以上8名同志实行任职试用期一年，免去梁春南、耿兴超2名同志原任职务。（中检党〔2022〕34号）

经2022年5月7日第19次党委常委会会议研究，任命：刘阳为化学药品检定所化学药品室副主任；黄海伟为化学药品检定所抗肿瘤和放射性药品室副主任（主持工作）；姚静为化学药品检定所抗肿瘤和放射性药品室副主任；张斗胜为化学药品检定所生化药品室副主任；李晶为化学药品检定所激素室副主任。以上5名同志实行任职试用期一年。（中检党〔2022〕37号）

经2022年5月7日第19次党委常委会会议研究，任命：季士委同志为仪器设备管理中心副主任。试用期一年。（中检党〔2022〕56号）

**5月9日**

召开学习贯彻焦红同志关于2022年医疗器械标准立项工作批示精神专题视频会议。国家药监局医疗器械注册管理司处长李军出席会议并讲话。全国35个医疗器械标准化（分）技术委员会和标准化技术归口单位主任/副主任委员（组长/副组长）、秘书长，秘书处承担单位有关领导和标准工作相关人员共160余人参加。

**5月13日**

国家药监局焦红局长来中检院主持召开现场办公会，听取药品监管科学全国重点实验室申报进展情况汇报，布置相关工作。国家药监局科技国合司，中检院，国家药典委员会，国家药监局药品审评中心、药品评价中心负责同志等作交流发言。

首次组织所属企业报送财政部、国资委的两套决算，获国家药监局通报表扬。

**5月16日**

召开第五届全国药用辅料与药包材检验检测技术研讨会线上会议。副院长邹健出席会议并讲话，全国41家药用辅料、药包材及洁净环境检测机构的代表共计340人参会。

首次组织所属企业报送财政部2021年度国有企业财务会计决算报告。

**5月17日**

首次组织所属企业报送国资委2021年度中央部门管理企业国有资产统计表。

**5月18日**

国家医疗器械工作调整方案研讨会线上召开。国家药监局器械监管司，中检院医疗器械检定所、体外诊断试剂检定所、技术监督中心，部分省局及医疗器械检验机构的专家和有关人员参加。

**5月20日**

生物安全三级实验室首次开展高致病性病原微生物实验活动。

**5月30日**

召开胶原蛋白系列标准网络直播培训和学术交流。来自相关研究机构、大学、研发机构和生产企业、检验、审评及监管机构约150人参加。

**6月1日**

根据《国家药监局党组关于调整中国食品药品检定研究院（国家药监局医疗器械标准管理中

心，中国药品检验总所）主要职责内设机构和人员编制的通知》（国药监党〔2022〕29 号），对内设机构进行调整：一、设立党委办公室。二、设立纪律检查室。三、生物检定所主要职责增加“承担生物制品标准物质研究和标定工作”。撤销党委办公室（纪律监察室）。

**6 月 6 日**

中药民族药检定所所长马双成、研究员聂黎行应世界卫生组织（WHO）邀请在线参加 WHO 草药产品注册监管联盟（IRCH）第 7 次指导委员会会议。根据 WHO 最新拟定的工作组章程，结合中药民族药检定所核心职能和中国任改组前第二工作组主席国期间的工作成绩，所长马双成正式提出我国继续担任 IRCH 新第二工作组主席国的申请，获 WHO 初步肯定。

**6 月 9 日**

依据国家药监局医疗器械注册司发布《关于做好猴痘病毒检测试剂产品审评审批相关工作的函》（械注〔2022〕270 号）要求，中检院开展相关工作并形成《关于猴痘病毒核酸检测试剂相关工作的报告》上报国家药监局。

**6 月 10 日**

国家药监局党组成员、副局长赵军宁来中检院主持召开现场办公会，听取药品监管科学全国重点实验室申报进展情况汇报，布置相关工作。国家药监局综合司、人事司、科技国合司，中检院，国家药典委员会，国家药监局药品审评中心，国家药监局药品评价中心负责同志等参会并作交流发言。

大兴办公区开展新冠病毒感染疫情处置应急演练，模拟院内有人员怀疑可能感染新冠病毒感染时的应急处置。

**6 月 15 日**

召开医用增材制造医疗器械技术及标准发展学术论坛。来自监管机构、检验检测机构、增材制造相关生产研发企业、科研机构、大专院校、临床机构等单位 300 余人参加。

国家医疗器械抽检不合格产品召回和后处置填报优化调整研讨会线上召开。国家药监局器械监管司，中检院技术监督中心和部分省级药监局工作人员参加。

**6 月 17 日**

“配备自动收集功能的模拟局部给药产品体液循环装置”获得实用新型专利证书。发明人：马迅、陈华、左宁、文强、毛睿；专利号 ZL 2022 2 0306713.0；专利权人：中国食品药品检定研究院；证书号第 16749953。

修订并发布《中国食品药品检定研究院预算管理办法》（中检财〔2022〕11 号）。

2022 年毕业生答辩。博士 3 人，硕士 18 人。

**6 月 28 日**

2022 年第一季度和第二季度全国普通化妆品备案质量抽查工作部署会在京召开。国家药监局化妆品监管司、国家药监局信息中心及各省级药监局有关人员 70 余人参加。

**6 月 30 日**

全部在售国家药品标准物质和质控类产品（共计 4810 个）首次实现 100% 保障供应。

**7 月 1 日**

金少鸿、宁保明、王铁杰主译的《世界卫生组织药品标准专家委员会第 47 次技术报告》出版，出版社：中国医药科技出版社；书号：ISBN 978－7－5214－3126－1。

金少鸿、宁保明、刘阳主译的《世界卫生组织药品标准专家委员会第 48 次技术报告》出版，出版社：中国医药科技出版社；书号：ISBN 978－7－5214－3155－1。

金少鸿、宁保明、洪利娅主译的《世界卫生组织药品标准专家委员会第 49 次技术报告》出版，出版社：中国医药科技出版社；书号：ISBN 978－7－5214－3156－8。

金少鸿、宁保明、姜红主译的《世界卫生组织药品标准专家委员会第 50 次技术报告》出版，出版社：中国医药科技出版社；书号：ISBN 978－7－

5214－3157－5。

IEEE 2801－2022“*Recommended Practice for the Quality Management of Datasets for Medical Artificial Intelligence*”《医学人工智能数据集质量管理》国际标准正式发布实施，成为人工智能医疗器械领域的首个全球性标准。

**7月4日**

左宁参加对意大利UCB Pharma S. A. 公司生产的左乙拉西坦注射用浓溶液境外非现场检查。为期5天。

**7月6日**

为落实与英国标准协会、中国欧盟商会共同签署的《化妆品安全技术合作谅解备忘录》的合作，中检院与英国标准协会、中国欧盟商会围绕中欧化妆品风险评估标准的对比研究、化妆品风险评估技术等内容开展线上交流活动。副院长路勇出席并致开幕词。裴新荣介绍我国《化妆品安全评估技术导则》的要求，研究员张凤兰介绍化妆品新原料安全评价的相关规定。

**7月8日**

世界卫生组织（WHO）组织来自瑞士、新西兰、葡萄牙、埃及、克罗地亚等不同国家和地区的18名专家对我国疫苗国家监管体系（NRA）进行评估。中检院承担实验室（LT）和批签发（LR）两个板块的评估任务，均通过。为期22天。

“科博肽中杂质的鉴定方法及科博肽纯度的检测方法”获得发明专利证书。发明人：刘博、范慧红、黄露、廖海明、张佟；专利权人：中国食品药品检定研究院；专利号ZL 2021 1 0215341.0。专利权人：中国食品药品检定研究院；证书号第5236001。

**7月9日**

首次组织院属企业向财政部报送企业经济效益月度快报。

**7月13日**

与中国科普作家协会共同举办“科普中国青年之星创作大赛培训”活动。

**7月14日**

调整中国食品药品检定研究院第五届学位评定委员会（中检培训〔2022〕12号）。

**7月18日**

副主任药师姚静参加对Glaxo Smith Kline（Ireland）Limited生产的度他雄胺软胶囊的境外远程非现场检查。为期6天。

**7月20日**

副主任药师黄海伟参加对Pfizer Limited生产的抗新冠病毒药物奈玛特韦片/利托那韦片组合包装中的利托那韦片的境外远程非现场检查。为期7天。

2023年国家医疗器械抽检品种专家研讨会线上召开。国家药监局器械监管司，中检院医疗器械检定所、体外诊断试剂检定所、医疗器械标准管理研究所、技术监督中心，部分医疗器械检验机构专家及工作人员参加。

**7月21日**

“生物安全样本库质量管理平台V1.0”获得计算机软件著作权登记证书。著作权人：中国食品药品检定研究院（国家药品监督管理局医疗器械标准管理中心、中国药品检验总所），登记号：2022SR0954908，证书号：软著登记第9909107号。

按照国家药监局2022年全国医疗器械安全宣传周活动部署，组织召开医疗器械标准分类专题线上会议。

**7月22日**

修订并发布《中国食品药品检定研究院国有资产管理办法》（中检财〔2022〕14号）。

**7月26日**

举办洁净环境检测行业首个能力验证活动，来自全国30家检验检测单位参加洁净环境“风速”“照度”“悬浮粒子”检测项目能力验证活动。

**7月28日**

院学位委员会授予18位硕士毕业生理学硕士学位。

**7 月 29 日**

经 2022 年 7 月 29 日第 27 次党委常委会会议研究，任命：康帅为中药民族药检定所中药民族药标本馆副主任；张凤兰为化妆品安全技术评价中心技术评价二室副主任；高志峰为标准物质与标准化管理中心标准物质供应室副主任；林志为安全评价研究所病理室副主任。以上 4 名同志实行任职试用期一年。（中检党〔2022〕48 号）

**7 月**

中药民族药检定所所长马双成等 11 人应香港特区政府卫生署邀请参加香港中药材标准第 12 次国际专家委员会系列网络研讨会。马双成、魏锋作为香港中药材标准国际专家委员会委员对全部研究报告及研究计划进行审议。许玮仪和郭晓晗分别就承担的没药、苏合香标准研究工作进行汇报。

“利用拉曼光谱检测液体制剂的方法”获得中国专利优秀奖。发明人：尹利辉，赵瑜，纪南，王军，高延甲，朱俐，张学博；专利权人：中国食品药品检定研究院；专利号 ZL201210593760.9。

**8 月 1 日**

国家药监局党组成员、副局长赵军宁在国家药监局主持召开药品监管科学全国重点实验室现场办公会，传达了第 11 次局长办公会精神，听取了关于申报材料基本情况的汇报，并对申报材料提出修改意见和相关工作要求。科技国合司、综合司、药品注册司、人事司，中国食品药品检定研究院，国家药典委员会，国家药监局药品审评中心、药品评价中心有关负责同志和工作人员参会。

助理研究员孙葭北参加对上市许可持有人 Cephalon Inc. 在 Pharmachemie B.V 生产的注射用苯达莫司汀进行了境外远程非现场检查。为期 4 天。

**8 月 5 日**

首批猴痘病毒核酸检测试剂国家参考品通过审评。

**8 月 9 日**

“hKDR 人源化动物模型的建立及应用”获得发明专利证书。发明人：范昌发、曹愿、王佑春、吴勇、刘甦苏、赵皓阳、翟世杰、谷文达、杨远松、孙晓炜。专利号：ZL 2020 1 1594798.9。

**8 月 15 日**

中国合格评定国家认可委员会（CNAS）评审组对中检院进行能力验证提供者（PTP）认可复评审。现场评审对天坛、大兴和亦庄 3 个院区的食品、化妆品、保健食品、包材与辅料、药品、生物制品、医疗器械、实验动物、安全评价领域等 9 个检测领域的能力验证技术能力进行了确认。为期 3 天。

**8 月 16 日**

研究员宁保明应美国药学科学家协会（AAPS）邀请参加 AAPS 溶出度研究与国际协调线上研讨会。为期 2 天。

**8 月 17 日**

全国政协常委、市场监管总局原副局长马正其一行来中检院调研，实地考察了生物制品检定所、化学药品检定所实验室并召开了座谈会。

2023 年国家医疗器械抽检品种第二次专家研讨会线上召开。国家药监局器械注册司、器械监管司、器械技术审评中心、食品药品审核查验中心、药品评价中心，中检院医疗器械检定所、体外诊断试剂检定所、医疗器械标准管理研究所、技术监督中心，部分医疗器械检验机构专家及工作人员参加。

**8 月 18 日**

经 2022 年 8 月 18 日第 28 次党委常委会会议研究，任命：韩倩倩同志为医疗器械检定所副所长。试用期一年。（中检党〔2022〕57 号）

**8 月 19 日**

“一种细菌内毒素检测试剂恒温水浴装置”获得实用新型专利证书。发明人：裴宇盛、蔡彤、陈晨、刘雅丹、高华、张庆生；专利号 ZL 2022 2 0790332.4；专利权人：中国食品药品检定研究院；证书号第 17222784。

与北京市实验动物管理办公室共同主办“实验动物应急管理网络直播培训班”。来自全国各省市实验动物饲养与使用机构共1416人报名参加。

**8月22日**

国家药监局党组成员、副局长徐景和赴中检院调研指导医疗器械分类管理工作并召开医疗器械分类管理工作专题会议。国家药监局器械注册司主要负责人及相关负责人和器械监管司、医疗器械技术审评中心、北京市药品监督管理局器械处相关负责人等参加会议。国家药监局药品安全总监、中检院院长（器械标管中心主任）李波，中检院党委书记、副院长（器械标管中心副主任）肖学文，副院长（器械标管中心副主任）张辉，中检院医疗器械检定所、体外诊断试剂检定所及医疗器械标准管理研究所相关负责同志及有关人员参会。

**8月24日**

生物制品检定所副所长李长贵和助理研究员江征应帕斯适宜卫生科技组织（PATH）邀请在线参加脊髓灰质炎灭活疫苗（IPV）D抗原效力检测通用试剂研制国际研讨会。为期2天。

张伟参加对印度太阳药业有限公司生产的比卡鲁胺片境外非现场核查。为期5天。

**8月25日**

中国合格评定国家认可委员会（CNAS）评审组对中检院进行实验室认可扩项评审及复评审。为期2天。

首批猴痘病毒核酸检测试剂国家参考品通过体外诊断试剂标准物质专家会。

73名新生入学。其中统招硕士生18人，博士生3人，中国药科大学联合培养学生27人，烟台大学培养学生8人，其他学校17人。

**8月29日**

化学药品检定所第二党支部被命名为“中央和国家机关‘四强’党支部”（中工委发〔2022〕7号）。

**8月31日**

2022年第一季度和第二季度国产普通化妆品备案质量抽查工作分析会在京召开。国家药监局化妆品监管司、国家药监局信息中心及各省级药监局有关人员70余人参加。

**9月1日**

中国药学会药用辅料专业委员会成立大会在北京召开。中检院药用辅料和包装材料检定所承担专委会秘书处工作，所长肖新月担任专委会主任委员。

**9月7日**

化学药品检定所刘博同志参加市场监管总局第1期市场监管学习论坛，与总局、知识产权局等5名青年代表一同进行了圆桌对话，围绕“学习习近平经济思想，推进全国统一大市场建设”畅谈心得体会。

2022年国家医疗器械抽检产品潜在风险点汇总研讨会召开线上会议。中检院技术监督中心和部分检验机构工作人员参加。为期2天。

**9月9日**

国家药监局秦晓岑司长在中检院主持召开药品监管科学全国重点实验室申报专家咨询视频会议，副局长赵军宁、15位院士专家以及国家药典委员会、国家药监局药品审评中心、国家药监局药品评价中心等单位有关同志线上参会，院长李波、院士王军志及中检院有关同志和编写组成员现场参会。

**9月13日**

按照中丹卫生战略领域合作项目子项目SP1工作计划，化学药品检定所所长张庆生、副主任药师黄海伟、副主任药师姚静、副研究员贾娟娟、高级工程师张文在、助理研究员孙葭北、副教授朱绍洲应丹麦药品管理局邀请参加中丹放射性药品实验室质量控制线上研讨会，贾娟娟作题为“中检院放射性药品实验室现状和变化”的报告。

2022年国家医疗器械抽检品种质量分析交流会线上召开。国家药监局器械监管司，中检院技术监督中心，2022年国家医疗器械抽检品种牵头单位主检人员参加。为期2天。

**9月15日**

中药民族药检定所所长马双成、研究员聂黎行应世界卫生组织（WHO）邀请在线参加WHO草药产品注册监管联盟第8次指导委员会会议。

**9月19日**

国家药品抽检工作培训班线上召开。国家药监局药品监管司药物警戒处处长胡增峣、中检院技术监督中心主任朱炯出席会议并讲话。各省（区、市）药监局和承担国家药品抽检任务的各药品检验机构有关专家300余人参加。为期2天。

**9月26日**

国家医疗器械抽检年报（2022年度）研讨会线上召开。中检院技术监督中心和部分检验机构工作人员参加。为期2天。

**9月27日**

开展2022年度中检院科技周活动，4个学术委员会分委会分别通过线上线下形式，邀请国内知名专家、中检院专家和优秀青年人才进行学术报告和交流。药检系统、高校、科研院所及相关企业等400余家单位参与交流。中检院学术委员会委员、相关业务所科研人员约300余人次参加了本次科技周活动。为期4天。

中检院统一标准物质订购和认款模式。

**9月28日**

国家药监局党组成员、副局长黄果赴中检院就化妆品技术支撑工作开展调研。

**9月29日**

召开人工智能医疗器械标准宣贯暨质量评价学术论坛，国内审评、检验、临床、教育、科研、标准化等领域的相关知名专家进行主题学术演讲。在线观众超过5000人。

**9月30日**

副院长邹健代表中检院与日本熊本大学资源研发与分析研究所续签双方合作备忘录。

中药民族药检定所所长马双成、副所长魏锋、研究员程显隆、研究员聂黎行应西太区草药协调论坛（FHH）邀请在线参加FHH 2022年第2小组会议。程显隆介绍人参和西洋参FHH对照药材研制阶段性进展和计划，聂黎行介绍基于水麦冬酸为检测指标的HPLC/HPLC－MS方法鉴别半夏及其伪品。

**9月**

康荣、石佳的作品“去伪存真”获得第四届全国科学实验展演一等奖，展演人员荣获“全国十佳科学实验展演人员”称号，同时荣获专项最佳表演奖。

**10月10日**

计划财务处党支部、化学药品检定所第二党支部被命名为“市场监管总局‘四强’党支部”（机党字〔2022〕23号）。

2023年国家医疗器械抽检有源品种方案论证会线上召开。国家药监局器械监管司，中检院技术监督中心，部分检验机构抽检人员，品种抽检方案汇报人和抽检品种方案审核工作的专家参加。

**10月11日**

“感染动物的MERS－CoV的假型病毒，其制备方法和用途”获得发明专利证书。发明人：黄维金、刘强、王佑春、范昌发、李倩倩、吴曦、刘甦苏、吕建军、杨艳伟、曹愿。专利号：ZL 2018 1 0900762.5

2023年国家医疗器械抽检无源和诊断试剂品种方案论证会线上召开。国家药监局器械监管司，中检院技术监督中心，部分检验机构抽检人员，品种抽检方案汇报人和抽检品种方案审核工作的专家参加。为期2天。

**10月14日**

中检院与默克公司共同组织举办“中检院—默克2022年世界标准日标准物质线上研讨会”，双方专家就标准物质管理和研制技术情况进行报告和交流。院长李波、副院长路勇、标物中心主任孙会敏、中药民族药检定所副所长魏峰及标物中心相关人员、默克公司相关人员20余人参加。

**10月17日**

根据国家药监局工作部署，由医疗器械标准

管理中心主办，相关医疗器械标准化技术委员会协办，开展新版 GB 9706 系列标准线上公益培训。来自全国 31 个省（自治区、直辖市）和新疆生产建设兵团的 4.6 万余家单位、20.6 万余人次参加培训。为期 10 天。

**10 月 18 日**

2022 年国家医疗器械抽检产品质量分析报告评议会线上召开。评议专家组由部分省、地市级药品监督管理部门，中检院医疗器械检定所、体外诊断试剂检定所、医疗器械标准管理研究所专家组成。会议对各检验机构的 39 种抽检产品质量分析报告进行评议。国家药监局器械监管司、器械注册司、器械技术审评中心，承担国家医疗器械抽检检验工作的 33 家医疗器械检验机构和 2022 年国家医疗器械抽检产品质量分析报告汇报人参加。为期 3 天。

**10 月 20 日**

研究员徐丽明等应邀参加国际标准化组织外科植入物和组织工程医疗产品分技术委员会（ISO/TC 150/SC7）网络视频会议形式召开的 2022 年度工作会议。

**10 月 24 日**

在“喜迎党的二十大　奋进药监新征程”国家药监局青年干部公文写作技能大赛中，裴宇盛获得一等奖，耿琳获得三等奖，孟芸获得优胜奖。中检院荣获优秀组织奖（药监机团〔2022〕7 号）。

**10 月 26 日**

“生物技术产品检定方法及其标准化重点实验室”于“十三五”运行情况评估中获评“优秀”等级。

**10 月 28 日**

经 2022 年 10 月 28 日第 39 次党委常委会会议研究，任命：陈亮为医疗器械检定所质量评价室副主任；周海卫为体外诊断试剂检定所传染病诊断试剂一室副主任；谢兰桂为药用辅料和包装材料检定所洁净环境检测室副主任；郭世富为医疗器械标准管理研究所标准管理三室副主任；左琴为实验动物资源研究所实验动物生产供应室副主任；柴海燕为安全评价研究所综合办公室副主任；刘颖为安全评价研究所药物代谢动力学室副主任；徐延昭为后勤服务中心（基建处）综合办公室副主任；范涛为后勤服务中心（基建处）条件保障部副主任。以上 9 名同志实行任职试用期一年。（中检党〔2022〕90 号）

发布“生物制品批签发证明”等 8 个文件格式，配合 2022 年 11 月 1 日启用生物制品批签发电子证明。

**11 月 1 日**

国家医疗器械抽检年报（2022 年度）第二次研讨会线上召开。中检院技术监督中心和部分检验机构工作人员参加。

**11 月 3 日**

副院长张辉会见正大制药集团访问团一行。双方就医药创新发展、标准研究、质量评价方法、外用制剂辅料等方面进行交流探讨。化学药品检定所、生物制品检定所、药用辅料和包装材料检定所和港澳台办有关负责同志参加会见。

**11 月 8 日**

举办 2022 年医疗器械标准综合知识线上培训班。各医疗器械标准化（分）技术委员会和技术归口单位的委员、专家及秘书处承担单位相关人员，医疗器械审评、检验和生产企业等相关单位共 675 名代表参加培训。为期 2 天。

**11 月 10 日**

2022 年国家医疗器械抽检（中检院预算项目）质量分析报告评议会线上召开。国家药监局器械监管司，中检院技术监督中心，各承检单位人员和各品种质量分析报告人参加。

**11 月 15 日**

中检院生物安全三级实验室取得 CNAS 认可决定书。机构注册号：CNAS BL0116。

**11 月 17 日**

经 2022 年 11 月 17 日第 42 次党委常委会会议研究，任命王蕊蕊同志为纪律检查室主任。

（中检党〔2022〕98号）

2023年国家医疗器械抽检方案第二次审核工作研讨会召开。中检院技术监督中心和相关检验机构工作人员参加。为期2天。

**11月18日**

2022年国家化妆品监督抽检质量分析报告评议工作（线上）在京召开。中检院技术监督中心组织并邀请16名专家对31个承担国家化妆品监督抽检任务的检验机构撰写的质量分析报告进行在线评议和打分，为期8天。

**11月21日**

“玻璃类药包材检验操作指导技术网络培训班”线上举办，来自全国药品检验检测机构、药品和药包材企业、高等院校及科研单位等100多名学员参加网络培训。为期2天。

**11月23日**

“重大病毒性传染病防控产品研发支撑平台和评价关键技术创新和应用”获得北京市科学技术进步一等奖。主要完成人：王佑春、谢良志、李金明、黄维金、张瑞、范昌发、张杰、周海卫、聂建辉、孙春昀、罗春霞、张黎、张延静、刘东来、许四宏。

“新型冠状病毒灭活疫苗的全球研制及应用”获得北京市科学技术进步一等奖。主要完成人：尹卫东、李长贵、高强、王祥喜等。

“新型冠状病毒灭活疫苗的研制及应用”获得北京市科学技术进步一等奖。主要完成人：杨晓明、张去涛、王辉、徐苗、赵玉秀、张晋等。

“新冠肺炎诊断试剂科技攻关技术平台的建立及其应用”获北京市科技进步奖二等奖。主要完成人：杨振、何昆仑、石大伟、李丽莉、王雅杰、陈凌等。

国家药品抽检年度质量分析报告评议会（线上分4个会场）。评议组由中检院、国家药典委员会等单位、部分省药监局及承检机构的25名专家组成。会议对62个品种的检验及探索性研究内容进行评议。国家药监局药品监管司、中检院、31个省药监局、新疆生产建设兵团药监局和47家承检机构的相关人员参加。为期3天。

**11月25日**

印发《中检院深入学习贯彻党的二十大精神实施方案》（中检党〔2022〕104号）。

**11月**

“中药外源性有害残留物检测技术、风险评估及标准体系建立和应用”项目荣获第十七届中国药学会科学技术奖一等奖。

**12月1日**

院士王军志应世界卫生组织（WHO）邀请参加WHO生物类似药标准化网络会议。

**12月8日**

2023年国家化妆品监督抽检工作方案研讨会召开。国家药监局化妆品监管司、食品药品审核检验中心、药品评价中心、行政事项受理服务和投诉举报中心，中检院技术监督中心，省级监管部门、检验机构专家人员20余人参加。

**12月13日**

国家档案局组织开展了国家级档案专家、全国档案工匠型人才、全国青年档案业务骨干选拔工作，田雨入选“全国青年档案业务骨干”名单。（档发〔2022〕5号）

全国外科植入物和矫形器械标准化技术委员会组织工程医疗器械产品分技术委员会（SAC/TC 110/SC3）召开网络年度工作会议暨标准审查会。来自监管部门、科研院校、检验机构、生产企业的代表，以及全体委员、标准起草小组成员、秘书处成员合计50余人参加会议。会议审议通过2022年度制定的4项行业标准——《组织工程医疗器械产品　生物源性周围神经修复植入物通用要求》《组织工程医疗器械　丝素蛋白》《组织工程医疗器械　胶原蛋白术语》《组织工程医疗器械　胶原蛋白》。为期2天。

**12月14日**

国家药监局医疗器械质量研究与评价重点实验室2022年会暨学术交流会议线上召开。重点实验室学术委员会专家、国家药监局相关司局有关人员和中检院有关领导和人员共计30余人参加会议。

**12月16日**

副主任郭世富、副主任药师付海洋应邀参加国际标准化组织医疗器械质量管理和通用要求技术委员会（ISO/TC 210）第二十四届线上年会。为期2天。

**12月22日**

院长办公会审议并原则通过了2022年度关键技术研究基金推荐立项课题，共31项，支持经费共2230万元，其中院级经费2000万元，所级配套经费230万元。

**12月28日**

举办2022年医疗器械分类综合知识线上培训班。来自监管和相关技术支撑机构，科研、研发、临床机构人员，注册人和备案人、部分医疗器械分类技术委员会委员等4000余人报名参加了培训。为期2天。

**12月30日**

国家市场监督管理总局和国家标准化管理委员会正式发布由中检院主导制定的纳米技术国家标准：GB/Z 42246—2022《纳米技术　纳米材料遗传毒性试验方法指南》。GB/Z 42246—2022是国际上第一个提出纳米药物和纳米材料遗传毒性试验优化组合的标准。

2022年国家化妆品监督抽检工作专项检查评议工作线上召开。中检院技术监督中心组织并邀请15名专家对31个省（市、区）的国家化妆品监督抽检工作进行评议和打分，为期11天。

**全年**

主任药师许明哲作为世界卫生组织（WHO）国际药典和药品标准专家委员会（ECSPP）委员应世界卫生组织邀请参加WHO国际药典和药品标准起草系列线上会议，参与WHO国际药典和各项国际标准的制修订工作，同时受WHO邀请和委托，作为组长，在WHO ECSPP秘书处的协助下，召集25位国际专家主持召开GPPQCL线上修订会。

副研究员王浩作为国际电工委员会医用电气设备（IEC TC62）标准委员会软件网络与人工智能顾问组（AG SNAIG）和PT8项目组成员应邀参加IEC TC62系列线上会议。

研究员孙会敏、研究员梁成罡分别作为美国药典委员会（USP）复杂辅料专业委员会委员、USP生物药2－治疗性蛋白专业委员会委员（2020—2025）应邀参加USP专委会系列线上会议。

副研究员罗飞亚、助理研究员陈怡文、助理研究员苏哲等应邀在线参加国际化妆品监管合作组织第16届年会（ICCR－16）第三阶段、第四阶段系列会议以及国际化妆品监管合作组织第17届年度会议期间（ICCR－17）“安全评价整合策略”工作组和“消费者交流”工作组系列线上活动。

国际合作处对世界卫生组织（WHO）、国际标准化组织（ISO）发布的重要法规和指南——《WHO关于评估预防传染病mRNA疫苗质量、安全及有效性的法规考虑》《ISO核酸扩增法检测SARS－CoV－2的要求和建议》进行翻译并报送国家药监局科技国合司、药品注册司、器械注册司、器械监管司和中检院相关业务所，并对其中重要章节摘要形成《外事交流参考消息》供相关部门参考。

经国家药监局批准，本年度组织221人次专家、技术骨干共116次（含系列会议）远程在线参加世界卫生组织、国际草药产品注册监管联盟、国际标准化组织、国际电工委员会、电气电子工程师协会、美国药典委员会等国际组织、学术机构举办的国际会议、学术研讨和技术交流，并选派1人赴瑞士国际疫苗监管联盟（Gavi）借调工作。

向院内外12家单位发送新冠模型KI－hACE2小鼠30批次，841只动物，同时新设计构建了hACE2－CD147等多个模型。

# 第十五部分 地方食品药品检验检测

## 天津市药品检验研究院

### 概 况

2022年，天津市药品检验研究院完成各项检验检测任务，不断提升检验检测水平和科研创新能力，积极开展企业服务、技术帮扶工作。组织开展国家药品抽检工作，同时开展43项探索性研究工作，共向中检院监督中心报送药品质量风险47条。有序推进疫苗批签发实验室改造项目，持续提升辖区内已上市疫苗品种的批签发检验能力，聚焦流感病毒亚单位疫苗、A群C群脑膜炎球菌多糖结合疫苗（CRM197载体）等产品。组建滨海实验室筹备领导小组及其办公室，稳步推进滨海实验室建设。持续提升药品、生物制品、药品包装材料、洁净室环境、化妆品和医疗器械、消毒产品等7大领域的检测能力，全年接受外部评审、专项检查共计5次，目前已具备811项检测资质。完成中检院和国家药监局组织的能力验证计划19项，LGC能力验证1项，满意率100%。北辰药品检验所被国家药品不良反应监测中心授予“国家优秀基层监测机构”荣誉。积极开展科技周与实验室开放日活动，拍摄了《进口药品检验科普宣传片》和《儿童化妆品检验检测科普宣传片》进行科普宣传。优化实验室信息管理系统，扎实推进“互联网+政务服务”建设，不断提升服务水平。深入走访调研，了解企业实际需求，大力支持医药企业恢复短缺药品生产。利用技术优势服务企业，助力辖区中医药及生物医药企业高质量发展。

### 检验检测

2022年度，天津市药品检验研究院出具检验检测、监测等报告6869份，是去年同期（8351份）的82.2%；进口检验2092批，是去年同期的80.7%；抽查检验1393批、委托检验2553批、注册检验536批。完成康希诺新冠病毒疫苗144批检验任务，共计3695.535万剂。完成国家药品抽检3个承检品种葡萄糖酸钙口服溶液、注射用头孢他啶和越鞠保和丸共374批样品的法定检验工作，均按时完成。在天津市药监局的统一领导下，落实药品安全专项整治“利剑行动”，协助天津市药监局开展中药材中药饮片集中抽样，同时强化“行刑衔接”，打击药品违法犯罪，全年共接收11个单位24批样品的应急检验任务，为打击药品违法犯罪提供了强有力的技术支撑。

### 重要活动、举措和成果

全力推进疫苗批签发能力建设。开辟绿色通道，为康希诺公司新冠病毒疫苗完成包材检测66批次，并将检验周期提速至10个工作日。开展新冠病毒疫苗关键项目（如病毒感染滴度、病毒颗粒数等）实时趋势分析，随时掌握其质量稳定性情况，有序推进疫苗批签发实验室改造项目。

创新科研课题研究结硕果。坚持开展标准研究，完成8个国家药品标准起草、3个国家药品标准复核及2个国家药品标准补充检验方法复核工作。完成“一种胰岛素质谱肽图的鉴别方法及应用”和“药用软胶囊固定取样仪”2项研究并成功获得国家专利授权。4项2019年市场委科技计划项目通过结题验收并完成国家科技成果登记；2022年申报4项市场委课题均获批立项。

强化校企联合，共同提升中药标准体系建设。在刘昌孝院士“中药质量标志物”理论指导下，与院士团队合作对天津达仁堂京万红药业独家品种痹琪胶囊的质量标准提升进行研究。与张伯礼院士的现代中医药海河实验室联合成立了“中药质量评价技术与标准研究中心”，依托该中心合作开展的“天津港进口药材研究”课题已获天津科委立项。联合天士力、津药达仁堂等6家企业合作申报的藿香正气系列药品团体标准已获批准立项。

坚持我为企业办实事。向力生制药派驻市科技局科技特派员帮助解决原料药注册申报等一系列难题。全方位的技术帮扶，赢得了企业的充分肯定，先后收到来自诺和诺德、金耀集团、力生制药等企业送来的锦旗和感谢信；诺和诺德因天津市药品检验研究院周到的技术服务在津连续追加投资，新华社、天津电视台、津云等媒体平台相继进行报道。

滨海实验室建设进展有序。“天津药检院滨海实验室EPC总承包项目”已于6月顺利开工建设，目前各项工作进展紧张有序。建成后，将为经开区生物医药企业提供检验检测、技术开发服务，实现疫苗检验、胰岛素系列进口检验、中药材进口检验及委托检验等业务延伸并深度服务生物医药产业集群。

积极开展疫情防控工作。落实天津市市场监管委疫情防控工作要求，天津市药品检验研究院共派遣了30名党员勇赴津南参加抗疫工作。同时面对常态化疫情带来的工作挑战，全力保障业务工作有序开展，确保疫苗检验检测工作顺利进行。

开展“迎盛会、铸忠诚、强担当、创业绩”主题学习宣传教育实践活动。承接天津市市场监管委系统“奋楫笃行迎盛会　监管之进话忠诚”演讲比赛，天津市药品检验研究院选手获市市场监管委系统比赛第一名；圆满完成天津电视台“同声颂党恩　喜迎二十大”天津群众歌咏电视展演视频录制。

# 内蒙古自治区医疗器械检验检测研究院

## 概　况

内蒙古自治区医疗器械检验检测研究院（以下简称“内蒙古器检院”）成立于2021年2月7日，为内蒙古自治区药品监督管理局所属的正处级公益一类事业单位，核定编制42人，内设办公室、业务室、有源产品检测室、无源产品检测室、生物检测室5个科室。截至2022年底，在编人员38人，专业技术岗30人（高级职称5人，中级职称3人，初级职称22人），管理岗3人，工勤岗1人，见习期4人。按照内蒙古自治区药品安全“十四五”规划，结合全自治区医疗器械监管和产业实际，致力于打造成为“一专多能”的医疗器械检验检测机构。

2022年，经过全体干部职工的努力，机构检验检测质量效能大幅提升，优化营商环境举措落地生根，科学技术对外交流合作的良好局面基本形成，圆满完成了国家抽检、自治区抽检等检验任务，为内蒙古自治区药品安全监管工作提供了及时有效的技术支撑，为医疗器械产业发展提供了高效有力的服务平台，推动了全区生物医药产业高质量发展。

内蒙古器检院用“五步同心法”夯实党建基础，即坚持以学习修心、组织暖心、平台强心、制度安心、实干凝心，凝聚发展合力，下大力气夯实党建+行政管理、检验检测、质量管理、科学研究“三点两线”基础，打造五科五组扁平化组织框架，各科组全部配备党员，有效地建立起了党建与业务有效融合的工作机制。

## 检验检测

2022年，内蒙古器检院共接检样品505批次，较2021年增加4.8%。其中国家抽检50批次，自治区抽检110批次，监督抽检46批次，注册检验99批次，委托检验197批次，评价性检验3批次；国家抽检检验任务较2021年增加112.5%，自治区抽检检验任务较2021年增加4.7%。检验履约率达到99%以上，平均检验周期控制在25个工作日之内。

在10月份疫情最吃紧的阶段，圆满完成自

治区本级和呼和浩特市抽取的涉及8个省、17家生产企业、13个使用单位的23批次涉疫医疗器械应急检验任务，累计检验项目138项。

### 能力建设

2022年，内蒙古器检院通过教育培训、日常质量监督、内部质控、人员授权考核等多种方式确保人员能力得到持续提升。全年共组织各类培训30余次，参训人员320余人次。重点对2021年考录的专业技术人员实验操作过程和审核检验主卡、委托书、检验原始记录、仪器使用记录等环节进行现场考评，已有16人获得检验资格授权。同时将检验工作效能纳入院内岗位人员年度考核，切实提高了专业术人员的能力水平。疫情期间，在内蒙古自治区药品监督管理局的大力支持下，紧急采购仪器设备，通过了呼吸机和电子体温计的资质认定，具备了4个品种（治疗呼吸机、无创呼吸机、医用电子体温计、医用红外体温计）的检验能力。

2022年，内蒙古器检院对实验及其配套用房进行整体升级改造，改造面积达4319.67平方米。改造完成后，具备自控功能的细胞实验室、微生物实验室、PCR实验室及常规电气安全实验室。同时增配200余台套仪器设备，检验检测能力得到大幅提升，可全面覆盖疫情防控五大类医疗器械和内蒙古自治区医疗器械产业。

### 科研工作

2022年，内蒙古器检院通过内蒙古自治区科技厅审核，成为“十四五”期间第一批享受科技创新进口税收政策的科研机构和自然基金依托单位，申请成为“中国出入境检验检疫协会检验检测管理与评价标准化技术委员会”成员单位。组织相关人员起草蒙医医疗器械体系框架，参加自治区“十四五”社会公益领域重点研发和成果转化计划项目申报，申报“定制式3D打印术前术中模型质量评价技术研究”“蒙医医疗器械标准化体系研究”和“人血小板同种抗原（HPA1－18）基因分型检测技术体系的建立”3个项目。累计在国家级、省级专业期刊发表论文15篇，获得实用新型专利2件。

## 上海市食品药品包装材料测试所

### 概　况

上海市食品药品包装材料测试所设8个内设机构，分别为：综合办公室、财务科、业务管理室、质量科研管理室、药品包装材料室、药用辅料室、微生物药理室、洁净检测室。现有人员编制63名，在编人员59人。目前承担上海市药品包装材料、药用辅料市场质量抽检检验；药品包装材料的国家标准制修订和复核验证工作；药品包装材料与药物相容性研究和安全性评价、药品包装系统密封性研究；食品包装材料风险监测；食品药品包装材料突发事件的应急检验任务；化妆品包装和接触材料的风险研究；洁净厂房的环境检测和兽药GMP洁净度检测等。

### 检验检测

上海市食品药品包装材料测试所全年共完成药品包装材料质量抽检检验任务143批次。完成药用辅料质量抽检检验172批次。完成洁净厂房的质量抽检检验（包括医疗器械、药包材、化妆品生产企业）共计43家。开展药包材委托检验1784批次，开展药用辅料委托检验69批次，开展洁净厂房的委托检验266家次，药品及包装材料的相容性研究33家次。

### 能力建设

上海市食品药品包装材料测试所对接监管检验检测需求，持续维持CNAS、上海CMA、国家CMA能力参数，范围涵盖药品包装材料、食品包装材料、药用辅料、医疗器械包装、洁净室（区）环境、水等。今年顺利通过上海市检验检测机构“双随机”检查1次、上海市市场局能力验证现场评审1次等。同时，参加国内外能力验证及测量审核5次，分别是：二丁基羟基甲苯吸收系数的测定、密度、易氧化物、金黄色葡萄球菌（定性）、食品接触用纸中重金属铅含量的测定，结果均为满意。

上海市食品药品包装材料测试所大力开展标准研究，承担了国家药典委员会2025年版《中国药典》建设工作，负责其中涉及药包材20项标准的起草工作，在四大重点材料领域“塑料、橡胶、金属、玻璃”的系列标准起草工作中，担任了前三大领域的牵头单位。同时受国家药典委员会委托牵头承担了药品包装系统密封性研究指导原则及配套检测方法标准制定及总体协调工作，包装系统密封性作为保证药品质量的重要性能之一，第一次收入药典标准体系中；作为牵头单位开展“《中国药典》药用辅料微生物控制相关标准研究”项目，为原辅包关联审评审批做好技术支撑；参与《中国药典》药用辅料品种氯化锌、苯扎溴铵的标准复核。

### 科研工作

上海市食品药品包装材料测试所2022年新申请1项发明专利，签订技术转让、技术服务合同30多项。持续开展上海市科委“上海市包装材料与药品相容性研究专业技术服务平台”关于拓展封闭冷冻管、工艺管路、一次性储液袋和多项药械组合产品的相容性研究及评价等，服务上海、长三角乃至全国相容性、完整性科学研究。同时，获上海市药监局课题《真空衰减法在不同类型注射剂产品包装密封完整性测试中应用比较》立项。作为参与单位，参与《国家药监局化妆品标准体系及其管理制度》课题任务七《包装材料或辅助材料标准体系研究》子课题的研究工作。

### 重要活动、举措、成果

2022年上半年“大上海保卫战”期间，上海市食品药品包装材料测试所积极响应上级党组织号召，发动党员干部职工100%第一时间投入“守土尽责‘三带头’，坚决打赢大上海保卫战”志愿服务，及时敏锐捕捉人民群众最关心、最直接、最现实的物资消杀、环境消毒热点问题，充分发挥所内专家专业特长，主动加强与上海市科委远程合作，制作了《防控期间食品包装消杀科普小知识》和《室内环境消毒小知识》两项科普视频，亮相于“上海科普”“学习强国”等平台，为广大市民提供了科学、实用的防疫科普知识。其中《防控期间食品包装消杀科普小知识》视频被“学习强国”平台选为当月主推科普动画，在“百灵·秀”栏目里做置顶推送，累计观看量突破41万。同时，以此为基础制作的《包材青年奋进，助力防疫大局》视频获上海市“强国复兴有我，凝聚青春力量，喜迎二十大”市场监管系统青年短视频作品征集评选活动二等奖。

## 江苏省医疗器械检验所

### 概　况

2022年，江苏省医疗器械检验所在江苏省药监局党组的正确领导下，以习近平新时代中国特色社会主义思想为指导，深入学习贯彻党的二十大精神，以提升检验检测能力为抓手，持续扩展承检范围，不断优化服务水平，凝心聚力、真抓实干，切实为服务监管、促进全省医药产业创新发展提供可靠技术支撑。

### 检验检测

2022年，完成检验任务7192批次，其中完成国家监督抽检85批次、省级监督抽检1025批次，受理五大类疫情防控产品的监督检验398批次。

积极参与省药监局部署的专项任务19个，派出技术骨干39人次。参与省药监局组织的新冠抗原检测试剂初审工作，全程指导企业注册申报。累计委派15人次参加抗原企业驻厂工作。选派6人参加省药监局第二类医疗器械注册清理规范专班，4人参加集中攻坚行动，1人参加新冠病毒突变株检测能力评价工作组，1人对口援疆，1人参与省第15批科技镇长团；全年共参加医疗器械产品注册及生产许可核查56批，派出69人次。

完成国抽电动轮椅品种的牵头工作，撰写的产品质量分析报告在全国22个有源类医疗器械质量分析报告中评分排名第一。

## 科研工作

发挥超声手术设备质量评价重点实验室、医用电声设备标技委归口单位作用，完成2022年度立项行业标准《人工耳蜗声音处理设备》起草，并报批国家药监局标管中心；超声微创治疗肾结石的研究获省科技厅重点研发计划项目。通过省药监局审查立项9项，参与国家标准制修订2项，主持、参与行业标准制修订7项，主持地方标准制修订2项。签订科技服务项目协议7个；发表论文12篇，其中核心2篇，SCI收录1篇。获得专利14项，其中发明专利1项，实用新型13项，获得计算机软件著作权2项。

## 重要活动、举措、成果

按照江苏省政府办公厅印发的2022年度1号文件精神，全力推进“一体五翼”和检验服务站建设的相关工作。目前，高淳检验室已建成运行；徐州检验室已破土动工；无锡检验室已完成共建协议签订；泰州、苏州检验室二期项目处于建设规划的审议阶段。常州新北、苏州昆山、无锡宜兴检验服务站均已揭牌。

开展新版GB 9706系列标准线上公益培训班，培训内容包括新版GB 9706系列标准总体介绍及对电击危险的防护要求，通用要求、标识标记和文件、可编程医用电气系统，新版GB 9706系列标准相关文件准备及送检要求等，并进行现场检验操作演练；认真落实省药监局党组工作部署，积极申请新版GB 9706系列标准检验资质认定，获得新版GB 9706发布的59个系列标准中51个标准的资质授权。

将有源类、无源类医疗器械检验时限分别压减至85个、60个工作日。对一般医疗器械企业产品检验收费减免5%，对小微医疗器械企业产品检验收费减免10%。积极发挥国家器审中心医疗器械创新江苏服务站秘书处作用，对创新产品、优先注册产品的申请进行把关，已通过申请25项。

全面实施“安全检验年”工程，突出抓好实验室安全、检验质量安全、人的安全，持续开展好每季度的安全检查，促进抓好消防安全、危化品管理和重点部位管理。突出抓好疫情防控，及时跟进疫情防控政策措施，配备防疫物资，从严加强内部管控，妥善处置应急事件。

举办医疗器械法规与检验检测技术研讨会，围绕医疗器械法规概况、检验业务开展流程、电气安全等内容进行讲解；在微信公众号推送法律法规知识，科普购买医用制氧机的注意事项、隐形眼镜属于医疗器械等知识。开展法规宣传志愿服务，发放“家用医疗器械选对才能保健康”“走出用械误区”“家用轮椅挑选注意事项”等安全用械科普小册子，义务为社区居民开展电子血压计精准度检测。

以展现“全国文明单位”形象为内生动力，发挥党团工会作用，在全所大力加强器检文化建设，强化文化定位分析，凝练体现文化精髓、服务宗旨、愿景目标、管理理念的检验文化；开展规章制度制修订工作，梳理汇总包含行政管理、业务管理、人事管理、财务管理、设备管理等11大类的《制度制修订目录清单》，已新立、修订、试行各项制度34个。

## 党建工作

把学习好、宣传好、贯彻好党的二十大精神，作为当前和今后一个时期的重大政治任务抓实抓好。第一时间集中收看党的二十大开幕会，组织召开党委扩大会、党委理论学习中心组学习扩大会示范带动各支部、各科室、部门迅速兴起学习党的二十大精神热潮，切实把党中央对药品监管工作的新部署、新要求转化为保障公众用械安全、助力全省医疗器械产业高质量发展的智慧和力量。

# 浙江省食品药品检验研究院

## 概　况

2022 年，在浙江省药监局的正确领导下，在中检院的精心指导下，紧扣省药监局“干好三三六、奋进共富路”的总体思路，紧盯“保安全、促发展、争一流”三大目标，聚焦安全与发展、突出监管与创新，强化检验、提升能力、推进创新，以有力举措和实际成效服务全省食品药品安全和产业发展。全年共完成各类检验任务 24727 批次，其中国家和省级各类监督抽检专项检验 11442 批次，食品技术审查 548 家次，精准服务监管，助力产业发展。国家药典委员会委员 11 人（其中 2 人为执行委员），药品安全评价研究中心获国家 GLP 证书，药品国考 4 个品种分获全国第一、第二、第二、第四名，新增省科技进步奖 3 项，浙江省分析测试科学技术奖 2 项，浙江省药学会科技奖 2 项。

## 检验检测

药品：2022 年，共完成药品各类检验检测 14726 批次，其中国内药品 8109 批次，药包材 2206 批次，进口药材 4411 批（拣样）。其中国家级抽验 847 批次，省级抽验 2267 批次。

食品（保健食品）：2022 年，共完成食品各类检验检测 6333 批次，其中国家级抽验 747 批次，省级抽验 4413 批次。

化妆品：2022 年，共完成化妆品各类检验检测 3668 批次，其中国家级抽验 1024 批次，省级抽验 2310 批次。

## 能力建设

围绕保障公众用药安全的中心任务，2022 年首次采用告知承诺的方式获得 59 项新扩能力的资质，本年度新增省资质认定的食品、化妆品领域能力参数 305 项，新增 CNAS 的药品和生物制品领域能力参数 57 项，其中国外药典 26 项（111 个标准），全院能力总参数达 2502 项，更好满足安全监管和产业发展所需。参加国家药监局 6 项能力验证获满意结果，2 项能力通过 FAPAS、LGC 验证。承担国家级能力验证“LC – MS/MS 测定药品中 NDMA 含量能力验证计划”，从能力验证参与者转变为组织者。6 个疫苗品种和 1 个血液制品获得 CNAS 检验资质，狂犬疫苗批签发资质通过现场评审。

推进“2 + N”技术支撑协同机制试点工作。在玉环建立科创中心和专家工作站。首次开展了省级药品抽检专项督导，开展全省药品能力验证、药品科技成果拍卖活动、中药鉴定技能竞赛、食品检验检测技能竞赛、中药配方颗粒质量研究、省级药品质考、科研平台联建、共同申报食品药品领域研究课题等工作，省市县联动，有力提升全省系统技术支撑能力。

## 科研工作

4 个国家药监局重点实验室考核优秀，参与“复方鱼腥草合剂生产过程核心关键技术及产业化”获省科技进步奖二等奖，主持“抗生素中高风险杂质识别与控制关键技术创新及应用”和参与“蜂产品质量安全关键技术创新与应用”获省科技进步奖三等奖，主持“益生菌产品质量控制关键技术创新研究及应用”获浙江省分析测试科学技术奖一等奖，主持“食品中有机污染物和非法添加物的高通量非定向筛查与确证技术研究”获浙江省分析测试科学技术奖二等奖，参与“国家1类新药盐酸恩沙替尼开发研究、产业化及推广应用”获省药学会科技奖特等奖1项，制修订药品化妆品标准38项，完成135个中药配方颗粒质量标准审评，新增国家专利12项，1个国家自然青年科学基金项目立项，3个合作项目入选省科技厅“尖兵”“领雁”研发攻关计划。

## 重要活动、举措、成果

开展杭州亚运食品承检机构遴选工作，通过资料审核、盲样考核、专家评审等环节，共考核检验机构38家，制作2100份考核样品，为亚运保障做好技术准备。

《中国现代应用药学》期刊入选全国中文核心期刊、中国科技核心期刊，荣获浙江省精品科技期刊奖。首次入选国际知名数据荷兰Scopus数据库，向国际化传播迈出坚实一步。在《世界期刊影响力指数（WJCI）报告（2020科技版）》中位列全球“药学综合”类期刊第32名。举办第二届中国现代应用药学（杭州）峰会，打造高能级学术交流盛会。

持续深化“数字药检”建设。上线浙药检2.0，实现“全网智控、精准支撑，全程网办、一次不跑”，全年线上受理委托检验6531份，出具电子报告7337份。对准跑道、专班化运行，“中药数库”升级为“浙里中药”，上线一图识药249篇、科普文章46篇，点击量超13000次。以“智控一体化、数据集成化、质效最佳化”为需求的“防疫药械智控”暨LIMS2.0应用迭代升级完成。配合省市场监管局开展食品安全检测数字化实验室系统建设。

聚焦产业发展，打造科创平台。浙江省原料药安全研究中心设立质量安全评价、工艺技术创新、药物创新检测研究等3个子平台，从仿制药领域迈进了创新药领域，创新能力和服务能力实现跃升。成立“华东药用植物种资资源库磐安分库”“华东药用植物培育研发实验室（磐安）”，建设浙江省化妆品安全与功效评价中心和浙江省化妆品植物原料研究中心，成立浙江药品微生物风险控制和快速检测技术创新发展中心，丰富科创平台载体，助力产业高质量发展。“浙江省生物医药创新公共服务平台”项目一期主体结构顺利封顶，取得阶段性的成果。药品安全评价研究中心已顺利通过国家GLP现场认证并获得第一张GLP电子证书，为我省企业药物研究提供“家门口”服务。

始终坚持“人才兴院”发展战略，不断深化干部人才机制改革，加快平台、项目、人才联动机制，搭建创新团队、青年托举计划等人才培养平台。目前，拥有享受国务院特殊津贴1人，浙江省“万人计划”科技创新领军人才1人，国家药典委员会委员11人，国家实验室认可评审员2人，国家资质认定评审员2人，省资质认定评审员2人，国家药监局仿制药和疗效一致性评价专家委员会委员1人，中国药学会委员1人，浙江省药学会委员31人，以及各类其他评审专家82人。高级职称以上人员61人，占总人数的22%，中级职称以上人员142人，占总人数的50%。博士后工作站进站2人。

被浙江省药监局、浙江省科协认定为首批浙江省药品科普基地。“小依说药”和“小依话妆”栏目深入人心，今年上线122期，阅读量高达2900万，点赞54万余次。持续开展“科普宣传周”“安全用药月”“小小检验员”等线下活动，线上线下双融合，科普氛围浓厚。以“中药标本馆”为依托，打造沉浸式中药科普宣传教育基地，先后与社区和少年宫开展联建共建活动，参观人数约100人次，提升公众科学素养。

## 党建工作

政治建院，党建引领，深入学习贯彻党的二

十大精神、省委第十五次党代会和省第十五届委员会第二次全体会议。以“六大行动”推动党建与业务融合，引领食品药品检验研究在强监管、保安全、促发展、惠民生中发挥科学有力的技术支撑作用。开展“喜迎二十大、奋进新征程”和“青春遇见二十大”系列活动，“青年说·一起向未来”微党课比赛，“一支部一特色、一书记一项目、一党员一风采”优秀党建品牌评选，先进支部和党员宣传表彰等，全年院级层面组织集中学习10场，交流发言25人次，全面推进党的建设，做出具有食药检特色的基层党组织战斗堡垒。

## 安徽省食品药品检验研究院

### 概　况

刚刚过去的2022年是二十大召开之年，是十四五规划实施的第二年，也是安徽省食品药品检验研究院发展史上至关重要的一年。全院上下团结一心，紧紧围绕新冠疫情防控大局和检验工作中心，出色完成各类检验任务，党建、党风廉政建设和意识形态等工作扎实推进，检验检测能力建设、科研创新、业务水平等迈上新台阶，取得了有目共睹的成绩，为食品药品行政监管和产业发展提供了强大的技术支撑。

### 检验检测

2022年，安徽省食品药品检验研究院共签发各类检验报告20487批；其中食品11973批，药品4189批，化妆品998批，医疗器械2566批，药包材753批，洁净度测试8家次。食品抽样完成率达到100%。

2023年2月，安徽省药监局收到中检院感谢信，信中对安徽省食品药品检验研究院2022年保质保量完成新冠疫苗检验任务表示感谢。

### 科研工作

2022年3月21日，由安徽省食品药品检验研究院主持、学术带头人张亚中博士领衔，依托国家药监局中药质量与评价重点实验室的“安徽省中药质量标准体系的构建和应用”项目被授予2021年安徽省科技进步一等奖。由安徽中医药大学主持、安徽省食品药品检验研究院参与的“安徽药用菊花产业化技术体系构建与应用”项目被授予2021年安徽省科技进步二等奖，由安徽贝克联合制药有限公司主持、安徽省食品药品检验研究院参与的“艾滋病乙肝抗病毒重大药物替诺福韦原料药及系列制剂关键工艺开发”项目被授予2021年安徽省科技进步三等奖。

2022年4月，安徽省食品药品检验研究院获得国家药典委员会2022年药品标准提高项目任务4项：起草断血流、指导原则白芷中植物生长调节剂残留限量的风险评估研究；参与指导原则0931溶出度与释放度测定法扩散池法的建立、9103药物引湿性试验指导原则的修订和动态蒸气吸附法的建立。

2022年9月，获批主持2022年度安徽省药监局药品监管科技创新计划项目5项：①吸入液体制剂体外雾化特性药械一体化评价体系的构建与应用；②四价流感病毒裂解疫苗血凝素含量测定方法研究；③医疗器械用压敏胶的生物学危害及安全风险研究；④我国药品进口口岸建设现状研究及对我省增设药品进口口岸的启示；⑤基于多平台筛查的婴幼儿化妆品质量安全评价。

### 重要活动、举措、成果

2022年1月24日，国家药监局药品注册管理司王海南副司长一行来安徽省食品药品检验研究院调研，实地考察中药标本馆建设情况，并提出指导性意见和建议。

2022年8月31日，国家药监局党组成员、副局长赵军宁一行来安徽省食品药品检验研究院调研指导工作，参观了中药标本馆，实地调研了国家药监局中药质量研究与评价重点实验室并召开促进中药传承创新发展的调研座谈会。

# 江西省药品检验检测研究院

## 概　况

2022 年，江西省药品检验检测研究院（以下简称“江西省药检院”）紧紧围绕人民群众用药安全总目标，强力提升自身能力建设，走实科技兴检发展路径，统筹抓好各项事业协调发展，圆满完成了既定目标。被人社部、市场监管总局、国家药监局评为“全国药品监管系统先进集体”，国抽药品工作连续第 7 年获国家药监局通报表扬，作为第一完成单位主持完成的科研项目荣获省自然科学二等奖，大力推进生物制品批签发机构建设，连续第 13 年荣获省直文明单位称号。

## 检验检测

江西省药检院 2022 年共完成各类检品共计 7515 批次和 52342 项，其中，药品 5258 批次、药包材 532 批次、化妆品 1616 批次、食品（含保健食品）109 批次，完成各类现场环境净化监测 31 个检测单元。

## 科研工作

实现了省自然科学奖获奖等级和数量的新突破，作为第一完成单位主持完成的“八种资源植物中新颖萜类成分及其生物活性研究”项目荣获省自然科学二等奖。参与合作申报的“江西中药大品种参鹿补片关键技术与整体质量控制体系的建立及应用”和“四味珍层冰硼滴眼液的关键技术集成及应用”2 个项目均荣获省科学技术进步三等奖。

牵头及参与申报并获批省级重点研发“揭榜挂帅”项目各 1 项。其中牵头申报项目为江西省中药饮片炮制规范及我省道地药材饮片品质提升研究，项目资金 100 万；与华东交通大学联合申报项目为鲜竹沥传统炮炙工艺质量控制与生产装备关键技术研究，项目研发资金 600 万。获批 2022 年度江西省药监局科技项目 8 项。

全年江西省药检院共发表论文 60 篇，其中 SCI 1 篇、核心 21 篇、国家级 33 篇；授权专利 16 个，其中发明专利 9 个，实用新型专利 7 个；组织完成科技成果登记 5 项。

## 能力建设

大力推进生物制品批签发机构建设。2022 年，江西省药检院新建了生物制品批签发工作程序，修订程序文件 5 个，新增 SOP 61 个、记录表格 46 个，完成了相关检验人员的考核授权，完成了生物制品批签发 LIMS 系统、试验室和留样室改造，采购了 28 台仪器总价值 600 余万元。目前江西省药检院已通过相关资质认定和实验室认可，具备对本省生产的人血白蛋白等 8 个血液制品的全项检测能力，并已向上级部门申请开展血液制品批签发工作。

扎实组织参数扩项工作。顺利通过了江西省市场监管局的实验室资质认定扩项评审，共新增参数 50 项，其中生物制品参数 15 项、化妆品参数 35 项；完成资质认定标准变更 6 项。顺利通过了中国合格评定国家认可委员会的实验室认可扩项与复评审，共新增参数 49 项，其中药品参数 10 项、生物制品参数 25 项、化妆品参数 14 项，标准变更 613 项。

积极开展化妆品补充检验方法验证。作为首批化妆品补充检验方法验证单位，江西省药检院承担了 2 项化妆品补充检验方法验证工作，分别是国家药监局关于《化妆品中莫匹罗星等 5 种组分的检测方法》化妆品补充检验方法的公告（2022 年第 58 号）和上海市食品药品检验研究院委托的“化妆品中米诺地尔等 15 种原料的测定”补充检验方法的验证工作。

## 重要活动、举措、成果

国抽药品、化妆品工作再获国家药监局表扬。2022年，江西省药检院连续第7年在国家药品抽检工作中获得国家药监局通报表扬，被评为“检验管理工作表现突出的单位”和“质量分析工作表现突出的单位”。全年承担了4个国家药品抽检品种共633批次样品，其中不合格5批次，不合格率0.79%。向中检院累计上报重大质量风险问题3项、一般质量风险问题184项、质量标准问题15项和补充检验方法1项。承担的藿香正气制剂在国家药品抽检品种质量分析报告评议中获中成药组第1名。

江西省药检院国家化妆品监督抽检工作连续第2年获得国家药监局通报表扬。全年完成国家化妆品抽检10类产品共计650批次抽检及质量分析报告工作，其中不合格（含问题样品）29批次，不合格率为4.46%，涉及染发类、防晒类、洗发护发类和涂抹式面膜类产品。

江西省药检院根据上级部门工作安排开展应急检验。对万年县公安局扣押的百令胶囊等8批次涉案药品的真伪进行专门鉴定；对江西省人民医院某发生严重不良反应注射液开展检验；对九江市柴桑区公安局一批涉案物品是否含有利福平药物成分进行检测；配合江西省药品检查员中心对8批次他克莫司胶囊和3批次复方聚乙二醇电解质散进行全项目检验等。江西省药检院每次都在第一时间开辟绿色检验通道，组织技术骨干开展检验，最短时间内出具准确的报告书，为配合监管部门和公安等部门办案提供高效有力的技术支持。在新冠疫情政策优化调整以来，江西省药检院克服疫情冲击影响，奋力完成治疗新冠药物的注册应急检验，每批检验自受理到签发报告均在7日内完成，极大缩短了注册检验（样品检验）的检验时限。

完成7个国家药品标准提高品种和一个通用技术要求的研究起草工作；完成《中国药典》8个中药材品种的标准修订和江西道地药材栀子质量标准（草案）的研核。

# 江西省医疗器械检测中心

## 概　况

江西省医疗器械检测中心（以下简称“中心”）为隶属江西省药监局的全额拨款事业单位，宗旨和业务范围包括：开展医疗器械、食品检测、中西医药研究，促进食药事业发展。承担医疗器械审批和质量监督工作中的检查检测以及技术审评，医药研究、医药产品及食品质量检测等工作；指导全省医疗器械生产、经营、使用单位的质量检验技术。2022年，在省药监局党组的正确领导和关心支持下，中心初心不改、担当作为，聚焦主业、加油实干，顺利完成2022年度国家、省级医疗器械监督抽检任务及社会委托检验任务，全年出具检验报告5111份。

## 检验检测

2022年，中心承担国家级医疗器械监督抽样任务18个品种142批次，实际完成15个品种128批次；承担国家级医疗器械监督检验任务5个品种146批次，实际到样并完成5个品种90批次。2022年，参与的1个医疗器械抽检无源品种质量分析报告获评全国第一名，2个体外诊断试剂品种质量分析报告分别获评全国第二、第三名。

承担66个品种1600批次的省医疗器械监督抽检任务，其中监督抽检1220批次、380批次为风险监测（含大型设备50批，网络抽样200批，非法添加专项抽检品种共130批），实际完成1624批次，合格1511批次，合格率93.04%，抽检总量完成率101.5%。

承担完成地方各级监管部门委托监督抽检共计228批；承担完成医疗器械复检67批次；配

合公安机关案件办理及地方市场监管部门监管需要，完成5批次稽查执法检验和161批次应急检验工作。

完成受理295家企业1799批次医疗器械注册检验、185家企业772批次医疗器械委托检验以及85家企业202个检验单元洁净厂房环境检测业务。

2022年7月21日，国家认证认可监督管理委员会批准了GB 9706系列等12项（160参数）检验检测资质认定申请（文审）；11月10日国家认证认可监督管理委员会批准了我中心能力扩项申请（远程+现场）。2022年中心顺利通过国家CMA扩项资质认定，批准新增121个标准、1146项参数的检测资质，其中新版GB 9706系列标准新增47项。

### 能力建设

2022年，中心参加完成能力验证和实验室比对试验活动11项，均获得满意结果。其中，市场监管总局组织“医用防护服透湿量的测定”能力验证项目1项；中检院组织“医用外科口罩颗粒过滤效率（PFE）检测”“HPLC法测定何首乌中二苯乙烯苷的含量”“人血清中胱抑素C检测”“血清中尿素、尿酸和总蛋白检测”“血清生化指标检测能力验证”“乳粉中菌落总数计数”等能力验证项目6项；北京亚分科技组织“医用防护服阻燃性能的测定”“医用口罩细菌过滤效率检测”等能力验证项目2项；国家乳胶制品质量监督检验中心组织“2022年度一次性使用医用橡胶检查手套比对”能力验证项目1项；宁波海关技术中心组织“2022年毒理病理学检查”能力验证项目1项。

中心严格执行年度质量控制计划，采用“留样复测，人员及仪器比对、阳性对照品证实的方式对检测的结果进行了比对、分析”等形式，2022年完成了13个项目的检验结果质量控制活动，对所检测的结果进行了比对、分析，均为可信，准确度满意。

根据2020年5月29日发改投资〔2020〕826号《国家发展改革委关于医疗器械检测能力建设项目实施方案的复函》文件精神，中心的能力建设项目已正式获国家发改委、国家药监局立项批复，投资总额1.6885亿元。该项目主要包括建设生物学评价实验室（输注器具）、无源手术器械实验室以及康复辅助类医疗器械（EMC）实验室等3个专业方向检验检测实验室及采购258台/套配套仪器设备。截至2022年年底，中央预算内投资及地方投资均已100%落实到位；实验室改造均已全部完工；仪器设备已全部到货验收。下一步，将尽快启动项目专项审计，并提请省发改委组织项目验收，同步启动搬迁入驻事宜。

## 山东省食品药品检验研究院

### 概　况

山东省食品药品检验研究院（以下简称“山东院”）创建于1956年6月，是山东省药监局正处级直属事业单位，主要承担食品（包括保健食品）、药品、化妆品检验检测和技术研究等工作。现有职工324人，专业技术人员占比93.6%，博士、硕士占比59.3%。整个园区占地40亩，实验室面积达4.1万平方米，检验和科研仪器设备价值约3.6亿元。山东院是国家授权的药品口岸检验机构，国家药监局确认的食品、化妆品复检机构，国家药监局授权的血液制品批签发检验机构，国家药监局认证的药物GLP机构、国家总局粮食加工品、蜂产品和调味品抽检技术牵头机构，零缺陷通过国家药监局疫苗批签发现场评估，山东院主办的学术期刊《药学研究》被中国科学技术信息研究所收录为“中国科技核心期刊”，综合实力在全国同类机构中名列前茅。

山东院聚焦中心工作，紧扣发展大局，坚持以党建统领检验事业，承担的国家抽检工作连续多年受到国家药监局表彰，连续14年荣获“省级文明单位”荣誉称号，连续5年省属科研院所绩效考核优秀，获得“全国食品安全工作先进集体”荣誉称号，为保障广大人民群众饮食用药安全做出了突出贡献。

## 检验检测

全年完成检验检测34954批次。其中药品检验9931批次，含国家药品抽检253批次、省级药品抽检1388批次、疫苗应急检验412批次（含70批次批签发）、生物制品批签发428批次、注册检验3059批（含217批次进口注册检验）、委托检验4391批。完成食品检验21357批次，含国本级抽检959批次，省级抽检12957批次，委托7441批次。完成化妆品检验2605批次，含国家抽检720批次、国家风险监测任务250批次、省级抽检及风险监测1370批次、委托检验及注册备案检验265批次。完成保健食品检验1061批次，含国家抽检及专项任务46批次，省级抽检及转移地方任务825批次、委托检验190批次。

国家药品抽检工作再创佳绩。2022年承担的三个品种均入围评议会，其中人参健脾丸荣获中成药类第3名的好成绩，被评为“检验管理工作表现突出单位”和“质量分析工作表现突出的单位”。国家药监局连续7年对山东院工作高度认可和表彰。

完成药品标准提高起草品种13个、复核品种95个，补充检验方法起草3项、复核2项，全力打造高质量标准工作。完成《山东省中药配方颗粒标准（第一册）》《山东省医疗机构制剂》印刷，《山东省中药材标准》《山东省中药材饮片炮制规范》2022年版正在印刷。

完成食品安全国家标准食品中叶酸、色氨酸、过氧化值等标准的报批，其中叶酸标准已于6月份发布，另外两项标准预计年底发布。提交食品立项申请2022年度14项，2023年度12项，其中2022年获批2项标准。完成《酱腌菜生产加工规范》《山楂制品（蜜饯类）生产加工规范》等4项食品山东省地方标准的申报；修改《蔬菜干制品生产加工规范》《食盐生产加工规范》2项地方标准；组织、参与食品安全地方标准《食品小作坊生产加工卫生规范》专家研讨会，并根据相关专家意见修订标准内容，推动标准发布实施，为山东省首个食品安全地方标准。

主持立项化妆品《化妆品中二噁烷的测定》和补充检验方法《他克莫司和比美莫斯的测定》，参与起草《化妆品中美白剂的测定》等国家标准4项、补充检验方法2项，除上海之外，山东院为承担标准研究最多的省级检验机构。

## 能力建设

2022年申请检验检测机构资质认定扩项4次，增加了食品29个产品、9个产品中111个参数、85个方法及生活饮用水8个方法、化妆品6个参数资质。完成检验检测机构资质认定食品、保健食品标准变更3次。

2022年完成实验室认可复评审和实验室认可扩项2次，增加了药品2个参数，生物制品41个参数（方法），化妆品223个参数、药包材2个参数，食品7个参数及3个产品的认可能力范围；完成《美国药典》《日本药典》认可标准变更。

2022年1月，山东口岸药品检验增加中药材进口事项申请获国家药监局批复。2022年8月，提交了国家疫苗批签发机构资质授权申请。

山东院组织完成山东省第八届药品检验检测技能竞赛——液相色谱法测定化学药品含量操作技能竞赛活动。

组织完成了《化学药品中残留溶剂测定》《中药性状鉴别》两项全省药品生产企业检验能力评估工作。对400多家次企业检验能力进行评估考核，对其检验中存在的问题进行分析汇总，并结合评估情况开展了专项培训。

## 科研工作

科研平台管理方面。3 个国家药监局重点实验室顺利通过年度考核；组织召开“山东省国家药监局重点实验室联盟第一次理事会议”；获批省发改委“中药配方颗粒共性技术山东省工程研究中心”；组织申报国家工信部“第五批产业技术基础公共服务平台”、省大数据局“2022 年度山东省数据开放创新应用实验室”；参与申报“化妆品研发与功效评价山东省工程研究中心”；作为依托单位申报的“特色植物资源化妆品济南市工程研究中心”获 2022 年济南市工程研究中心拟认定名单公示；与山东明仁福瑞达制药公司联合建立并获批“济南市经皮给药系统重点实验室”和“济南市经皮给药系统工程技术研究中心”。

科研成果管理方面。省部级科技成果奖励数量取得新的突破：一是获省科技进步奖二等奖 3 项，为历年之最。二是山东省专利奖二等奖 1 项。三是获得各类社会力量奖 8 项，其中国家级社会力量奖 2 项，省级社会力量奖 6 项。

《药学研究》成功入选“中国科技核心期刊”。我院主办的学术期刊《药学研究》被中国科学技术信息研究所收录为“中国科技论文统计源期刊”，成为 2022 年度山东省唯一一家新增收录的期刊。

## 重要活动、举措、成果

组织召开首届科技创新与人才发展大会。制修订《科技成果转移转化暂行管理办法》《科研创新团队建设与管理办法（试行）》《部属重点实验室管理办法（试行）》《学术道德规范暂行管理办法》第 4 项制度，已建成相对完善的科研管理制度体系；发布 5 项激励科技创新与人才发展政策举措，推举 3 名首席专家、7 名突出贡献奖、17 名检验工匠奖，持续激发创新团队建设活力。

丙二醇等药用辅料质量风险排查。2022 年 10 月，WHO 发布医疗产品警报，印度部分药品二甘醇和乙二醇污染导致多国数十名儿童死亡。国家药监局和省药监局先后发文要求进行相关药用辅料质量风险排查工作。山东院接到任务后第一时间与中检院包材辅料所和化学所沟通，准备好相关的检验耗材及对照品，初步建立相关检测方法，按应急检验模式迅速开展工作，及时将数据上报省局。

哈根达斯农药残留事件。7 月份，在接到哈根达斯环氧乙烷舆情后，在前期积累的检测技术基础上，技术人员不到两小时便打通了技术路线，5 批次样品到达实验室后，检验人员无缝衔接，4 个小时按时报送了检验数据，相关检验数据为市场监管总局科学处置舆情提供了有力的技术支撑。第二天，市场监管总局抽检司对山东院在该次舆情应对工作中发挥的作用表示了充分的肯定，并给予了通报表扬。

# 山东省医疗器械和药品包装检验研究院

## 概　况

2022 年，山东省医疗器械和药品包装检验研究院（以下简称“山东省医械药包院”）坚持以习近平新时代中国特色社会主义思想为指导，认真贯彻学习党的二十大精神，深入践行“人民药监为人民”理念，聚焦主责主业，扎实履行监管技术支撑职能；创新服务举措，助推产业高质量发展；抢抓国家（山东）暨山东自贸试验区（济南）医疗器械创新和监管服务大平台建设机遇，补短板、强弱项、促提升，突出能力建设；以“忠诚、干净、担当”为标准，打造勇于拼搏奉献的高素质检验人才队伍，推动全面建设实现新跨越。

## 检验检测

2022 年，山东省医械药包院完成国家和省级医疗器械监督抽验 968 批，药包材抽验 201 批；高标准完成抽检产品的质量评估工作，为行政监管提供技术支撑和决策依据。完成全年检测任务近万批。

截至 2022 年底，完成实验室复（扩项）评审，增加 238 项检测能力，检测能力已达 1312 项。提前谋划、积极推进 GB 9706 换版工作，获批 42 项，能力资质走在全国前列，能力水平得到进一步提升。

积极参加国家药监局重点实验室联盟（山东省）建设，进一步拓展更多合作领域。与山东第一医科大学合作建成动物实验实践基地；完成博士后创新实践基地备案，吸引更多的高科技人才，有力助推我院科技成果转化为生产力。挂靠在山东省医械药包院的生物材料生物学评价分会在 2021 年度考核评估中被中国生物材料学会考核为“优秀”。

## 能力建设

2022 年度，针对疫情发展变化新形势新要求，山东省医械药包院发挥伟大抗疫精神，勇于担当作为，做好疫情防控产品的保质保供工作。聚焦医用防护口罩、核酸检测试剂、抗原检测试剂、采样机器人等防疫物资检验能力建设，迅速扩充生物安全实验室资质，以最快时间取得 GB/T 40966 等 5 项新冠检测试剂检验能力。对疫情防控急需的抗原检测试剂、新冠病毒核酸采样机器人立即开展应急检验，帮扶企业技术攻关、助推早日上市。圆满完成了疫情防控用咽拭子、抗原检测试剂、医用防护口罩、疫苗用药品包装等产品的应急检验、风险监测和监督抽验工作，最大限度保障人民群众安全用械需求，为顺利渡过疫情高峰，贡献了力量。

配合省药监局开展了贴敷类产品、彩色隐形眼镜产品等专项监督抽检；安排技术专家多频次参加省药监局组织的专家评审、专家授课、技术会商、飞行检查、风险监测、风险会商等活动，发挥技术特长，为医疗器械监管提供技术支撑和决策依据。

完善创新服务机制，扎实开展“我为群众办实事”活动，制定“三优三促”方案，多措并举提升服务水平；积极参加省药监局“安心工程在行动”党员志愿服务活动，把技术服务送到企业产品研发生产一线，实施精准帮扶，切实解决企业存在的堵点、痛点、难点，广受企业好评。经技术帮扶的多款创新型医疗器械产品获批上市。

为持续有力推动新版 GB 9706 系列标准的顺利实施，精准服务有源医疗器械生产企业，提升企业对新版 GB 9706 系列标准的理解能力和技术水平，山东省医械药包院多次举办了新版 GB 9706 系列标准培训会。

## 科研工作

共完成了 20 项国家/行业标准的制修订工作，成功举办全国医疗器械生物学评价标准化技术委员会（SAC/TC 248）、全国医用输液器具标准化技术委员会（SAC/TC 106）和全国医用卫生材料及敷料标准化归口单位领域的年会暨标准审定会。山东省医械药包院起草的第二个补充检验方法《贴敷类医疗器械中 17 种化学药物识别及含量测定补充检验方法》获国家药监局批准发布，填补此项领域内的技术空白，为监管提供强有力技术支撑。

山东省医械药包院主导的第一个国际标准 ISO 8536－15：2022（避光输液器具）获发布，填补了国际空白，极大提高了我国在此领域的国际影响力。克服疫情带来的不利因素，通过视频会议形式，积极参与 ISO/TC 194、ISO/TC 76、ISO/TC 84 等国际标准的制修订工作。

# 河南省药品医疗器械检验院

## 概　况

截至 2022 年 12 月 31 日，河南省药品医疗器械检验院（以下简称“河南省院”）共完成国家和省药品、医疗器械及化妆品检验 9828 批。发现不合格（问题）样品 294 批。

在 2022 年国家药品抽检工作中，通过研究共计上报中检院各类质量风险 44 项（其中发文专题报送质量风险 8 项，国家药监局全部采纳并部署相关省药监局组织企业排查整改），提出完善质量标准 12 项，建立 4 项药品补充检验方法和项目。同时，河南省院承担的磺胺嘧啶锌软膏等 4 个品种在全国 128 个品种中脱颖而出，全部入围国家药品抽检质量分析报告评议会，最终，复方氨基酸注射液、磺胺嘧啶锌软膏、更年宁 3 个品种质量分析报告总体评议 90 分以上，艾叶总体评议 88.7。在全国 50 家检测机构中，河南省院综合成绩排第 5 名，全部 6 个考评项目中 3 个考评项目获满分，其中“问题报送项目”为全国唯一一家考评满分单位。河南省院药品国抽“检验管理工作”“质量分析工作”表现突出，被国家药监局综合司发文通报表彰。

积极投入阿兹夫定检验研究和帮扶比对工作。完成河南真实生物科技有限公司、新乡常乐制药有限公司等 2 家生产企业共 78 批次的样品实验室数据比对工作，派员十余人 5 次近 30 天赴企业现场指导，全力确保阿兹夫定质量安全。河南省院与河南师范大学共建的“国家药监局创新药物研究与评价重点实验室”荣获科技部颁发的“全国科技系统抗击新冠肺炎疫情先进集体”荣誉称号。

## 检验检测

截至 12 月 31 日，共完成各类检验 9828 批，其中药品 3598 批，医疗器械 4719 批，化妆品 1380 批，药包材 17 批，净化检测 6 批，其他（实验用水监测）108 批。

口岸药品检验工作。一是获批进口药材检验资质。现已开展完成黄精等 3 批次进口药材抽检工作。二是口岸药品检验工作。完成依维莫司等 19 个品规 55 批次的进口药品注册复核检验工作。完成省跨境电商零售进口药品岭南正红花油等 4 批次样品抽检工作。

在抽检中发现异常、不合格及问题样品共计 294 批，其中在国家化妆品监督抽样工作中发现并报送异常情况 41 批；检验过程中发现不合格样品 253 批（其中药品 20 批、医疗器械 226 批、化妆品 7 批），发现问题样品 11 批。

抽调业务骨干近 30 人，调配专用车辆，克服疫情反复和人员隔离等风险，全年完成各类抽样 3374 批。

## 能力建设

能力验证结果满意获国家药监局通报表彰。2022 年，河南省院参加国家药监局、中检院、USP、LGC、省市场监管局等国内外能力验证 27 项，已反馈结果 27 项均满意。其中“NIFDC－PT－394 药品中残留溶剂检查能力验证”等多个能力验证项目结果满意，被国家药监局发文通报表彰。

GB 9706 系列标准扩项暨资质认定评审顺利通过。顺利通过市场监管总局组织的国家医疗器械检验检测机构资质认定复查换证暨 GB 9706 系列标准等扩项评审。获批包括 GB 9706.1 在内的医用电气、电磁兼容等 216 类产品。

## 科研工作

科研创新工作取得新成效。一是科研平台建设情况。年初，河南省院申报的“河南省化学药品质量评价与控制工程技术研究中心”顺利获批，现已拥有国家药监局重点实验室 5 个、省级工程技术研究中心 3 个。2022 年以来，5 个重点实验室均顺利通过国家药监局重点实验室年度考核，3 个工程技术研究中心按要求已上报了考核评价材料。二是承担或参与课题情况。承担或参与的“新型核苷化合物的合成及抗新冠病毒（SARS－CoV－2）的活性研究”“豫产道地中药材资源综合利用研究”等国家级、省级、地市厅级、院自主研发科研项目54项正在有序进行中，开展重点实验室开放课题立项9项。三是标准制修订工作。完成《河南省中药饮片炮制规范》(2022年版) 制修订及出版工作；有序推进新版《河南省中药材标准》制定工作。四是论文专利情况。全年在中国药学杂志、中国医疗器械杂志等国家级期刊发表论文45篇，申请发明专利7项，申请并获得新型实用专利17项。

### 重要活动、举措、成果

2022年5月27日，河南省院顺利完成揭牌。2022年4月3日，中共河南省委机构编制委员会办公室印发《关于河南省药品监督管理局所属事业单位重塑性改革有关机构编制事项的通知》(豫编办〔2022〕183号文)。将河南省食品药品检验所、河南省医疗器械检验所整合，组建河南省药品医疗器械检验院（河南省疫苗批签中心)。主要承担国家和全省药品、医疗器械、化妆品、保健食品、药用辅料、直接接触药品的包装材料及容器的注册检验、监督检验、委托检验及质量标准的技术复核、检验检测和科研任务，承担中华人民共和国河南口岸进口药品（药材）检验任务。2022年5月27日上午，河南省药监局举行河南省药品医疗器械检验院揭牌仪式，河南省市场监管局党组书记、局长宋殿宇为河南省药品医疗器械检验院揭牌。

2022年1月26日，国家药监局印发“国家药监局关于同意长沙航空口岸等七个药品进口口岸增加进口药材事项的批复（国药监药注函〔2022〕6号)”，同意郑州药品进口口岸药品监督管理部门及其对应的口岸药品检验机构增加中药材进口事项的申请，原河南省食品药品检验所获批郑州药品进口口岸进口药材检验资质。

首次开展河南省跨境电子商务零售进口药品检验工作。2022年4月2日，随着原河南省食品药品检验所对河南省中大门医药科技服务有限公司中大门店申报的河南省跨境电子商务零售进口首营药品岭南正红花油抽样工作的开展，标志着河南省跨境电子商务零售进口药品试点首营药品抽检工作顺利迈出第一步。2022年全年共计完成省跨境电商零售进口药品岭南正红花油等4批次样品抽检工作。

GB 9706系列标准扩项暨资质认定评审顺利通过。12月8日，国家市场监管总局颁发了《河南省药品医疗器械检验院医疗器械检验检测机构资质认定证书》(编号：220015343917)，获批包括《医用电气设备　第1部分：基本安全和基本性能的通用要求》(GB 9706.1) 在内的医用电气产品、电磁兼容产品、诊断试剂产品、生物安全柜等医院洁净防护设施设备等216类产品。

## 湖北省医疗器械质量监督检验研究院

### 概　况

湖北省医疗器械质量监督检验研究院（以下简称“湖北器械院”）以“人才兴院、科技强院、数智建院、质量立院”为战略目标，不断提升检验检测能力、技术能力和服务水平，增强项、补短板、守底线、促发展。

湖北器械院“医疗器械检验检测能力提升项目”2022年正式投入使用。新扩建实验室面积5436平方米，新增设备712台套，新增X射线/CT防护机房、MR磁共振防护机房、全消声实验室、机械环境试验室、气候环境试验室、淋水试验室、体外诊断试剂（精准医疗）实验室、10米法/3米法/1米法电波暗室及电磁屏蔽室、OTA微波暗室、混响室和人工智能超级计算平台，标志着医疗器械检验能力、科研能力、服务监管和产业发展能力大幅提升、全面升级。

### 检验检测

2022年，完成医用超声设备、无源、体外诊断试剂等6个品种的国家监督抽检任务，以及新型冠状病毒抗原检测试剂的国家专项抽检任务。参与制定省本级医疗器械抽检计划，自主研发省级监督抽检系统和APP，用信息化手段全面提升了省级监督抽检工作效能。

疫情防控期间持续开通医疗器械防疫物品检验绿色通道，以“全程不见面”的方式开展应急业务受理，全年完成防疫物品检验719批次，为湖北省医用防疫物资促产保供发挥了技术支撑作用。

全年服务医疗器械生产企业415家，共完成各类检验检测任务3275批次，同比2021年增加11.8%。开展46次“技术预咨询”开放日活动和71项送检技术资料“预审查服务”，为70家医疗器械生产企业提供了233次技术服务解决了约500个技术问题，同比2021年技术服务增长128.4%。针对GB 9706系列标准、不合格整改、品种质量风险等内容，举办了4次大型免费公益培训和专题培训，累计近500家企业千余人参加，有效帮助企业提高检验一次性通过率，同比2021年一次性通过率增长了3.5%。为国家药监局、省药监局各类技术审评和现场检查提供技术专家51人次，为政府决策提供了有力的技术支持。

## 标准化工作

承担全国医用电器标准化技术委员会医用超声设备分技术委员会（SAC/TC 10/SC2）秘书处工作，构建了我国医用超声设备标准体系。先后牵头制定的医用超声设备国家标准和行业标准71项，有31项在国家、省、市级标准研制项目中获奖。承担IEC/CISPR国际标准CISPR37的起草工作，在电磁兼容标准化领域具有较高的国际影响力和知名度。2022年，新增了国家医疗器械标准化及分类技术委员会委员6人，现有全国医用电器、声学、光学和光子学、无线电干扰、电磁兼容、医用输液器具、计划生育器械、橡胶和橡胶制品、医疗器械质量管理和通用要求等27个专业领域标准化技术委员会委员15人，IEC注册专家3人。

2022年，超声分技委完成《彩色超声影像设备通用技术要求》《眼科B型超声诊断仪通用技术条件》《超声造影成像性能试验方法》3项行业标准的制修订工作；参与指导《远程超声诊断信息系统技术规范》和《掌上超声诊断设备》2个团体标准立项与编写工作。

## 科研工作

依托国家药监局超声手术设备质量评价与研究重点实验室、华科、武大两个医疗器械监管科学研究基地、超声医疗国家工程研究中心武汉分中心、人工智能医疗器械超级计算平台，扎实推进“1+2+1+1”平台建设。成功搭建2个试验平台——外科手术系统测试专用测试平台和宽频域平台、高场强试验研究的复杂电磁环境电磁兼容性试验平台，可开展声能量、声辐射、材料生物学评价等检测方法和宽频域、多频谱、高场强等试验研究，构建“检测-科研-标准-应用”四位一体相促相融的学科能力建设体系。

2022年，湖北器械院获批国家级、省部级、市局级科研项目立项16项。国家药监局发布湖北器械院重点实验室工作简讯9篇，简讯作为模板在国家重点实验室中予以推广，重点实验室年度考核结果连续两年均为优秀。

## 重要活动、举措、成果

湖北器械院成功搭建了全国首家人工智能超算平台，自2022年投入运行以来，广泛与省内外企业、高校开展人工智能平台建设、检验检测、标准研制等技术沟通，已提供超过12万小时（以单GPU计算）AI公共算力，为近20个人工智能创新项目提供支持，开发人工智能医疗器械算法验证新工具2项，开展人工智能医疗器械数据集建设、数据标注、面部动态信息脱敏、产品质量评价方法等标准的研究工作。与武汉中科医疗科技工业技术研究院共建省级“人工智能医疗器械研检一体化中试平台”。湖北器械院的超算平台成功入选国家药监局2022年药品智慧监管典型案例。

2022年4月，受国家卫生健康委能力建设和继续教育中心委托，湖北器械院承担“4G/5G掌上超声乡村医生培训项目合作伙伴遴选”掌上超声诊断设备临床使用性能评估工作，14家国内外掌超产品齐聚一堂，湖北器械院对其设备的硬件性能进行检查，为国家乡村振兴战略决策部署提供技术支撑。

# 广东省药品检验所

## 概　况

2022年是广东省药品检验所（以下简称“广东所”）发展历程中具有里程碑意义的一年，广东所高举综合改革旗帜，全面推动综合改革向纵深发展，为营造促进医药产业高质量发展的良好生态贡献了药检力量；率先在全国省级药检机构实现辖区企业生产疫苗品种批签发能力全覆盖，成为全国首个同时承担两种技术路线新冠疫苗批签发检验的省级药检机构；迎来了建所六十周年，结合学习贯彻党的二十大精神、推动党史学习教育常态化长效化与建所六十周年主题系列活动有机融合，系统总结建所经验、弘扬药检光荣传统，极大鼓舞了全所员工的斗志、凝聚了启航新征程的强大合力；围绕“保安全、促发展”的工作主线，持续加强能力建设，全力做好技术支撑，高质量服务产业发展，各项工作取得新成绩。

## 检验检测

2022年，广东所主动应对新冠病毒感染疫情跌宕反复的影响，加强统筹衔接，上下一心确保各项检验工作不停步、不断档，推动检验业务实现逆势上涨。全年完成检品21403批件，同比增长6.74%；检品提速率22.65%，同比提高0.82%。检验收入1.11亿元，同比增长6.32%。承担5个品种的国家药品抽检任务，共完成抽样878批次，国抽检验597批次；建立龙泽熊胆胶囊探索性研究方法15项，上报重大质量风险问题2个，在国家药品抽检品种质量分析报告现场评议中获得优异成绩。承担国家抽样400批次，国抽检验817批次；省级抽样210批次，省抽检验任务1000批次，完成监督抽检992批次；省化妆品风险监测抽检407批次。

## 科研工作

2022年，在国家药典委员会的技术支持下，广东省药监局依托广东所设立了粤港澳大湾区药典委员工作站，组织召开2次在粤药典委员座谈会，举办首场药典委员学术报告会，推动省药监局科技创新项目设置药典委员科研专项，为在粤药典委员发挥智库作用搭建起服务平台；获得人社部和全国博士后管委会批准设立博士后科研工作站；持续加强重点科研平台建设，开启校所合作新模式，与暨南大学药学院签订“科技战略合作框架协议”。全年组织申报科研项目134项，立项76项，获资助经费662.6万元；申请专利13项，获专利授权8项，发表科研论文58篇。

## 重要活动、举措、成果

广东所坚决贯彻国家药监局和省药监局工作部署，高效保障药品安全专项整治行动，充分发挥全省药检系统龙头作用，按照全省“一盘棋”与各地市药检机构协调联动，通过搭建全省药品安全专项整治业务交流机制，牵头建立涉案检验“绿色通道”工作程序，线上实时指导各地市药检机构解决涉案检验技术问题，公开共享标准目录数据库，建立公检法客户回访制度等措施，有效解决影响案件查办进度的技术认定问题，提升了专项整治案件查办质量和效率，有力打击和震慑涉药违法犯罪行为。参与查处广州赛因化妆品有限公司违法生产化妆品案等国家药监局重点案件，得到国家药监局通报表扬。

参与药品质量标准研究一直是广东所重点工作之一，2022 年承担国家药品标准起草任务 13 项，自主完成率为 100%。目前广东所在任药典委员共 7 人，在药典委员等专家的带领下，依托国家药监局重点实验室等平台，积极参与国际新技术合作项目、药典标准国际协调和中药材国际标准制定工作，如中美药典定量核磁工作计划子项目取得阶段性成果，起草的《中国药典药用辅料标准与 ICHQ3C 协调方案》《国际化道地药材广陈皮》已公开征集意见，制定的《化妆品中四氢咪唑啉等 5 种组分的测定》补充检验方法通过国家药监局正式发布，适用于化妆品中萘甲唑啉等 5 种咪唑啉类物质组分的测定，填补了化妆品中咪唑啉类物质检验方法的空白。

2022 年，广东所举办广东省生物医药质量控制创新系列首场沙龙活动——“抗体类药物关键工艺及质量控制沙龙”，与生物医药企业面对面交流，主动了解产业发展趋势；创新“三重”服务新机制积极助力产业高质量发展，对重点服务对象建立检验服务绿色通道机制，通过优先审核、加快受理、快速检验等方式，支持产业发展。助力珠海市丽珠单抗生物技术有限公司“重组新型冠状病毒融合蛋白疫苗（CHO 细胞）”获得授权紧急使用和上市，完成广州百济神州生物制药有限公司“替雷利珠单抗注射液”品种的质量检测；辅导广州一品红药业股份有限公司承担的国家药典委员会标准提高品种“乙酰吉他霉素干混悬剂”等标准提升等。

广东所深入推进实验室体系文件全省一体化建设，逐步建立了涵盖试点筛选、系统培训、组织实施、运行评估、宣传推广等全流程的一体化项目管理模式；开设“广东药检大讲堂”，助力全省药检一体化建设，现已初步形成品牌效应；构建全省系统科普和宣传联动一体化，与地市药检机构共享科普资源，加强宣传各地工作成果，形成宣传合力，共树广东药检先锋形象。在广东省药监局工会指导下，组织发起第一届全省药检系统药品检验（中药材鉴定）技术技能竞赛，初赛阶段各地参赛踊跃，社会反响良好。

# 广东省医疗器械质量监督检验所

## 概　况

2022 年，广东省医疗器械质量监督检验所（以下简称“广东医械所”）根据广东省委、省政府统一部署以及广东省市场监督管理局和广东省药品监督管理局工作要求，以习近平新时代中国特色社会主义思想为指导，坚决贯彻“四个最严”要求，认真落实国家药监局关于医疗器械安全监管的决策部署和要求，紧扣省药监局“建立药品安全和产业高质量发展两个示范区”的工作目标，高效统筹发展和安全，攻坚克难、砥砺前行，在多变环境中保持各项工作稳中有进、稳中提质。

## 检验检测

广东医械所以优化服务为重点，持续提升检验业务。一是提速增效。制定了包括《关于优化医疗器械检验检测的若干举措》《便民惠企“五承诺、一监督”举措》等在内的一系列措施，通过公示注册检验业务检验周期、优化工作措施等，不断提升检验工作流程和服务质量，以高效服务推动产业高质量发展。通过努力，注册检验平均用时 48 个工作日，同比提速 38%，实现注册检验任务连续 9 个月“零超期”。全年共受理检验任务 16415 宗，完成检验报告 17770 宗，同比增长 3.0%。二是建立检验“绿色通道”，履诺优检“十二项”举措。一年来，广东医械所持续落实“绿色通道”机制，针对“创新”“优先”

“注册人”“应急审批”“三重”等任务安排专人专班受理、专人跟进，优先协调解决送检过程存在的问题。在检验条件许可的前提下，提效增速40%。全年受理绿色通道送检任务40宗，完成检验任务22宗，在检任务18宗，同比增长14%。

以服务监管为主线，持续强化技术支撑。一是积极承担各级医疗器械监督检验任务。一年来，完成国家、广东省、广州市监督抽检任务共2050批次。其中，完成省抽任务1544批次。二是做好疫情防控专项抽检。专门针对疫情防控和集中带量采购中选医疗器械，开展了包括防疫器械、新冠病毒检测试剂、一次性防护服、医用防护口罩、治疗呼吸机（生命支持）等专项监督抽检，有效服务疫情防控大局。三是做好医疗器械应急事件处置。一年来，共协助省药监局收检应急抽检任务样品57批次，涉及案件办理6批、产品质量控制（防疫物资仓库抽检）4批、不良事件跟踪抽检1批、举报投诉6批、疑似不良事件40批，比去年同期增长了近3倍，为监督执法提供了强有力的技术支撑。四是做好抽检产品风险评估和质量分析。其中，牵头组织的牙科种植机及小型蒸汽灭菌器项目在中检院组织的质量分析报告评议中分别取得第二、第五名的好成绩。按季度向广东省药监局报送医疗器械风险评价报告，为科学监管提供决策参考。

## 能力建设

以标准建设为依托，持续提升技术地位。一是成功申报医疗器械可靠性和维修性标准化技术归口单位，使归口管理的全国医疗器械标准化技术组织数量由3个增加到4个，进一步提升在全国医疗器械标准制定方面的技术能力和话语权。二是认真做好国行标制修订工作。2022年，完成制修订医疗器械标准报14项（国家标准4项，行业标准10项），同时申报医疗器械标准立项36项（国家标准20项，行业标准16项），申报并获批的立项标准同比2021年增长157%。其中，消毒技术标准立项数增幅250%，体循增幅25%，齿科增幅150%。三是大力开展技术标准宣贯培训。为配合新版GB 9706系列标准实施，帮助企业提前做好新旧标准转换的准备，共举办新版GB 9706系列标准宣贯培训6次，参训企业超过2000家。吴少海、张晓康等技术人员入选国家药监局标管中心新版GB 9706系列标准培训讲师推荐名单，成为GB 9706系列标准权威讲解专家。

以数字检验为支撑，持续加强能力建设。一是继续提高承检能力。2022年，通过现场+远程评审的方式，通过CNAS和国家资质认定“二合一”、国家CMA扩项评审，共新增187份标准、2278项参数的检验技术能力。其中，专门针对新版GB 9706系列标准，通过国家CMA扩项评审，共新增78份标准、976项参数的检验技术能力，为新版系列标准实施做好了技术准备。二是建成医疗器械标准电子库和实现注册用检验报告电子化。电子标准库涵盖医疗器械标准2000余份，实现了医疗器械标准无纸化管理流程，实时查新和及时更新受控电子标准，有效提高了检验检测工作中查阅使用标准的效率；注册用检验报告电子化实现了与省药监局智慧药监系统实时推送检验报告的数据对接。全年共推送注册用电子化检验报告6242份，有效提高了医疗器械注册检验的工作效率。三是正式启动“数字医械所”建设。完成“数字医械所”立项、公开招投标，建立项目实施专班，研讨需求方案，搭建实验室管理、协同办公、系统集成、项目监理平台，不断加快项目推进。到2022年底，已顺利完成了项目启动、需求调研分析和系统设计三个里程碑目标。

## 科研工作

以科研创新为驱动，持续提升科研实力。一是建成博士工作站。以体外循环国家重点实验室为依托，获得了博士工作站资格。二是科研成果丰硕。一年来，科研项目获批立项 6 项；国家科技部课题结题验收 1 项，广东省科技厅课题结题验收 3 项，广州市科技局课题结题验收 2 项；荣获广东省技术发明奖一等奖 1 项；发表论文 45 篇，出版专著 1 部；授权发明专利 5 项，实用新型专利 9 项。三是重点实验室工作取得实质性突破。一年来，国家药监局体外循环器械重点实验室深化包括 ECMO 系统相关产品在内的医用体外循环设备及耗材标准研究，破解技术难题，以《高分子生物活性可控接枝技术及其在血液净化中的应用》成果获广东省技术发明奖一等奖。标准研究助力国产 ECMO 研发取得明显成效，技术支持的深圳汉诺医疗科技有限公司成功研发我国首台国产体外膜肺氧合治疗（ECMO）产品，已经国家药监局应急批准上市。

### 党建工作

一是不断加强组织建设。顺利完成党委换届选举，落实全面从严治党主体责任。继续落实加强基层党建三年行动计划，推进五学联动学党史，巩固拓展党史学习教育成果，持续深化模范机关建设。全年组织召开党委会 49 次、支部党员大会 153 次，支委会 180 次，主题党日 255 次，党课 71 次。二是组织开展专题学习。严格落实"第一议题"制度，所党委全年共完成 118 个专题学习。严格落实"三会一课"制度，组织党委中心组学习 4 次、党员干部学习 694 场次，学习习近平总书记系列重要讲话指示批示精神和党的二十大会议精神等，持续用新思想来解放思想和统一思想。三是开展帮扶基层企业活动。选派党员驻村扶贫，开展企业开放日、公益网课等"我为群众办实事"实践活动，举办企业咨询开放日共计 12 场次（线上 + 线下），企业参加人员 4.5 万人次。推动队伍联育、实事联办、联建实效等党支部联建帮扶基层企业活动，共计帮扶服务企业 18 家。四是坚持党管干部队伍。提拔任用、职务晋级参公人员 19 人，招聘合同制人员 25 人，专业技术职称评审晋级 61 人。其中，高级职称 11 人、中级 17 人、初级 8 人。

## 广西壮族自治区食品药品检验所

### 概 况

2022 年，广西壮族自治区食品药品检验所把全面加强药品检验能力建设工作放到立足新发展阶段、贯彻新发展理念、构建新发展格局的大局中来考虑，国家药品监督抽检表现优异荣获国家药监局 2 项表彰，这是本所连续 4 年荣获此殊荣；4 个省部级科技重大项目获立项，2 个省部级科研平台获准组建，5 个团体标准获颁布实施，9 项专利（软著）获得授权；国家药监局中药材质量监测与评价重点实验室首次顺利通过年度考核；在化妆品大案查办、监督抽检、联合行动中表现优异，分别荣获国家药监局、广西壮族自治区药监局表彰；1 人获聘第十二届国家药典委员会中成药专业委员。

### 检验检测

全年完成 7367 批次检验任务，同比增长 5.25%。其中，药品国抽完成 571 批次抽样和 215 批次检验任务；化妆品国抽完成 753 批次抽检任务，任务完成率 100%，抽样量位居全国第 6 名。在完成国抽任务的同时，承担区抽的抽样、检验、探索性研究工作，完成药品区抽 1058 批次，化妆品区抽 450 批次。完成进口药材检验 458 批次。

搭建中成药/保健食品中化学药物非法添加技术平台，可快速检测降血糖、降压、减肥、抗风湿、补肾壮阳等非法添加化学药物 2375 种，在 2022 年药品安全整治行动中，该平台对 89 批样品开展应急检验，检出非法添加物质 57 批次，占比 64.04%。在 2022 年全区药品抽检工作中表现突出，荣获广西壮族自治区药监局表彰为抽检完成情况综合考评成绩突出单位，荣获广西壮族自治区药监局表彰为抽检靶向命中率和数据上传质量成绩突出单位。

组建化妆品高风险物质筛查鉴定平台，可同时快速检测激素、抗感染药、抗组胺药等中非法添加化学药物137种，在化妆品“线上净网线下清源”及儿童化妆品专项整治行动中，利用该平台对8批次儿童化妆品进行应急检验时，发现2批次检出禁用成分，问题发现率25%，有效发挥了技术支撑的“前哨”作用。在“3·10”广西贺州生产销售假冒化妆品案件中提供专业技术服务荣获国家药监局表彰，在化妆品监督抽检任务中荣获广西壮族自治区药监局表彰为“监检联动－联合执法”表现优秀单位，荣获广西壮族自治区药监局表彰为2022年全区药品安全专项整治行动工作中化妆品工作突出单位。

对标生物医药行业高质量发展和B级实验室建设标准，在2022年开展的检验检测机构资质认定技术评审中，玉林实验室、生物制品实验室首次参加能力扩项，合计扩项59项，其中生物制品检验能力53项，填补广西血液制品检测能力的空白，为下一步申请生物制品批签发资质打下基础。

## 科研工作

为推动广西特色民族药的研发生产，打造品牌产品，与广西龙头化学药、中药企业联合申报的青蒿素及小分子化药创新联合体、中药民族药研究开发及智能制造产业化创新联合体两个平台成功组建，目前本所共有7个省部级科研创新平台，支撑起了科研、人才及对外交流等方面的全方位发展。

## 重要活动、举措、成果

在开展国家药品监督抽验中，承担的“口服五维赖氨酸葡萄糖”从全国282个品种中突围，成为入选质量分析报告现场评议的62个品种之一，并荣获国家药监局检验管理工作表现突出单位、质量分析工作表现突出单位两项表彰。

国家药监局中药材质量监测与评价重点实验室首次顺利通过年度考核，研究制定检验检测方法、国家质量标准、团体标准、地方标准109项。面向社会公开征集开放性课题8项，开展大宗进口药材等级质量标准研究，申报2项补充检验方法。积极参与国家药监局注册司“特色民族药材检验方法的示范性研究”项目，开展鸡骨草、横经席、地桃花等道地药材的质量标准研究，为加快广西中药产业现代化、产业化发展提供技术支持。以DNA检测技术为核心，完成3个广西民族药材的DNA分子鉴定研究，以解决中药材及饮片的鉴别问题，为中检院建立中药材数据库提供广西样本。完成70种广西特色中药材数字化标本研究，助力建设国家中药标本数字化平台，为生产、质量控制、标准制定、科学研究、教育科普等提供实物和信息支撑。

完成新版《广西中药饮片炮制规范》研究，新《规范》共计划收载广西常用地方特色中药饮片品种169个，是对《中国药典》2020年版的重要补充。本版炮制规范保留了蒸制、米泔水制等岭南地区传统中药饮片炮制方法，重点推荐玉叶金花、保暖风等广西民间应用广泛的品种，加入广西养殖优势产品眼镜蛇、滑鼠蛇等动物药15个品种，体现了广西应用中药饮片的特色。

为降低疫情对医药产业发展的影响，从优化营商环境抓起，利用现场抽样的有利时机主动向企业宣传药品、化妆品、进口药材等政策法规知识，提振企业信心，进一步提高政策知晓度。优化检验流程，进口药材检验时限提升至最快2个工作日以内，加速企业资金回笼约1亿元。开通绿色检验通道，承担12个品种仿制药一致性评价研究工作，检验时限缩短33%以上。提供技术咨询约300余人次，以实实在在的举措纾困解难，为企业发展“输血补气”。

面对企业对技术的强烈需求，搭建技术服务平台，为企业解决药材农药残留、产品微生物限度、质量标准提高、工艺变更等多个技术难题。全年为43家医药企业提供技术咨询服务，87项技术咨询、方法研究等成果成功在广西技术市场登记，产值389万元，比2021年的197万元增长97.46%，促进科技成果转化和企业高质量发展。

针对基层药品化妆品监管能力较弱的问题，按照“强基础、补短板、破瓶颈、促提升”的要求，积极与广西各市市场监管局联合开展监检联合行动，组织专家进企业、到车间、入经营场所，开展形式多样的技术指导。2022年6月20日至24日，派出专家深入广西玉林市7个县（市、区）和8个乡镇，将带教前置到最迫切需要技术指导的乡镇基层队伍中，面对面、手把手教学。在为期一周的现场带教中，共计靶向性抽检化妆品53批次，检查化妆品经营使用单位60家，发现违法线索19条。玉林市市场监管局出动执法人员55人次，现场立案7起。

2022年4月，广西壮族自治区食品药品检验所成功入选国家药监局药品法治宣传教育基地培育单位。一年来，立足药检职能和广西实际，打造“民族团结号-药品法治宣传”专列，建设中药民族药标本馆、“药·妆智慧体验馆”、药品法治宣传长廊等主阵地，融合进社区、进企业、进乡村、进校园、进机关的“五进”模式，开展弘扬中药文化研学活动、“送政策、送技术、送服务”进企业、宪法和民法典知识讲座等系列活动，制作“广西小药王讲法治故事”“小蒋说妆”等普法短视频，荣获广西壮族自治区药监局表彰为2022年“全国安全用药月”广西宣传活动优秀组织单位奖，进一步深化药品监管普法和依法治理工作，积极打造药品安全共建、共治、共享新格局。

### 党建工作

确立党建引领药检事业创新发展的工作方针，由7个党支部把党建的“红色引擎”延伸到服务监管、服务企业一线，以联合开展党建活动的模式深入10家企业调研，实现党建与业务工作同频共振。

依托智慧云屏、微信公众号、电视等多媒体平台，利用业务大厅、办公楼电梯间、职工食堂等人流量较大的地点投放宣传口号、警示教育视频、先进典型人物事迹等内容，多形式开展党史教育、廉政教育、爱国主义教育等，打卡《红色传奇》沉浸式体验中心、“家和万事兴—广西家庭家教家风主题展”、乡村振兴点等红色教育基地，为党风廉政建设深入开展提供积极的文化支撑。

全面落实“疫情要防住、经济要稳住、发展要安全”的要求，对照问题清单的六大方面16个问题进行认真自查，列出政治思想、理论武装、担当落实、服务惠民、调查研究、作风纪律等六个方面14个问题，并针对问题制定21条整改措施，将力戒形式主义和推动“三要”工作落实到位。

## 海南省药品检验所

### 概　况

2022年，海南省药品检验所共完成药品、化妆品、医疗器械等各类检品3686批。全年完成3个品种的药品探索性研究工作，完成6个品种的国家药品标准复核、37项进口药品标准复核任务。承担完成化妆品风险监测检验和分析任务。开展“能力提升建设年”活动，通过国家检验检测机构资质认定新型冠状病毒抗原检测试剂盒检验检测能力扩项评审。认真贯彻落实新冠疫情防控工作部署，积极组织干部职工赴抗疫一线。按时完成列入省药监局的15项重点工作、国家药监局考核事项和省药品安全及促进高质量发展三年行动计划事项年度任务。

## 检验检测

2022年完成检品3686批，其中药品2630批、化妆品892批、医疗器械与包装材料164批。完成国家药品计划抽检415批、国家化妆品监督抽检553批、国家医疗器械抽检15批。完成省计划药品抽检888批、化妆品抽检150批、医疗器械抽检41批。完成国家和省疫情防控专项抽检37批。药品注册检验受理1220批、完成900批（国内789批，进口111批）。完成180个抽样单位的进口药品口岸检验工作。

## 科研工作

完成6个品种的国家药品标准复核、37项进口药品标准复核、9个品种的地方药材标准复核等工作。按时完成中检院下达的特色民族药材牛耳枫检验方法的专属性研究课题。完成3个品种（法罗培南钠颗粒/胶囊/片、吉非替尼片、消炎利胆片）的探索性研究任务，经同行评议，法罗培南制剂和消炎利胆片质量分析报告获评优秀。作为中检院指定承担国抽化妆品质量分析报告的10家机构之一，按时完成2022年度婴幼儿护肤类质量分析报告。

## 能力建设

按省药监局部署制定了能力建设工作方案，开展“能力提升建设年”活动。在挂职干部许明哲博士带领下参与WHO良好实验室操作规范修订课题。举办1期药检业务培训、2期药品检验沟通交流会。开展药品检验理论知识练兵，通过线上线下等方式对系统内94名专技和管理人员进行药检理论知识培训与考核。开展药检系统实验操作比武，以能力验证方式设置两个项目，组织24名技术人员参加操作技能比武。与海南大学药学院签订“实践教学与实习实训基地合作共建”协议，成为海南大学药学院“实践教学基地”和“实习实训基地”。通过国家检验检测机构资质认定（医疗器械）新型冠状病毒抗原检测试剂盒检验检测能力扩项评审，为我省新冠抗原检测试剂批量上市提供了质量保障。通过省级检验检测机构资质认定药品（生物制品）、化妆品检验检测能力扩项评审，共扩项药品（生物制品）3个参数/5个标准方法、化妆品6个参数/20个组分。参加27项能力验证与实验室比对（国际能力验证5项），收到结果均为满意。

# 四川省药品检验研究院

## 概　况

四川省药品检验研究院（四川省医疗器械检测中心）依法承担药品、医疗器械、化妆品、直接接触药品的包装材料和容器、药用辅料等检验检测、科技研究、技术服务、技术培训及生产环境卫生评价等工作。获得省级资质认定（省级CMA）项目和参数1388项，国家级资质认定（国家级CMA）项目和参数4080项，实验室认可（CNAS）项目和参数5761项。

## 检验检测

牢牢把握检验质量“生命线”，2022年完成各级各类抽样4782批、检验17299批，2个国家药品评价性抽检品种质量分析报告获同类第1、第5成绩，评为抽样工作表现突出单位、检验管理工作表现突出单位、质量分析工作表现突出单位，荣获药品检验机构表扬大满贯，已连续14年获得国家药监局优秀表彰。建立全省药检机构药品质量风险研判会商机制，上报风险信息18项，推进监测技术检定平台建设，增强风险识别、风险评估和风险处置能力，实现药品质量安全风险研判规范化、常态化。

高效完成疫情防控用药械检验工作，及时开通新冠防控药械保供应急检验绿色通道，全力支持防疫药械保供应、保质量双目标。2022年，圆满完成世界卫生组织（WHO）对我国疫苗国家监管体系（NRA）评估任务，作为我国向WHO申请NRA国家控制实验室（NCL）的3个省级机构（北京、上海、四川）之一，顺利通过LT（实验室检验）和LR（批签发）两个板块的评估，为国产疫苗助力全球抗疫贡献四川药检力量。

出台《“服务市场、服务产业、服务企业”三服务工作机制》，打开对外开放合作新局面，统筹资源共享、协同产业联动、提升服务质效、赋能运营支持，更好地服务市场大循环、融入产业发展全链条。

## 科研工作

推进科研体系建设。推进国家标准、行业标准制修订30余项，出版《四川省医疗机构藏药制剂标准》（第二册）；全年共发表核心期刊论文38篇，积极推动科研成果转化，取得应用型专利授权5个，获评2022年四川省科技进步二等奖1项。2022年5月，“生物制品质量监测与风险评估重点实验室”获批成为四川省药监局重点实验室；邀请到中科院院士杨正林担任学术委员会主任，推进“药品质量研究与评价四川省重点实验室”申报工作。

## 能力建设

推进检验支撑体系建设。基础设施硬实力建设稳步推进，四川省药品医疗器械检验检测能力提升建设项目被列为省重点项目，总建筑面积80938平方米，于2022年11月22日正式动工，将在2025年全面建成。“十三五”医疗器械检验检测能力提升项目、省级补助药品检测能力提升项目也同步加速推进。2022年国家级CMA和CNAS、省级CMA项目和参数分别新增61.1%、34.7%、4.4%，参加国家药监局等组织的能力验证结果满意率达100%，牵头实施国家药监局、中检院和省药监局的3项能力验证工作。

# 贵州省食品药品检验所

## 概　况

贵州省食品药品检验所现坐落于市北路84号，于1984年由市东路搬迁至现址。1999年10月划归贵州省药监局，2011年4月由“贵州省药品检验所”更名为“贵州省食品药品检验所”，业务范围增加了食品、保健食品、化妆品三个检验领域。2016年12月，因机构改革食品和保健食品检验职能取消，自此，成为贵州省辖区内药品、药包材、化妆品质量检验检测权威技术机构。

占地面积13701平方米，其中实验用房2442平方米、实验动物房约1076平方米、中药标本室400平方米、办公用房1213平方米、辅助用房941平方米。

现阶段共有职工96人，其中各类专业技术人员75人，具有高级技术职称者正高11人，副高18人。技术人员中博士2名，硕士35名。

## 检验检测

本年度共完成药品、药包材、化妆品样品检验3224批次。结合《药品注册管理办法》和《药品注册检验工作程序和技术要求规范（试行）》（2020年版）的要求，完成新冠病毒感染疫情防控药品专项19个品种30批次；药品注册及复核检验275个品种788批次，包含地标药材455批次（药材184批次，66个品种；饮片271批次，94个品种）；国家药品标准制修订研究课题6个品种，18批次；变更生产地址、恢复生产、委托加工、一致性评价等109个品种315批次样品的检验检测。结合《药品管理法》和《最高人民法院、最高人民检察院关于办理危害药品安全刑事案件适用法律若干问题的解释》的要求，配合省药监局完成案件核查药品59个品种、化妆品 10 个品种的受理，其中 11 个品种发现违法添加现象。全年认真履行检验检测工作职责，出具科学、严谨、准确的检验数据和结论、为我省药品化妆品监管，提供了强有力的技术支撑，全力保护了人民群众的用药用妆安全，为产业高质量发展提供助力。

### 能力建设

积极响应《国务院办公厅关于全局加强药品监管能力建设的实施意见》（国办发〔2021〕16 号）、《国务院关于支持贵州在新时代西部大开发上闯新路的意见》（国发〔2022〕2 号）号召，开展生物制品批签发能力建设工作、按照口岸所标准加强药品检验机构能力建设工作，规划重点实验室（中药民族药方向）建设工作，积极推动符合要求的中药民族药进入《中国药典》工作，以及筹备开展中药民族药标本馆和西南地区药材外源性污染物检测与安全性评价技术平台建设等工作。

### 党建工作

本年度坚持以习近平新时代中国特色社会主义思想为指导，坚持思想建党、理论强党，加强从严治党、党风廉政建设教育和加强党员干部教育及所班子自身建设。

全年所党委开展专题学习 20 余次，按要求开展党风廉政教育实施预防提醒谈话上百人次，所属党支部每月集中开展政治理论学习和形式多样的主题党日活动，组织党员、入党积极分子和发展对象赴中国红十字救护总队贵阳图云关抗战纪念馆、省博物馆、省大数据中心、省地质博物馆等地开展专题爱国主义教育活动。

### 科研工作

本年度共发表中文科技论文 26 篇；承担国家药品标准提高课题两项［①2022 年度国家药品标准制修订研究课题：心脉通胶囊；②2022 年度国家药品标准提高课题（第三批）：复方南板蓝根片］；申报了省中医药管理局项目 2 项、省科技厅科技支撑项目 4 项；参与贵州省第七批高层次创新型人才遴选培养计划及第十四批优秀青年科技人才计划的申报；完成了 2022 年度国家科技统计工作。

### 重要活动、举措、成果

扎实做好国家药品评价抽检工作、国家化妆品监督抽检工作和风险监测工作，并完成质量分析报告的总结上报工作；积极推进我省生物制品批签发能力建设，获得省财政厅关于《贵州省生物制品批签发能力建设经费项目》的立项批复，积极配合国家药监管局统筹各省开展生物制品批签发能力建设方面的相关工作。指导我省医疗机构选取临床效果好、经济附加值高、市场前景广阔的医疗制剂品种优先开展质量标准研究；监管服务能力支撑方面，先后向注册处、安监处、省检查中心、稽查局等推荐多名技术骨干力量参与省内 GMP、GSP、注册现场核查，开展全省中药制剂及中药饮片生产监督检查。

## 云南省食品药品监督检验研究院

### 概　况

云南省食品药品监督检验研究院（以下简称“云南省药检院”）创建于 1919 年，2016 年更名为云南省食品药品监督检验研究院。全院编制 121 人，目前在职人员 143 人，本科以上 139 人，硕士 92 人，博士 1 人；专业技术人员占全院人员 86% 以上，其中高级职称 30 人，中级职称 31 人。

2022 年，云南省药检院在云南省药监局党组的领导下，以习近平新时代中国特色社会主义思想为指导，认真学习贯彻落实党的二十大精神、省第十一次党代会精神，自觉把思想和行动统一到中央、省委省政府和云南省药监局的决策部署上来，做到干事创业敢担当、为民服务解难题、勤勉廉洁作表率，为检验检测事业高质量发展提供坚强保证。坚持以人民为中心的发展思想，以确保人民群众用药安全为目标，紧紧围绕全年工作目标，对标先进、争创一流，切实履行工作职能，在生物制品批签发能建设、检验检测工作、文化宣传建设方面均取得可喜的成绩。2022年，云南省药检院获得国家药监局“国家药品抽检工作”表彰、省委“全省老干部工作先进集体”表彰。

## 检验检测

2022年共计完成各类国家药品抽检、省级药品抽检、进口药材检验、药品注册检验、药品委托检验，以及化妆品监督抽检，合计为6189批次。

按照“检验+评价”模式，开展国家及云南省药品安全抽检工作。完成法定检验和风险监测任务共1146批次，对6个品种影响产品安全性有效性的关键问题开展探索性研究，发现并向国家药监局上报严重药品质量风险1个，一般性药品质量风险信息24条、质量标准问题7条。完成国家化妆品安全抽检和风险监测的检验任务共719批次。首次开展化妆品探索性研究，针对3个类别的89批样品进行7个项目的拓展性检验。立足“1+16”体系建设定位，统筹指导全省州市药检机构开展全省药品评价抽检质量分析，组织全省药品生产企业和16个州市药检机构开展检验能力验证，并进行微生物检验检测专题培训。

完成瑞丽、河口、景洪、文山四个口岸的进口药材抽样共16个品种1326批次，收样共22个品种480单3705批次，完成进口药材检验共3429批次。受疫情影响，云南省边境管控形势复杂，省内多家药企选择将进口药材海运至浙江宁波口岸入关，为缓解宁波口岸进口药材检验压力，云南省药检院积极作为，主动对接浙江省食品药品检验研究院，接受其委托分包部分项目检验，共受理分包样品12个品种326单2379批次。

完成药品委托检验515批，注册检验380批；开展“药剑”联合行动，对行刑衔接检验开通绿色通道，受理全省涉案样品共100批，完成检验84批，其中38批样品检出化学药成分；受理化妆品有因抽检14批，发出化妆品有因检验报告14份。

## 能力建设

云南省药检院2022年把提升疫苗批签发能力作为重要工程，2022年10月成功通过中国医学科学院医学生物学研究所脊髓灰质炎灭活疫苗（sIPV）批签发授权现场评估考核，生物制品批签发能力建设再下一城。我省13个上市疫苗品种，已有2个获得批签发授权，3个完成检验能力建设，已获得Sabin株脊髓灰质炎灭活疫苗（sIPV）、肠道病毒71型灭活疫苗（人二倍体细胞）（EV71）疫苗、A群C群脑膜炎球菌多糖疫苗、ACYW135群脑膜炎球菌多糖疫苗等4个品种CNAS资质20项，CMA资质25项。

2022年共进行1次CNAS扩项和1次CMA扩项，CMA资质提升至1827项，比2021年增长4%；已获化妆品CMA资质627项，比2021年增长12.5%，CNAS资质57项，基本实现检验能力全覆盖云南省承担国家化妆品安全抽检品种及项目，95%以上覆盖化妆品注册和备案检验资质项目。

## 重要活动、举措、成果

云南省生物制品批签发实验室建设项目于2021年11月11日正式开工，在省委、省政府的大力支持下，由省政府投资1.76亿元，建设面积达8776平方米的生物制品批签发实验室建设现已圆满完工。实验室建设期间，云南省药检院建立项目工作例会制度、协调联动制度，先后组织了40余次工作例会、20余次现场协调会议，织密建设项目统筹、协调、督促与指导“一张网”。经过长期不懈努力，生物制品实验室顺利于2022年10月完成消防验收和竣工验收，项目计划采购的141台仪器设备于竣工前全部到货并按照工程进度全部完成安装，11月顺利投入试运行，成为全国首批投入试运行的生物制品批签发实验室之一。

2022年云南省药检院大力推进杨竞生同志先进事迹宣传，按照国家药监局领导的有关指示批示，云南省高点谋划、高位推进杨竞生同志先进事迹宣传，云南省委副书记、省长王予波等3位省领导对此专门作出批示，在全省药监系统乃至市场监管系统上下树好学习标杆，掀起学习热潮。一是联合《云南日报》对杨竞生同志事迹进行集中报道，得到人民网、新华网、《中国医药报》等多家中央媒体转载；二是6月13日，杨竞生被省委宣传部正式追授“云岭楷模”荣誉称号，成为云南药检系统首个获此殊荣的先进个人；三是筹建杨竞生同志先进事迹宣讲团，先后2次成功在云南省药监局、云南省市场监管局组织举办杨竞生先进事迹宣讲会，并利用院史展，为干部职工、其他单位和社会公众多次讲解杨竞生同志先进事迹，营造了全院上下学习先进、崇尚先进、争当先进的良好氛围。

## 陕西省食品药品检验研究院

### 概　况

陕西省食品药品检验研究院（以下简称“陕西省院”）截至2022年底共有在编职工118人。享受国务院特殊津贴专家1人，国家药典委员4人，国家级评审专家15人，省级评审专家37人。院领导有：党委书记刘海静，党委副书记王文林，副院长乔蓉霞、蔡虎、孙希法、戴涌。

现有实验场所三处，实验楼面积共35930平方米，其中高新院区13260平方米，朱雀院区5683平方米，沣西院区16987平方米。全院现有仪器设备价值1.9亿元。具备药品、食品、保健食品、保健用品、化妆品、生物制品、药包材、兽药毒理和洁净度检测共5647个参数的检验能力。

### 检验检测

2022年，陕西省院共完成各类检品13585批（件）。其中药品8132批次，占60%；食品4077批次，占30%；化妆品检验1376批次，占10%。

1月，被国家药监局表彰为抽样工作表现突出的单位、质量分析工作表现突出的单位。9月，四名同志获聘第十二届国家药典委员会委员。在药品国抽非标探索性研究中，人促红素注射液品种在全国国抽网评中被确定为优秀等次。承担陕西省市场监管局元旦春节专项、大米专项、校园专项等食品抽检工作。完成“冬奥会”周至猕猴桃食品安全保障工作。

### 能力建设

质量体系有效运行，接受国家食品安全抽样检验和省市场监管局食品抽检承检机构监督检查，检查组予以充分肯定。顺利通过药品、食品、生物制品、医疗器械领域扩项，沣西实验室资质认定换址评审。组织参加国家药监局、中检院等组织的能力验证32项，涵盖药品、化妆品、微生物、生物制品、药包材及食品等检验领域，取得满意结果。

3月，沣西实验室安全有序实施搬迁，并顺利通过资质认定现场评审，常态化开展各项检验业务。完成国抽和省抽平台的对接工作，实现了各系统间数据的互联互通。对检验检测远程登录的安全性和远程业务受理功能的稳定性进行调试。积极建设生物制品疫苗批签发检测室和化妆品功效性评价实验室，实施疫苗及有关生物制品检验能力建设项目。

发挥对全省药品行业的技术指导作用，举办培训4期，完成地市药检机构、药品企业进修培训20人次，接收高校实习学生20人次，提供一对一的技术指导，受到社会广泛好评。外派专家参加检查、核查、评审20人次，发挥了检验检测机构在生产现场检查中的重要作用。承办省药监局机关干部培训10期，培训干部人数751人，并顺利通过省人社厅组织的“省级专业技术人员继续教育基地”现场考核。创立陕西省食品药品检验研究院博士后创新基地，该基地的获批填补了我省市场监管系统博士后创新基地（站）的空白。

## 科研工作

申报省科技厅项目立项4项，省药监局科学监管项目9项，获得资金支持81.75万元。牵头申报并成功获批我省首批秦创原“科学家+工程师”项目。通过开展科技下乡、科普讲解比赛、实验室开放日等活动，弘扬科学精神，普及科学知识。鼓励全院人员开展学术研究，完成学术论文20余篇，其中SCI论文1篇。

深入推进国家药监局药品微生物检测技术重点实验室、陕西省食品药品安全监测重点实验室和刘海静创新工作室建设工作，完善实验室管理制度，积极开展课题研究。申报的《一种含有罂粟壳的阳性、阴性香辛料参考物质及其制备方法》项目获2021年陕西省专利奖一等奖。主编的《食品安全快速检测技术应用解析》一书由清华大学出版社出版。承担的《2022年陕西省中药配方颗粒标准》第一、二册出版。

## 党建工作

深入学习贯彻党的二十大精神，对全院深入学习贯彻党的二十大精神进行部署要求。召开专题学习研讨会，党委成员围绕党的二十大精神，推动检验检测工作高质量发展进行交流发言。各党支部、各部门组织进行集中学习，积极撰写笔记和心得体会，营造浓厚的学习氛围。

严格落实“一岗双责”，逐级落实党风廉政建设责任。加强意识形态工作，将全面从严治党主体责任落实到党建工作全过程。精准防控廉政风险，针对工作运行中的风险岗位和薄弱环节，细化防控措施，完善监督机制，实现廉政风险防控全覆盖。开展精神文明创建活动十余次，进一步巩固精神文明成果。刘海静同志被省总工会表彰为“陕西省五一巾帼标兵”。

# 陕西省医疗器械质量检验院

## 概　况

2022年，陕西省医疗器械质量检验院（以下简称“陕西省器检院”）以习近平新时代中国特色社会主义思想为指导，深入贯彻落实国家药监局、省药监局药监工作会议精神，在省药监局党组的正确领导下，紧紧围绕检验检测中心工作，不断强化质量管理，组织开展资质认定复评审和能力建设；持续提升机关效能和精神文明建设；优化服务水平，持续做好涉疫医用防护用品保障检验检测；坚决落实全面从严治党主体责任，深入推进党风廉政建设工作。

现有干部职工93人，其中硕士以上30人（博士4人），高级职称11人。现有建筑面积为21526.1平方米，其中实验室面积17000平方米，各类仪器设备840余（套），价值1.3亿元。具有国/行标检测能力578项（包括新版GB 9706系列标准28项）。

## 检验检测

2022年，完成国家监督抽验44批次检验任务和3批次复检任务；完成省级监督抽检1114批次检验任务，防疫物资434批次，其中医用口罩311批次、防护服95批次、体温计26批次；

完成注册、委托检验任务 1056 批次；复检 6 批次；各地市局稽查办案委托检验 106 批次，完成委托监督检验任务 111 批次。赴西安汇智医疗集团有限公司、西安海业医疗设备有限公司等 6 家进行走访调研，了解企业困难，对企业所生产的医疗器械产品在生产、注册、检验、技术要求等环节所存在的问题进行答疑解惑，帮助企业疏理和提供技术指导服务。

### 科研工作

进一步深化科研创新，出台了院科研奖励办法，全院现有科研项目 12 个，其中省药监局立项 4 个，省科技厅立项 7 个，西安市科技局立项 1 个，结题 4 项。1 篇论文被 SCI 收录，2 篇论文被核心期刊收录，组织申报 5 项国家实用新型专利；标准管理基本实现信息化。

### 能力建设

能力建设项目配套的 3D 打印医疗器械、组织工程、人工智能监测与康复器械三个方向实验室已初步具备检验检测能力，项目涉及的 141 套设备全部完成进场。目前陕西省器检院在医疗器械检验检测领域，已经具备比较全面完善的设备配置。能力建设项目的顺利推进，大大提高了器检院检验检测能力水平，基本解决我省医疗器械产品送检难题，将有力促进我省医疗器械产业健康快速发展。

以线上评审的方式，顺利通过国家认监委医疗器械行业评审组专家的远程评审，评审后陕西省器检院共获得检验项目资质 578 项，其中本次新增项目 150 项，包括新版 GB 9706 系列标准 28 项。检测范围涵盖电磁兼容、康复类、监护类、医用防护材料、体外诊断试剂、医用激光仪器设备、洁净等常见医疗器械。

完成新版《质量手册》《程序文件》的编制、排版、宣贯工作，6 月 1 日起正式实施新版体系。积极制定内部质量控制计划，参加国家、行业相关机构组织的外部比对和能力验证 6 次，结果均为“满意”。顺利通过 2022 年度市场监管总局组织的资质认定检验机构“双随机、一公开”现场检查。

### 党建工作

坚持政治引领，严格落实管党治党责任。印发全面从严治党工作要点和各级责任清单，召开全面从严治党推进会 2 次，督查督导 3 次，印发“第一议题”制度。全年开展 11 次党委理论中心组学习，研讨交流 6 次。扎实推进党风廉政建设，全面排查廉政风险隐患，不断规范权力运行机制。通过设立举报箱、意见反馈箱，公开举报邮箱、举报电话等方式，及时处置问题线索。规范聘用人员管理，制定聘用人员管理办法和末位淘汰管理办法；完成聘用人员人事档案定点集中托管。持续加强组织建设，以“五星级支部”创建为目标，严格落实“三会一课”制度，规范组织生活，狠抓支部标准化规范化管理。严格按照党章要求，发展预备党员 2 名，党员发展对象 2 名，入党积极分子 2 名。

## 甘肃省药品检验研究院

### 概　况

2022 年，甘肃省药品检验研究院在省药监局领导与中检院指导下，以习近平新时代中国特色社会主义思想为指导，认真贯彻落实党的十九大、二十大精神及十九届历次全会和省十四次党代会精神，党建业务高度融合，检验研究同步发力，服务监管精准到位，服务产业持续推进，各项工作稳中有进，取得显著成效。

### 检验检测

全年完成各类检品并发出报告共计 4662 批，按检品领域统计，其中完成药品检验 3088

批，生物制品 391 批，完成化妆品检验 873 批，完成药品包装材料检验 78 批，完成洁净区检测 75 批，完成食品、保健食品检验 79 批，完成其他类别检验 78 批。承担国家药品抽检 5 个品种共计 913 批次的检验和探索性研究工作，康乐鼻炎片、心脑康胶囊、茜草饮片等 3 个品种的质量分析报告通过专家网络评议获得本年度国家药品抽检网评优秀奖，并在优秀品种交流会上交流；承担完成甘肃省药品抽检高风险非基药品种、仿制药一致性评价/集中采购中选品种专项、质量追踪专项、中药配方颗粒专项、中药饮片黄曲霉毒素专项、质量考察专项抽检、中药材质量监测、中药饮片监督抽检、药包材专项抽检、网络销售药品评价性抽检等 10 个专项的检验任务；化妆品领域完成国家化妆品抽检任务 662 批次，完成 104 批国家化妆品风险监测样品的检验任务；生物制品批签发检验完成人血白蛋白、静注人免疫球蛋白、A 群 C 群脑膜炎球菌多糖疫苗等 6 个品种共 322 批；为公安部门提供疑似保健食品中非法添加壮阳类药物检验服务 79 批次。

高质量完成化妆品检验任务，积极开展检验质量分析工作，并为化妆品标准制修订提出建设性意见，获国家药监局综合和规划财务司通报表扬。

## 科研工作

国家药监局重点实验室顺利通过年审，完成 2021 年度重点实验室《年度报告》及《监管科学研究成果报告》，申报立项 2022 年度重点实验室科研项目 14 项。全年发表各类论文 38 篇，其中 SCI 5 篇。完成甘肃省大宗药材产地加工技术规范 21 个品种的标准及规范起草工作。申报立项国家标准提高项目 2 个；甘肃省科技厅、甘肃省市场监管局等各级项目立项 21 项，经费支持 82 万元；甘肃省药监局产业扶持项目结题验收 9 项；工信部项目结题。获得甘肃省药学发展奖一等奖 1 项、二等奖 4 项、三等奖 2 项。完成《医学实验动物学基础与技术》专著 1 部。获得发明专利授权 2 项，实用新型专利授权 2 项。

## 能力建设

在国家药监局，甘肃省委、省政府高度重视、关心支持下，甘肃省生物制品批签发中心（药物安全评价中心）项目建设工作围绕年初既定的目标任务，按节点及时办结各类施工手续，完成初步设计、施工图审查和概算并批复，完成 989.62 万元 29 台（套）先期入场设备的招标采购，并全部安置到既定位置，截至目前，项目完成了总工程量的 80%。

持续强化能力建设，新增价值 1468.4 万 95 台套仪器设备，进一步夯实检测设施。加强实验室质量管理知识培训，强化全员质量意识，全面宣贯培训新修订体系文件，组织参加中检院等业务主管部门的各类业务培训，提升检验检测能力。完成 2022 年全省药品检验检测机构检查指导实施方案并组织开展指导工作。

根据甘肃省药监局“1+3”人才规划，建立健全人才队伍建设培养机制，制定了职称内部晋等、初中级职称认定、师带徒、在职攻读硕博、人才引进等管理办法，解决了高、中、低不同等级人员 29 人的职称问题；公开招聘硕士研究生 6 名。启动师带徒工作，遴选了 7 位理论基础扎实、实践经验丰富的老师，结对带教 14 名年轻技术人员，以传、帮、带形式，分专业、分层次、强化青年专业技术人员的综合素质教育，锤炼检验技术基本功，为人才队伍梯队化建设奠定良好基础。

## 党建工作

紧扣思想政治建设、组织建设、作风建设、履职能力建设总要求，认真落实党风廉政建设主体责任，纵深推进全面从严治党，严格执行中央八项规定及实施细则，积极开展“八五”

普法学习活动，努力提升干部职工队伍的政治法律素养。扎实开展党十九大、二十大精神及十九届六中全会决议、省第十四次党代会精神等学习活动，不断强化党支部标准化建设。成立年轻干部学习研究小组，开展形式多样的学习活动、警示教育；坚持我为群众办实事行动，组织专家走进企业调研，服务产业发展；积极参加“喜迎二十大　奋进新征程”省直机关年轻干部学习研究小组短视频大赛，取得良好成绩。本年度新发展4名入党积极分子，吸收6名预备党员，转正3名预备党员。1人光荣当选甘肃省第十四次党代会代表，1人荣获“甘肃省五一劳动奖章”。

持续推进乡村振兴工作有效开展，2022年度为张寨村拨付帮扶项目自筹资金10万元；以产业振兴为抓手，帮扶和推进岷县岷人为膳科技实业有限公司农副产品上架中国消费帮扶生活馆线上平台，成为落户全国脱贫地区农副产品网络销售平台的“第一村企”。

# 宁夏回族自治区药品检验研究院

## 概　况

2022年，宁夏回族自治区药品检验研究院（以下简称“宁夏药检院”）在自治区药监局和中检院的坚强领导与大力支持下，认真贯彻落实国家食品药品医疗器械检验检测电视电话会议、自治区药监局年度工作会议、党风廉政建设工作会议精神和重点决策部署，以提供及时有效的技术支持、全力保障人民群众“用药、用妆、用械”安全，紧紧围绕年度重点工作目标，努力提高技术支撑能力，圆满完成了国家与自治区药监局交付的各项任务和年初既定的工作目标。

## 检验检测

2022年共完成国家和自治区下达的药品、化妆品、医疗器械、枸杞产品等各类型检品5842批次，其中药品1403批次，化妆品637批次，医疗器械143批次，枸杞产品3659批次，助力地方企业注册检验及标准复核检验等172批次，完成24批次案件协检任务，针对各类专项检验任务开展了相应的探索性研究和数据分析汇总工作，撰写了分析检查报告。全年主持和参与标准制修订工作共计18项，其中主持国家药典委员会标准提高3项，医院制剂标准制定3项，团体标准制定4项，参与国家标准2项，地方标准6项，并完成19个品种72批样品检验和20余万字的复核材料的撰写工作，其中仿制药一致性评价品种8个，3个品种成功通过了一致性评价。

## 科研工作

2022年以来，宁夏药检院找准定位，坚持以党建工作为引领，积极开展了各项科研工作，完成了17项科研课题申报（科技厅课题5项、市场监管厅科研课题9项，重点实验室课题3项），获立项自治区重点研发1项，地市级10项。结题自治区课题3项、重点实验室课题5项，年度发表学术论文5篇，投稿SCI文章3篇，申请实用新型专利15项，已授权9项。

## 能力建设

2022年，宁夏药检院坚持规范检验检测实验室管理工作，定期开展内部审核和管理评审，取得枸杞及其产品32个标准、18个产品，省级754个、国家级792个CMA技术参数检测能力，检测参数覆盖率超97%，34个参数顺利通过CNAS认证；医疗器械资质复查顺利通过；12个检验方法，78个化妆品检验参数扩项圆满完成，化妆品国抽和省抽项目的检验资质全覆盖；药品和食品共99个参数顺利通过CNAS复评审和扩项评审。建设了“宁夏药检院枸杞产品质量检验检测信息化管理平台”，制定中心运行制度7项，组建了枸杞检验室，购置调配专用设备180余台（套）。与宁夏、甘肃、新疆等4个枸杞主产区相关行业协会及企业签订战略合作协议。以秘书处单位组建了宁夏枸杞检验检测标准化技术委员会。

## 党建工作

2022年，宁夏药检院坚持以习近平新时代中国特色社会主义思想为指导，紧紧围绕深入学习贯彻党的二十大和习近平总书记视察宁夏重要讲话指示批示精神，认真贯彻落实自治区第十三次党代会精神等核心内容深化思想政治建设，结合深入贯彻落实党的二十大和习近平总书记视察宁夏重要讲话指示批示精神“大学习、大讨论、大宣传、大实践”活动，以“六项攻坚行动”为工作抓手，坚持以党建促业务，以业务强党建，全面推进支部标准化、规范化建设。完成7个党支部重新设置，将支部建在科室，“两个作用”得以充分发挥；各支部积极开展以党建品牌创建激发党组织活力，推进特色支部品牌形成，宁夏药检院党总支晋升为五星级党组织。

## 重要活动、举措、成果

2022年6月21日，宁夏药检院参加了“宁夏第五届枸杞产业博览会—枸杞产业发展大会暨中国经济林协会枸杞分会第二次会员大会”，并对“国家枸杞产品质量检验检测中心（宁夏）”进行了专题推介。

2022年7月16日，自治区机构编制委员会正式发文（宁编办发〔2022〕70号）批准宁夏药检院增设枸杞检验室，承担国家、自治区下达的枸杞及枸杞相关食品（保健品）的检验检测工作。

2022年7月22日，开展“国家枸杞产品质量检验检测中心（宁夏）”中国计量认证（CMA）省级资质认定现场评审，并于同年8月25日取得正式资质认定证书。

2022年10月19日，举行宁夏药检院“国家枸杞产品质量检验检测中心（宁夏）”与苏国辉院士签约仪式，聘中国科学院苏国辉院士任“国家枸杞产品质量检验检测中心（宁夏）”名誉主任。

2022年12月13日，在宁夏药检院召开宁夏枸杞检验检测标准化技术委员会成立大会暨第一届委员会。

# 广州市药品检验所

## 概　况

2022年，广州市药品检验所坚持以习近平新时代中国特色社会主义思想为指导，深入贯彻落实党的二十大和二十届一中全会精神，做好“两品一械”检验检测，加强科研攻关，着力建设国家药监局重点实验室，扩建中药标本馆打造中药科普基地，努力建设一流的现代化口岸药品检验机构，为广州药检事业迈入现代化新征程贡献力量。

## 检验检测

全年广州所共完成检品8218件，其中进口药品984批2037件（包括进口化学药品评价抽检533批），澳门委托送检药品216个品种共252批，香港中成药注册检验22个品种24批。

其中，2022年广州所首次进口药品检验品种数达到历史新高（合计73个品种136批305件），与2021年同期相比品种数增长66%。制定更精细的管理流程，在保证检验质量的前提下进一步提升检验效率，全年共收到5家公司赠送的锦旗和感谢信。

完成中检院进口药品注册质量标准复核任务

52个品种，根据新的程序和技术要求，严格遵守复核时限，不断提升复核质量。

按广东省药监局“利剑行动”“云剑行动”“亮剑行动”三大专项打击行动和广州市市场监管局加强大要案查办的工作要求，及时开通应急检验绿色通道，全力配合完成各项涉案应急检验。全年共受理应急打假检验95批，其中仅用短短18天完成疫情防控用30批典型药品专项抽检，加强监督流通环节的药品，保障抗疫急需药品质量安全。

承担2022年国家药品抽检品种“呋塞米片”的标准检验、质量探索性研究和近红外快检方法建立研究，完成检验148批。因承担2021年国家药品抽检品种“布洛芬缓释胶囊、布洛芬混悬液”，被通报表扬为“检验管理工作表现突出的单位”和“质量分析工作表现突出的单位”。

## 能力建设

2022年广州所持续加强检验检测能力建设和仪器设备配置，提升药检硬实力。截至年底，广州所资质认定能力共1290项，实验室认可能力共1364项。参加英国政府化学家实验室、欧洲药品质量管理局、中检院等机构能力验证活动28项，其中结果满意19项。2022年共采购2899.98万元的实验设备，包括超高压液相色谱/三重串接四极杆质谱联用仪、气相色谱串联三重四极杆质谱联用仪等大型检验仪器。现拥有仪器设备共2241台，总价值21969.7万元。

## 科研工作

为创建科研型药检所，广州所通过对新技术、新方法的研究，以技术创新促进检验检测发展。参与中检院牵头的“中药外源性有害残留物检测技术、风险评估及标准体系的建立和应用”研究获得2022年中国药学会科学技术奖一等奖。

2022年获得立项广州市科技局2022年科技项目8项、广州市市场监管局2022年度科技项目9项。在研的国家、省、市级科技项目达43项。承担的2017年广东省科技计划项目“光释光法在辐照中药检测中的应用”项目通过验收。完成2018年度中医药现代化研究重点专项“中成药整体性质量控制技术研究”之中2个品种复核；完成课题5“25种代表性中成药整体质量控制标准的复核与转化应用”科学数据汇交工作，获得绩效等级为“优秀”。补充完善广州所起草的“口炎清颗粒”质量标准后提交国家药典委员会，申请发明专利1项。

按国家药典委员会工作安排，获得立项2022年国家药品标准提高项目14个。2022年共完成23个品种的标准起草、18个品种的标准复核和5个通用技术要求研究。完成编撰《中国药典》中成药薄层鉴别图谱研究（第二册）13个品种合计47项薄层鉴别。

依托广州所的国家药监局中成药质量评价重点实验室完善实验室制度建设，发布了开放课题管理办法、申报指南和联合培养研究生管理办法。参加中检院牵头的国家药监局中国药品监管科学行动计划第二批重点项目“中药有效性安全性评价及全过程质量控制研究”，承担其中“《中国药典》易混淆中药材及饮片质量控制和评价方法研究”“基于整体质控策略的中成药质量控制和评价方法研究”“岭南中药材质量评价新方法建立及应用研究”等3项课题研究。

6月30日，广州所举行国家药品监督管理局疫苗及生物制品质量监测与评价重点实验室暨广州市药品检验所中药标本馆揭牌仪式。中药标本馆占地约420平方米，藏有中药材及饮片标本和植物腊叶标本共一千多种，其中有不少五六十年代的进口药材标本，部分为珍稀品种，是具有浓厚中药特色的对外展示和交流窗口、科学研究基地、市民科普教育基地，致力于促进粤港澳大湾区中药文化和技术交流，推动中药文化传承和发展。中药标本馆揭牌至今共接待参观学习35次、约600人次。

# 宁波市药品检验所

## 概　况

宁波市药品检验所（以下简称“宁波市药检所”）是宁波市市场监管局直属的公益一类事业单位，成立于1959年，1991年通过浙江省质量技术监督局的计量认证（CMA），2016年通过国家实验室认可（CNAS）。目前，业务范围涵盖药品、（保健）食品非法添加、化妆品、医疗器械、药包材、消毒产品、洁净区室环境等7大领域。

宁波市药检所现有实验、办公用房面积共12424平方米，仪器设备944台套，资产原值达6000余万元。内设7个科室，分别为：办公室、业务科、质量管理科、监测科、生物测定室、化学药品检验室、中药检验室。目前在岗人员58人（在编41人，编外17人），其中主任药（技）师6人，副主任（中）药师12人；博士研究生1人，硕士研究生21人。1名硕士生导师，1名专家受聘为国家药监局高研院特聘专家，2名专家入选宁波市领军和拔尖人才培养工程，多名专家担任行业学会理事或委员和高评委评审专家。

2022年，宁波市药检所在浙江省药监局的正确领导下和中检院、浙江省食品药品检验研究院的业务指导下，聚焦“围绕中心、建设队伍、服务群众”核心任务，努力提高技术与服务水平，坚持科学监管助推高质量发展宗旨，为宁波市药械化安全提供坚实的技术支撑、为宁波市现代化滨海大都市和共同富裕建设贡献技术力量。被浙江省药监局评为“2022年药品安全治理与技术赋能工作中成绩突出集体”。1人被浙江省药监局评为“2022年药品安全治理与技术赋能工作中成绩突出个人”。宁波市药品不良反应监测中心被浙江省药品不良反应监测中心评估为2022年度工作优秀单位。

## 检验检测

2022年宁波市药检所全面上线一体化数字平台，在实验室信息管理系统（Lims）的基础上建设涵盖检验检测、行政办公、质量管理、资源管理、生物安全管理等功能的检验检测平台，基本实现原始记录、电子报告、数据审计追踪、监督抽样、风险分析等过程的全覆盖、自动化、溯源性、无纸化；基本实现人、机、料、法、环各资源管理的数字化，优化检验流程，提高检验质量，确保检验分析数据的有效控制和原始可追溯，提升工作效率、规范检验管理。并定期审查和不断完善，确保体系的有效运行和持续改进。

全年稳步推进检验工作，完成药品检验3036批，其中2022年度国家药品抽检171批次；省级抽检50批次，浙江省药品质量风险考核55批次；市级监督抽检2306批，占全年任务数的100.3%，检出不合格4批（不合格率0.2%）。完成保健食品类、医疗器械及洁净室性能等检验199批。完成化妆品类检验130批。开展疫情防控相关药品等专项监督抽检。在按时完成市级药品监督抽检工作的基础上全检率明显提升，中药全检率较去年提高1倍。

2022年，共上报药品不良反应报告17291份，同比增长9.7%，其中新的严重报告比例47.9%；上报医疗器械不良事件报告4877份，同比增长22.4%，其中严重报告比例20.5%；上报化妆品不良反应报告2159份，同比增长104.3%。完成年度考核目标居浙江省首位，报告质量评估全省第一。

## 能力建设

2022年，宁波市药检所参加17项能力验证获满意结果，其中中检院13项、检科院3项、美国药典委1项。全年能力验证实现药品、化妆品、（保健）食品等检验领域的全覆盖，检验技术既包括常规的化学分析、微生物检测，还包括分子生物学的 PCR 检定、中药的农药多残留痕量测定。

完善质量管理，加强体系建设。2022 年持续完善体系文件，有效开展质量体系的内审、管理评审工作。提升应急管理能力，加强生物安全的管理工作。开展生物安全和动物实验应急演练。接受浙江省科技厅 2022 年度全省实验动物安全管理专项检查，顺利通过实验动物房“双随机”现场检查。接受 2022 年浙江省实验室生物安全大检查，完成实验室和单位自查，通过宁波市生物安全质控中心审核。

截至目前，资质认定检验检测能力参数总项目数为 519 项［化妆品 258 项、洁净区（室）环境 12 项、食品 44 项、食品违禁添加物 101 项、保健食品 18 项、保健食品违禁添加物 86 项］。2022 年 9 月，顺利通过 CNAS 扩项复评审，获得 171 个药品项目/参数的检验资质，其中新增项目（含方法）59 个。标志着全所检验检测能力和质量管理水平的进一步提升，也为本辖区药品的安全有效和产业的高质量发展提供更坚实的技术支撑和保障。

## 科研工作

宁波市药检所不断突破提高科研能力和技术水平，承担的市场监管总局科技计划项目和浙江省药监局科技计划项目 2 项顺利通过验收。《铁皮石斛等 11 种药材 DNA 分子鉴定方法研究》通过项目总结，并申请专利 1 项。深入开展国家药品抽检和浙江省药品质量风险考核品种的探索性研究和质量分析，以及浙江省中药炮制规范的质量标准研究，并完成 8 个中药配方颗粒质量标准研究工作。

近几年分别参与完成氟康唑、杆菌肽、利拉萘酯等 50 多个国家药品标准物质的协作标定或质量监测，不断深化与中检院、各级药品检验机构的合作，为国家标准物质的质量管理提供重要技术和数据支持，并入选中检院《国家药品标准物质协作标定实验室名单》。

2022 年，创建“高端质谱技术和临床应用浙江省工程研究中心宁波药检所分中心”；与宁波大学质谱技术与应用研究院和宁波大学医学院分别签订共建实践教学基地协议，加强学术交流、人才培养和科研合作。作为全市唯一法定药品检验机构，长效树立助企扶农工作理念，联合市药学会探访当地种植基地，开通绿色通道，协助保护和建设“浙贝之乡”及“樟村浙贝”产业品牌，联合企业开展浙贝母的传统工艺创新与标准化研究。

## 党建工作

宁波市药检所坚持以习近平新时代中国特色社会主义思想为指导，全面贯彻新发展理念，打造一支素质高、能力强的技术队伍，充分发挥支部核心堡垒作用和党员先锋模范作用，以党建工作新思路、新提升、新作为、新突破推动药检事业新发展。擦亮支部服务品牌，深化“三服务”工作，开展“百名博士进厂入企”等扶农助企活动；强化宣传教育，挖掘典型事迹，引导正能量；“五问五破找差距、五比五先争一流、六查六创铸铁军”作风建设专项行动真实施、真落地、真成效，形成经验做法。

支部“宁波药检尖兵”扶农助企，显技术担当。全年为十余家药品、化妆品生产企业提供浮游菌、悬浮粒子、压差等项目的洁净室环境测试。组建技术专家服务团队深入企业实地调研，将“百名博士进厂入企”活动做深做实，与大红鹰药业、宁波翔生中药等企业结对，促进中药材种植产业和地方品牌不断发展，推动高质量建设实现共同富裕。

# 深圳市药品检验研究院（深圳市医疗器械检测中心）

## 概　况

2022 年，是深圳市药品检验研究院建院 40

周年。40年来，深圳药检院瞄准国际一流、国内领先，践行服务科学监管、护航产业发展、守护公众健康的使命担当，厚植高质量发展的沃土，在检验检测、科研创新、能力建设、服务产业等方面均实现“0到1”的突破和“1到N”的飞跃。软硬件实力、综合能力位居全国药检系统前列。现有实验室建筑面积6.2万平方米，配备各类大型精密检验仪器5011台/套，固定资产14.4亿元。拥有一支包括WHO-PQ认证专家，欧洲药典委员会委员，国际标准化组织注册专家，享受国务院政府特殊津贴专家，国家药典委员会委员，国家医疗器械专业标准化技术委员会委员，国家化妆品技术规范委员会委员以及国家CNAS、CMA、GCP、GMP、GLP评审员、检查员等专家群体队伍。2022年，在中检院和深圳市市场监管局的领导下，担当作为、履职尽责，为政府监管和产业服务提供有力技术支撑。

## 检验检测

2022年，完成药品、医疗器械、化妆品等各类型检品共计21212批次，首次突破2万批次大关，同比增长8.9%。口岸检验1745批次，同比增长5.66倍，创历史新高。医疗器械领域通过采取“专业化、多场地、分级化”以及建立医疗器械全生命周期“一站式”服务平台等措施，为相关检品提速20%以上，检品量10291批次，同比增长44.8%。顺利完成甲苯磺酸索拉非尼片和金银花2个品种323批的国家药品抽验任务及探索性研究工作，金银花品种抽检获国家药品抽检质量分析报告（中药饮片组）第三名。连续三年续约联合国药品检测全球长期合作实验室，承担UNDP苏丹国家办事处委托的40个化学药检验任务。疫情期间，组织专班人员，开通疫情防控物资检验绿色通道，全天候受理，随到随检，完成舆情产品、供港抗疫药械产品、“美妆”医用口罩等紧急监督检验，全力保障防疫产品质量安全。发挥技术优势，助力亚辉龙、易瑞等两家企业通过国家药监局应急审批，获得新冠抗原检测产品产品注册证。先后派出3名技术骨干，赴辖区内疫苗生产企业开展派驻检查工作，保障包括新冠疫苗在内的深圳产疫苗质量安全有效。

## 科研工作

全年申报科研项目71项，获立项39项。发表论文71篇，其中SCI论文23篇，同比增加77%，影响因子110.16。作为发起单位之一，获批国家科技部、国家工信部项目3项。首次获中国博士后科学基金特别资助（站中）。申请专利18项，获授权专利12项，同比增长200%。其中，首个关于化妆品致敏性检验检测方法学发明专利获授权，实现化妆品领域专利新突破。完成《德国药品法典》“中药配方颗粒的通则“的制定，完成《欧洲药典》金银花、《香港中药材标准》凌霄花的质量标准研究，《国际药典》复方青蒿琥酯咯萘啶片质量标准，WHO审核；完成或承担药品、医疗器械、化妆品质量标准研究86项；承担国家药监局“特色民族药材检验方法示范性研究”专项瑶族药标准2项，为首次开展特色民族药材检验方法研究；参与地方标准《医疗器械唯一标识数据接口规范》制定，为深圳市在全国范围内率先实现UDI（“医疗器械唯一标识”）实施单位与监管部门数据对接，提供技术支持。三个国家药监局重点实验室顺利通过国家药监局2021年度考核及2022年建设计划审评；顺利承办第八届深圳国际生物医药产业高峰论坛中的专业论坛：创新—生物医药高精尖人才论坛，在服务药品监管科学和医药产业高质量发展方面成效凸显。博士后科研工作站获评“良好”等级。“全能型中药智能检验机器人Alpha Test 1”项目在扬子江药业集团孵化落地，为药品科学监管提供创新技术支持。深圳市药品检验研究院科普教育基地先后获批为深圳市科普基地和广东省科普教育基地。

## 能力建设

获批国家进口药材口岸检验机构和国家医疗器械抽检承检机构。先后通过CNAS、国家CMA及广东省CMA扩项评审。安评中心通过AAALAC国际实验动物认证。优化调整生物制品检验部门职能，成立独立生物制品检验室，生物制品检验能力不断加强；完成深圳市辖区内生产的疫苗、血液制品、重组药物类生物制品及口岸检验中涉及的活菌制剂共70个项目的检验能力扩项，覆盖100%品种。获批深圳市发改委的深圳市生物医药产业专项“深圳市生物制品检验检测重大公共服务平台”项目。医疗器械领域资质能力发展迅猛，新增143个标准/方法的检测资质，检验能力较去年提升18.9%。建立医疗器械临床前大动物实验评价体系，填补大湾区法定机构医疗器械大动物评价能力空白，为企业提供猪、犬等临床前大动物实验，已开展各类大动物实验400余台次。连续第四年向WHO提交《WHO质量控制实验室年度报告》，符合PQ相关要求。化学药微生物领域WHO-PQ认证申请获WHO受理并已启动预认证审批流程，获国家药监局领导批示。

## 重要活动、举措、成果

瞄准未来产业，建立国家工信部公共服务平台、国家高性能医疗器械创新中心技术服务基地、国家高性能医疗器械创新中心动物实验基地、细胞产业关键共性技术国家工程研究中心细胞和基因产品研发基地、细胞产业关键共性技术国家工程研究中心检测技术开发基地等5个“国字号”平台基地。作为发起单位，成立细胞与基因产业联盟、深圳市高端医疗器械产业联盟。粤港澳大湾区规模最大的生物医药安全评价中心通过AAALAC国际实验动物认证；深圳首家GLP实验室获国家药监局GLP认证。国内率先建立创新医疗器械一站式综合技术服务平台，打通医疗器械研发、产品注册、上市后产品整改等技术服务通道。完成创新产品、优先审批、关联产品检验11项。助力深圳先赞公司全抛式一次性电子胃镜全球首个同时取得CE、FDA和NMPA注册证；助力元化智能膝关节置换手术机器人获批上市，填补我国膝关节置换手术机器人领域空白；成立技术专班，助力国内首款ECMO产能质量双提升。

## 获奖与表彰

评选办公室等12个部门为“中检院抗击新冠肺炎疫情先进部门奖”、食品化妆品检定所理化检测一室等20个科室为“中检院抗击新冠肺炎疫情先进科室奖”；评选王迎、肖美莹等52名同志为“中检院抗击新冠肺炎疫情先进工作者抗疫专项奖”。评选徐苗、项新华等4名同志为NRA突出贡献奖；韩若斯、薛晶等26名同志为NRA重要贡献奖。

## 先进集体、先进个人和优秀员工

给予化学药品检定所等10个部门先进集体荣誉称号，给予食品化妆品检定所综合办公室等22个部门优秀科室荣誉称号；给予何欢等19人记功奖励，给予刘丹丹等266人嘉奖奖励。

# 论文论著

## 2022 年出版书籍目录

| 序号 | 书 名 | 主编 | 出版社 | 出版日期 | 书号（ISBN） | 备注 |
|---|---|---|---|---|---|---|
| 1 | 中药化学对照品核磁共振波谱集 | 马双成，戴忠 | 中国医药科技出版社 | 2022.10 | 978-7-5214-3342-5 | |
| 2 | 生物医学材料评价方法与技术 | 王春仁，孙皎作，王迎军 | 科学出版社 | 2022.02 | 978-7-03-071227-1 | |
| 3 | 世界卫生组织技术报告丛书世界卫生组织药品标准专家委员会 第 50 次技术报告 | 金少鸿，宁保明，王铁杰（主译） | 中国医药科技出版社 | 2022.07 | 978-7-5214-3157-5 | |
| 4 | 世界卫生组织技术报告丛书世界卫生组织药品标准专家委员会 第 49 次技术报告 | 金少鸿，宁保明，刘阳译（主译） | 中国医药科技出版社 | 2022.07 | 978-7-5214-3156-8 | |
| 5 | 世界卫生组织技术报告丛书世界卫生组织药品标准专家委员会 第 48 次技术报告 | 金少鸿，宁保明，洪利娅（主译） | 中国医药科技出版社 | 2022.07 | 978-7-5214-3155-1 | |
| 6 | 世界卫生组织技术报告丛书世界卫生组织药品标准专家委员会 第 47 次技术报告 | 金少鸿，宁保明，姜红译（主译） | 中国医药科技出版社 | 2022.08 | 978-7-5214-3126-1 | |
| 7 | 化学药品中遗传毒性杂质的评估控制 | 张庆生，陈华，黄海伟 | 中国医药科技出版社 | 2022.12 | 978-7-5214-3692-1 | |

## 2022 年发表论文目录

| 序号 | 题目 | 作者 | 杂志名称 | 期号、起止页码 | SCI 影响因子 |
|---|---|---|---|---|---|
| 1 | 冰鲜贮存条件下三文鱼蛋白质组变化差异的分析 | 孙姗姗；梁瑞强；罗娇依；郑越男；刘彤彤；郭亚辉；曹进#；张晓林 | 生物加工过程 | 2023，21（01）：107-118 | |
| 2 | 以 CD79b 为靶点抗体偶联药物结合活性的评价研究 | 李萌；赵雪羽；俞小娟；杨雅岚；龙彩凤；于传飞；王兰# | 药物分析杂志 | 2022，42（10）：1754-1762 | |
| 3 | mRNA 疫苗起始材料、原辅料和原液技术评估要点的研究与分析 | 孙巍；佟乐；杨亚莉；杨振 | 药物分析杂志 | 2022，42（10）：1850-1855 | |
| 4 | 质谱成像技术在中药研究中的应用现状 | 黄烈岩；聂黎行；董静；杨学欣；贾晓飞；姚令文；何风艳；戴忠；马双成 | 药物分析杂志 | 2022，42（10）：1675-1689 | |

注：#代表通讯作者。

续表

| 序号 | 题目 | 作者 | 杂志名称 | 期号、起止页码 | SCI 影响因子 |
|---|---|---|---|---|---|
| 5 | 大黄素型单蒽酮大鼠体内毒代动力学研究 | 汪祺；杨建波；王莹；李妍怡；张玉杰；文海若；马双成 | 药物分析杂志 | 2022，42（10）：1720－1728 | |
| 6 | 基于 LC－MS/MS 特征图谱技术牛黄清心丸（局方）中牛黄及代用品的鉴别研究 | 胡晓茹；聂黎行；何风艳；刘晶晶；戴忠；马双成 | 药物分析杂志 | 2022，42（10）：1808－1814 | |
| 7 | 近红外光谱法快速测定附子中总灰分、酸不溶性灰分和胆巴残留 | 戴胜云；蒋双慧；高妍；刘杰；乔菲；过立农；马双成；郑健 | 药物分析杂志 | 2022，42（10）：1856－1863 | |
| 8 | 欧盟化妆品纳米原料法规管理现状及思考 | 高家敏；苏哲；余振喜；张凤兰；王钢力 | 香料香精化妆品 | 2022（05）：82－88 | |
| 9 | 斜率比法测定水蛭抗凝血活性的实验室间联合验证方法学 | 胡宇驰；肖斯婷；杨文良；郭玉东；许华玉；高华；张媛；唐黎明；张素慧；朴晋华；王婷婷；张蕻；芮菁；华晓东；侯娟；杨天骄；李波 | 中国药理学通报 | 2022，38（11）：1722－1729 | |
| 10 | 细菌内毒素光度法检测能力验证研究 | 杜颖；陈晨；蔡彤；谭德讲；高华 | 中国药理学通报 | 2022，38（11）：1717－1722 | |
| 11 | 何首乌水蒸液化学成分研究 | 周铭；张兰珍；杨建波；王莹；康荣；刘越；马双成 | 中国药学杂志 | 2022，57（24）：2077－2083 | |
| 12 | 4 种 SPF 级大鼠活体保种繁殖性能测定与分析 | 朱婉月；左琴；梁春南；刘佐民 | 实验动物科学 | 2022，39（05）：57－61 | |
| 13 | 海立啮齿杆菌 OmpA 基因缺失株的构建及其生物学特性 | 邢进；冯育芳；张雪青；高强；赵德明；岳秉飞 | 实验动物科学 | 2022，39（05）：62－68 | |
| 14 | 环介导等温扩增技术检测四翼无刺线虫方法的建立 | 黄健；冯育芳；邢进；魏杰；李晓波；岳秉飞 | 实验动物科学 | 2022，39（05）：69－71 | |
| 15 | 关于药检机构企业所得税汇算清缴的思考 | 戴景南；曹洪杰 | 中国总会计师 | 2022（10）：170－173 | |
| 16 | 基于网络药理学及分子对接技术探讨沙棘治疗癌症的关联机制 | 赵磊；廖苑君；高嵩；姜海英；姜大成；马彧；昝珂 | 中国药物评价 | 2022，39（05）：406－413 | |
| 17 | 光释光法筛查养阴清肺丸辐射情况研究 | 赵剑锋；陈安珍；王赵 | 中国药品标准 | 2022，23（05）：541－545 | |
| 18 | 复方麝香雪莲柳酯贴膏中 4 种挥发性成分含量测定方法的建立 | 周钢；单莲莲；马方圆；柴冰阳；雷慧兰；陶虹；严华 | 中国药房 | 2022，33（20）：2498－2502 | |
| 19 | CE－SDS 分析单克隆抗体大小异质性的方法优化及系统适用性对照品的研制 | 李萌；杨雅岚；赵雪羽；王文波；武刚；于传飞；王兰 | 中国药学杂志 | 2022，57（24）：2061－2066 | |
| 20 | 3 种何首乌单体成分致 SD 大鼠急性肾脏损伤组织病理学研究 | 霍桂桃；文海若；杨艳伟；秦超；汪祺；马双成 | 中国药物警戒 | 2022，19（12）：1303－1308 | |

续表

| 序号 | 题目 | 作者 | 杂志名称 | 期号、起止页码 | SCI 影响因子 |
|---|---|---|---|---|---|
| 21 | 九蒸九晒炮制过程何首乌中 5 - 羟甲基糠醛和二苯乙烯苷含量变化分析 | 王莹；辜冬琳；范晶；杨建波；刘越；王雪婷；汪祺；金红宇；魏锋；马双成 | 中国药物警戒 | 2022，19（12）：1291 - 1294 | |
| 22 | 首批人抗乙型脑炎病毒血清候选国家标准品的研制 | 徐宏山；刘欣玉；贾丽丽；董德梅；周蓉；孙明波；杨卉娟；杨会强；李玉华 | 微生物学免疫学进展 | 2022，50（06）：15 - 19 | |
| 23 | 《WHO 抗体检测用二级标准品制备手册》解读 | 张辉；徐苗；梁争论 | 微生物学免疫学进展 | 2022，50（06）：91 - 94 | |
| 24 | 病毒疫苗的研究进展 | 李倩倩；黄维金；王佑春 | 药学进展 | 2022，46（10）：724 - 735 | |
| 25 | mRNA 疫苗质量控制进展 | 张辉；刘建阳；毛群颖；梁争论；徐苗 | 药学进展 | 2022，46（10）：745 - 750 | |
| 26 | 婴幼儿配方乳粉中维生素 A 能力验证样品制备及应用研究 | 宁霄；金绍明 | 乳品与人类 | 2022（05）：30 - 38 | |
| 27 | 无纸化办公环境下的电子文件“单套制”归档探索研究 | 田雨 | 办公室业务 | 2022（20）：9 - 11 | |
| 28 | 韩国健康功能食品市场准入制度及其对我国的启示 | 刘洪宇；张铂瑾；李美英；厉梁秋；黄妍；蒋文心；钮正睿；李可基 | 食品安全质量检测学报 | 2022，13（20）：6713 - 6723 | |
| 29 | 我国化妆品智慧审评技术要点分析 | 苏哲；胡康；吕冰峰；塔娜；王钢力；路勇 | 日用化学工业（中英文） | 2022，52（10）：1113 - 1120 | |
| 30 | 超高效液相色谱法快速测定化妆品中 23 种防腐剂 | 张伟清；刘慧锦；王海燕；孙磊 | 日用化学工业（中英文） | 2022，52（10）：1128 - 1134 | |
| 31 | 抗 HER2 单抗报告基因法检测抗体依赖性细胞吞噬作用生物学活性方法的建立及应用 | 刘春雨；于传飞；付志浩；崔永霏；杨雅岚；王兰 | 中国药学杂志 | 2022，57（23）：1991 - 1997 | |
| 32 | 假劣药认定检验样品获取和送检中常见问题及对策 | 张炜敏；梁静；黄清泉；黄宝斌 | 中国药业 | 2022，31（20）：1 - 4 | |
| 33 | 危害分析和关键控制点法用于医疗器械标准制修订步骤分析 | 毛歆；韩倩倩 | 中国药业 | 2022，31（20）：4 - 7 | |
| 34 | 结合药品注册检验受理常见问题解读与之相关规章 | 薛晶；黄清泉；黄宝斌；张炜敏 | 中国药事 | 2022，36（10）：1110 - 1116 | |
| 35 | 重组抗 CD52 单克隆抗体的食蟹猴单次静脉注射毒性研究 | 王欣；张琳；杨莹；齐卫红；姜华 | 中国药事 | 2022，36（10）：1147 - 1165 | |
| 36 | 对世界卫生组织预防传染病 mRNA 疫苗非临床评价技术要点的解析 | 佟乐；孙巍；杨亚莉；王佑春；杨振 | 中国药事 | 2022，36（10）：1190 - 1197 | |

续表

| 序号 | 题目 | 作者 | 杂志名称 | 期号、起止页码 | SCI 影响因子 |
|---|---|---|---|---|---|
| 37 | 日本组合医疗产品监管政策研究 | 董谦；田蒙；孟芸；余新华 | 中国药事 | 2022，36（10）：1198－1202 | |
| 38 | 基于计算毒理学的遗传毒性评价研究进展 | 兰洁；王雪；黄芝瑛；汪祺；文海若 | 中国药事 | 2022，36（10）：1203－1209 | |
| 39 | 第六批狂犬病免疫球蛋白国家标准品的协作标定 | 石磊泰；曹守春；吴小红；李加；王云鹏；李玉华 | 中国生物制品学杂志 | 2022，35（10）：1191－1194 | |
| 40 | 2016—2020 年口服脊髓灰质炎减毒活疫苗批签发汇总及质量分析 | 刘悦越；英志芳；赵荣荣；范行良；王剑锋；李长贵 | 中国生物制品学杂志 | 2022，35（10）：1278－1280 | |
| 41 | 何首乌中外源性有害残留物的风险评估与其致肝毒相关性初评 | 王莹；金红宇；李耀磊；刘芫汐；杨建波；辜冬琳；左甜甜；魏锋；马双成 | 中国药事 | 2022，36（10）：1134－1146 | |
| 42 | 基于干法快速蒸发离子化质谱（REIMS）指纹图谱与机器学习算法联用的白头翁真伪判别研究 | 石岩；姚令文；魏锋；马双成 | 中国中药杂志 | 2023，48（04）：921－929 | |
| 43 | 重组抗 IL－36 受体单克隆抗体药物的质量控制研究 | 杜加亮；于传飞；王文波；武刚；崔永霏；郭璐韵；杨雅岚；俞小娟；李萌；徐刚领；刘春雨；付志浩；郭莎；王兰 | 山西医科大学学报 | 2022，53（10）：1331－1337 | |
| 44 | 地贫核酸检测国家参考品对单分子测序试剂的适用性评价 | 于婷；胡泽斌；黄杰；孙楠 | 分子诊断与治疗杂志 | 2022，14（10）：1650－1654 | |
| 45 | 化妆品中植物提取物的检测方法研究进展 | 袁莹莹；乔亚森；董亚蕾；孙磊 | 中国食品药品监管 | 2022（10）：64－71 | |
| 46 | 赖脯胰岛素制剂中四环素残留检测研究 | 徐可铮；吕萍；丁晓丽；陈莹；李晶；张慧；梁成罡 | 中国新药杂志 | 2022，31（19）：1883－1887 | |
| 47 | 克拉霉素分散片有关物质分析中辅料干扰的研究 | 崇小萌；田冶；王立新；王晨；刘颖；姚尚辰 | 中国新药杂志 | 2022，31（19）：1936－1942 | |
| 48 | 头孢噻肟二聚体脱水物杂质的制备与结构确证 | 符雅楠；李进；冯芳；尹利辉；姚尚辰 | 中国新药杂志 | 2022，31（19）：1943－1951 | |
| 49 | QuEChERS－气相色谱－质谱法同时测定小麦胚中 45 种农药残留 | 李婷婷；任兴权；周丽；王蓉；霍文清；孙姗姗 | 食品安全质量检测学报 | 2022，13（19）：6423－6430 | |
| 50 | 巨噬细胞介导的炎症反应在材料生物相容性评价中的意义 | 李士杰；姜爱莉；刘宇；王召旭；韩倩倩 | 组织工程与重建外科 | 2022，18（05）：436－440 | |
| 51 | 10 株 A 族链球菌标准菌株全基因组序列分析 | 王春娥；石继春；徐潇；刘茹凤；李康；梁丽；叶强；徐颖华 | 中国公共卫生 | 2022，38（10）：1285－1290 | |

续表

| 序号 | 题目 | 作者 | 杂志名称 | 期号、起止页码 | SCI 影响因子 |
|---|---|---|---|---|---|
| 52 | 两种玫瑰健康食品的开发及其检测与分析 | 王丽君；曹炎生；苗保河；王铭先；王海燕；李波 | 现代食品 | 2022，28（19）：42－45 | |
| 53 | 四株 ST9 型耐甲氧西林金黄色葡萄球菌的全基因组序列分析 | 陈怡文；王珊珊；石继春；徐颖华；崔生辉 | 中国食品卫生杂志 | 2022，34（06）：1135－1140 | |
| 54 | 基因治疗药物 AAV5－脂蛋白脂酶变异体在食蟹猴体内的毒性研究 | 侯田田；夏艳；潘东升；霍桂桃；马雪梅；刘子洋；孙立；刘艺；闫建奥；吴小兵；周晓冰；刘国庆；耿兴超 | 中国药物警戒 | 2023，20（01）：27－33 | |
| 55 | 高水分活度中药制剂处方分析与微生物污染风险预测 | 李辉；马仕洪；朱加武；胡科；绳金房；钱卫东；田斌 | 陕西科技大学学报 | 2022，40（05）：70－75 | |
| 56 | 药品连续制造中常用的过程分析工具及其应用进展 | 訾孟晴；牛剑钊；许鸣镝；刘倩 | 中国医药工业杂志 | 2022，53（10）：1402－1407 | |
| 57 | 应用近红外光谱法快速测定聚乙烯醇的玻璃化转变温度 | 王倩倩；王晓锋；涂家生；孙会敏 | 中国医药工业杂志 | 2022，53（10）：1499－1503 | |
| 58 | 基于逐步回归法分析磺丁基－$\beta$－环糊精钠增溶能力一致性的影响因素 | 王晓锋；王会娟；张靖；肖新月；杨锐 | 中国医药工业杂志 | 2022，53（10）：1482－1487 | |
| 59 | 病灶大小对肺结节辅助检测产品测试结果的影响 | 孟祥峰；李佳戈；郝烨；王浩 | 中国医疗设备 | 2022，37（10）：14－17 | |
| 60 | 利拉鲁肽中长链脂肪酸——棕榈酰谷氨酸残留量的检测方法研究 | 胡馨月；孙悦；张慧；吕萍；李晶；梁成罡 | 中国医药生物技术 | 2022，17（05）：405－411 | |
| 61 | 钩端螺旋体病实验室诊断研究进展 | 李彬；叶强；徐颖华 | 中国医药生物技术 | 2022，17（05）：429－432 | |
| 62 | 抗人球蛋白检测卡行业标准的研究 | 胡泽斌；孙彬裕；孙晶；王布强；于婷 | 中国医药生物技术 | 2022，17（05）：449－452 | |
| 63 | 三种不同血清型肺炎球菌多糖国家参考品的研制 | 王珊珊；陈琼；许美凤；李亚南；徐颖华；叶强 | 中国医药生物技术 | 2022，17（05）：445－448 | |
| 64 | 药品化妆品抽检信息化应用的研究与思考 | 王胜鹏；王翀；朱炯；刘刚；王慧 | 药物评价研究 | 2022，45（10）：1935－1940 | |
| 65 | 大鼠肝彗星试验与骨髓微核试验评价结果比较研究 | 文海若；兰洁；叶倩；王曼虹；王雪；汪祺；耿兴超 | 药物评价研究 | 2022，45（10）：2002－2007 | |
| 66 | 同时测定制剂中添加 3 种卡波地那非类似物的研究 | 宋金玉；董培智；王珂；刘晓普；张禄；项新华 | 中国药学杂志 | 2022，57（19）：1673－1678 | |

续表

| 序号 | 题目 | 作者 | 杂志名称 | 期号、起止页码 | SCI 影响因子 |
|---|---|---|---|---|---|
| 67 | 大黄素甲醚大鼠体内毒代动力学研究 | 汪祺；杨建波；王莹；李妍怡；张玉杰；文海若；马双成 | 中国药学杂志 | 2022，57（19）：1666－1672 | |
| 68 | UHPLC－MS/MS 测定天仙藤中 5 种马兜铃酸类成分 | 刘静；武营雪；戴忠；康帅；马双成；刘阳 | 中国药学杂志 | 2022，57（19）：1679－1684 | |
| 69 | 柱前衍生化高效液相色谱法测定麦冬中多糖的含量 | 孙红梅；李明华；程显隆；魏锋；马双成；杨秀伟 | 中国现代中药 | 2022，24（11）：2126－2131 | |
| 70 | 利清通方对高尿酸血症大鼠的降血尿酸作用及对尿酸生成限速酶与尿酸转运体的影响 | 邸松蕊；刘金莲；余淑惠；南海鹏；方文娟；陈洪璋；王淳；王林元；李波；张建军 | 环球中医药 | 2022，15（10）：1782－1787 | |
| 71 | 高效液相色谱法与电位滴定法测定雷贝拉唑钠原料含量比较 | 王舒；徐丹洋；庄晓庆；孙葭北；施亚琴 | 中国药师 | 2022，25（10）：1849－1852 | |
| 72 | 碳青霉烯类异质性耐药铜绿假单胞菌的耐药机制研究 | 乔涵；胡辛欣；聂彤颖；杨信怡；游雪甫；李聪然 | 中国抗生素杂志 | 2022，47（09）：933－938 | |
| 73 | 包材密封性微生物挑战法实验方案探讨 | 史春辉；尹翔；张肖宁；王威；于嘉伟；姚尚辰；许明哲 | 中国药物警戒 | 2022，19（11）：1181－1185 | |
| 74 | 何首乌九蒸九晒炮制过程中多糖结构的动态变化研究 | 王莹；辜冬琳；杨建波；刘晶晶；范晶；刘越；汪祺；金红宇；魏锋；马双成 | 中国药物警戒 | 2022，19（12）：1285－1290 | |
| 75 | 基于 UPLC－MS/MS 检测技术探讨清蒸时间对何首乌 26 种化学成分的影响 | 李妍怡；王莹；张南平；杨建波；刘越；汪祺；张玉杰；魏锋；马双成 | 中国药物警戒 | 2022，19（12）：1295－1302 | |
| 76 | 复合维生素 B 注射液致家兔肌肉刺激的研究 | 吴彦霖；耿颖；张媛；张铭露；何兰；高华 | 中国新药杂志 | 2022，31（18）：1838－1844 | |
| 77 | HPLC－CAD 法同时测定聚乙二醇及壬苯醇醚的含量 | 张伟；孙悦；张慧；梁成罡 | 中国新药杂志 | 2022，31（18）：1853－1857 | |
| 78 | 蛋白药物中聚山梨酯的降解及潜在风险研究进展 | 王珏；江颖；孙春萌；杨锐；孙会敏 | 药物分析杂志 | 2022，42（09）：1483－1492 | |
| 79 | 曲普瑞林缓释注射剂中杂质的活性比较分析 | 孙悦；郭宁子；杨化新；李湛军；胡馨月；徐可铮；梁成罡 | 药物分析杂志 | 2022，42（09）：1546－1553 | |
| 80 | GC 法测定聚山梨酯 65/85 中乙二醇、二甘醇、三甘醇及环氧乙烷和二氧六环杂质的含量 | 王会娟；王珏；王晓锋；孙会敏；肖新月；杨锐；孙晶波 | 药物分析杂志 | 2022，42（09）：1483－1494 | |

续表

| 序号 | 题目 | 作者 | 杂志名称 | 期号、起止页码 | SCI 影响因子 |
| --- | --- | --- | --- | --- | --- |
| 81 | 气雾剂抛射剂替代物 1,1,1,2－四氟乙烷的关键质量属性酸碱度研究 | 赵燕君；许新新；田霖；仪忠勋；孙会敏；杨会英 | 药物分析杂志 | 2022，42（09）：1634－1642 | |
| 82 | 同种异体骨体外人外周血淋巴细胞活性与增殖效应评价 | 邵安良；穆钰峰；陈丽媛；陈亮；徐丽明 | 药物分析杂志 | 2022，42（09）：1505－1510 | |
| 83 | 山楂叶中 127 种农药多残留检测分析 | 刘芫汐；左甜甜；王莹；金红宇；马双成 | 药物分析杂志 | 2022，42（09）：1586－1598 | |
| 84 | 双标多测法测定陈皮中 5 个黄酮类成分 | 李丹；万林春；赵雯；于健东；徐春良 | 药物分析杂志 | 2022，42（09）：1643－1651 | |
| 85 | 双标线性校正法用于槐角炭的指纹图谱研究 | 牛艳；栾永福；许丽丽；孙磊；马双成 | 药物分析杂志 | 2022，42（09）：1652－1658 | |
| 86 | 基于网络药理学和实验验证探讨泄浊解毒方治疗溃疡性结肠炎的作用机制 | 李斌杰；康帅；刘晓萌；刘龙辉；赵蒙蒙；王玉婷；刘建平 | 中国药学杂志 | 2023，58（01）：48－56 | |
| 87 | 非临床安全性评价研究中注射用阿奇霉素豚鼠过敏试验研究 | 刘春；王巨才；黄裕昌；叶小青；赵映淑；詹媚媚；王晨 | 中国药物警戒 | 2022，19（11）：1161－1164 | |
| 88 | 风险管理视角下的国家药品抽检沿革分析与现实挑战 | 郗昊；朱炯；王翀 | 中国现代应用药学 | 2022，39（18）：2396－2404 | |
| 89 | 反相高效液相色谱法测定牛初乳保健食品中免疫球蛋白 G 的含量 | 罗娇依；刘彤彤；曹进；赵溪；孙姗姗；张旭光 | 中国食物与营养 | 2022，28（09）：20－26 | |
| 90 | 重组胶原蛋白的产业发展历程和生物医学应用前景展望 | 傅容湛；范代娣；杨婉娟；陈亮；曲词；杨树林；徐丽明 | 生物工程学报 | 2022，38（09）：3228－3242 | |
| 91 | 美白类化妆品中功效成分苯乙基间苯二酚的使用情况调查 | 黄传峰；林思静；刘慧锦；董亚蕾；王海燕；孙磊 | 日用化学品科学 | 2022，45（09）：43－46 | |
| 92 | 应用微卫星技术对 KM 小鼠种子群体遗传质量进行比较分析 | 左琴；魏杰；付瑞；刘佐民；王洪；岳秉飞 | 中国实验动物学报 | 2022，30（06）：819－823 | |
| 93 | 注射用海参糖胺聚糖异常毒性和热原方法学研究 | 王宗尉；肖佳音；王春雨；高海舒；姚尚辰；许明哲 | 中国药物警戒 | 2022，19（11）：1165－1169 | |
| 94 | 基于 in vitro 和 in silico 技术的化学品眼刺激性评价替代方法研究 | 林铌；罗飞亚；曹春然；胡宇驰 | 日用化学工业 | 2022，52（09）：1016－1022 | |
| 95 | 质量提取法检测直立式聚丙烯输液袋密封完整性研究 | 杨梦雨；贾菲菲；赵霞；孙会敏 | 中国药学杂志 | 2022，57（18）：1565－1570 | |

续表

| 序号 | 题目 | 作者 | 杂志名称 | 期号、起止页码 | SCI 影响因子 |
|---|---|---|---|---|---|
| 96 | 四国药典眼用制剂质量控制对比 | 岳志华；牛剑钊；李浩；赵志刚 | 临床药物治疗杂志 | 2022，20（09）：6 – 10 | |
| 97 | 生脉注射液化学物质基础研究——大类成分的定量分析 | 聂黎行；刘瑞；张烨；陈佳；李静；戴忠；马双成 | 食品与药品 | 2022，24（05）：407 – 412 | |
| 98 | 中药注射剂安全性及其无菌保障体系的现状与思考 | 李辉；马仕洪；王兰；田斌；绳金房 | 中成药 | 2022，44（09）：2939 – 2943 | |
| 99 | 谷氨酰胺对骨肽药物促 UMR106 细胞增殖试验的影响 | 张媛；纳涛；吴彦霖；杨泽岸；高华 | 中国生物制品学杂志 | 2022，35（09）：1060 – 1064 | |
| 100 | 国家药包材标准物质的发展现状与展望 | 韩小旭；赵霞；杨会英；孙会敏 | 中国药事 | 2022，36（09）：990 – 1001 | |
| 101 | 塑料类药包材抗氧剂的检测分析策略 | 谢兰桂；孙会敏；杨会英；赵霞；肖新月 | 中国药事 | 2022，36（09）：1002 – 1009 | |
| 102 | 药检机构质量体系运行方面的风险管理研究 | 乔涵；肖镜；王翀；张炜敏；于欣 | 中国药事 | 2022，36（09）：1010 – 1017 | |
| 103 | 游离 DNA 保存管中咪唑烷基脲的定量检测方法 | 魏慧慧；刘艳；殷剑峰；苏丽红；王玉梅 | 中国药事 | 2022，36（09）：1034 – 1039 | |
| 104 | 纳米材料的神经毒性作用机制及评价方法 | 杨颖；王雪；文海若；耿兴超 | 中国药事 | 2022，36（09）：1061 – 1070 | |
| 105 | 流式细胞术在遗传毒性评价中的应用 | 唐茵茹；姜华；王雪；汪祺；文海若 | 中国药事 | 2022，36（09）：1071 – 1077 | |
| 106 | AA – PR8 冷适应流感病毒疫苗株在小鼠中的保护作用 | 徐康维；郭航炜；李星星；谢莹；权娅茹 | 中国生物制品学杂志 | 2022，35（09）：1040 – 1044 | |
| 107 | 柯萨奇病毒 A 组 6 型中和抗体检测用毒株病毒滴度标定及其专属性和适用性评价 | 陈磊；孟庆敏；张改梅；孙光卫；耿丽娜 | 中国生物制品学杂志 | 2022，35（09）：1045 – 1049 | |
| 108 | 国家中药饮片抽验品种冰片质量情况分析与研究 | 徐鸿；邓继华；于睿；周洋；于新兰 | 中国药事 | 2022，36（09）：1026 – 1033 | |
| 109 | 超高效液相色谱 – 串联质谱法同时测定蜂花粉中 10 种真菌毒素 | 李莉；李硕 | 食品与药品 | 2022，24（05）：385 – 390 | |
| 110 | 抗 GD2 单克隆抗体药物的质量控制 | 杜加亮；于传飞；王文波；武刚；崔永霏 | 山西医科大学学报 | 2022，53（09）：1176 – 1183 | |
| 111 | 生活饮用水中铅检测的实验室间比对 | 杨姣兰；曹宁涛；王君 | 卫生研究 | 2022，51（05）：829 – 833 | |
| 112 | 肌营养不良蛋白基因检测的评价 | 胡泽斌；曲守方；黄传峰；黄杰 | 分子诊断与治疗杂志 | 2022，14（09）：1611 – 1614 | |
| 113 | 3 种单细胞全基因组扩增方法对 1 ~ 4 Mb 拷贝数变异检测性能的研究 | 于婷；王云云；费嘉；黄杰；胡泽斌 | 分子诊断与治疗杂志 | 2022，14（09）：1549 – 1553 | |

续表

| 序号 | 题目 | 作者 | 杂志名称 | 期号、起止页码 | SCI 影响因子 |
|---|---|---|---|---|---|
| 114 | 冻干狂犬病疫苗热原检测在 HL-60 单核细胞激活实验中的方法转移和验证研究 | 杨泽岸；陈晨；张媛；王灿；高华 | 中国药理学通报 | 2022，28（10）：1586-1590 | |
| 115 | 中草药重金属及有害元素健康风险评估新视角——概率风险评估，以车前草为例 | 左甜甜；刘佳琳；李依玲；金红宇；费毅琴 | 药学学报 | 2022，57（11）：3365-3370 | |
| 116 | 盐酸伊达比星标准物质的研制 | 田冶；崇小萌；刘颖；姚尚辰 | 中国新药杂志 | 2022，31（17）：1747-1751 | |
| 117 | 药用卤化丁基橡胶塞中 2-巯基苯并噻唑的检测 | 贾菲菲；程佳美；赵霞；杨会英；肖新月 | 药学研究 | 2022，41（09）：581-583 | |
| 118 | 实验室医用冷藏箱的温度分布特性验证研究 | 江志杰；宣泽；梁谋；庞逸辉；项新华 | 医疗卫生装备 | 2022，43（09）：69-72 | |
| 119 | 鉴别布鲁菌 A19 疫苗株的双重荧光定量 PCR 方法的建立与应用 | 董浩；原霖；刘洋；徐阳；陈亚娜 | 中国兽医学报 | 2022，42（09）：1845-1850 | |
| 120 | 基于傅里叶变换红外光谱技术快速测定磺丁基-$\beta$-环糊精钠的平均取代度 | 王晓锋；许凯；张靖；王会娟；肖新月 | 中国医药工业杂志 | 2022，53（09）：1332-1327 | |
| 121 | 我国市场打假专业技术手段的重大突破——多波段光谱检查勘验智能识别分析技术 | 曹国营；尹利辉 | 中国品牌与防伪 | 2022（09）：16-21 | |
| 122 | 基于 UDP-葡萄糖醛酸转移酶 1A1 抑制探讨二蒽酮的潜在肝毒性 | 汪祺；杨建波；文海若；马双成 | 药物评价研究 | 2022，45（09）：1779-1785 | |
| 123 | 大鼠重复 ig 给予 *N*-[(3-烯丙基-2-羟基)苯亚甲基]-2-(4-苄基-高哌嗪-1-基)乙酰肼富马酸盐的药动学研究 | 刘淑洁；于敏；王宇；黄舒佳；张颖丽 | 药物评价研究 | 2022，45（09）：1830-1835 | |
| 124 | 对乙酰氨基酚片含量测定能力验证的结果与分析 | 李曦；陈燕；谢华；刘峰；李仁伟；李俊玲；黄玩滇；陈倩楠；李丹萍；项新华 | 中国药学杂志 | 2022，57（17）：1478-1481 | |
| 125 | 戊型肝炎疫苗抗原国家标准品的建立 | 高帆；卞莲莲；么山山；毛群颖；梁争论；吴星 | 中国病毒病杂志 | 2022，12（06）：433-436 | |
| 126 | 基于机体状态和功能因素探讨药物诱导肝损伤的研究进展 | 蔡琼；杨星月；李芝奇；范琦琦；陈美琳；戴胜云；林瑞超；赵崇军 | 中草药 | 2022，53（17）：5523-5530 | |
| 127 | 基于免疫亲和-高效液相色谱-柱后光化学衍生法的菊苣药材中黄曲霉毒素残留量研究 | 李耀磊；巨珊珊；张冰；吴昊；任志鑫；王雨；林志健；金红宇；马双成 | 中国药师 | 2022，25（09）：1634-1637 | |

续表

| 序号 | 题目 | 作者 | 杂志名称 | 期号、起止页码 | SCI 影响因子 |
|---|---|---|---|---|---|
| 128 | 《中华人民共和国药典》2020 年版收载何首乌和制何首乌质量标准【鉴别】项的商榷 | 王雪婷；杨建波；程显隆；汪祺；高慧宇；宋云飞；王莹；魏锋；马双成 | 中国现代中药 | 2022，24（10）：1877－1885 | |
| 129 | 狂犬病毒 PM 株在人用狂犬病疫苗中的研究及应用回顾 | 石磊泰；李玉华；俞永新 | 微生物学免疫学进展 | 2022，50（05）：53－59 | |
| 130 | GC－MS/MS 测定何首乌中 100 种农药多残留 | 王莹；刘芫汐；范晶；昝珂；杨建波；金红宇；马双成 | 中国现代中药 | 2022，24（10）：1886－1892 | |
| 131 | 香丹注射液与 3 种输液配伍后丹参素钠等 6 种有效成分的稳定性研究 | 昝珂；周颖；李文庭；谭春梅；祝清岚；马双成；郑成 | 中国药物警戒 | 2021，18（12）：1134－1137 | |
| 132 | 基于 1994—2021 年专利分析民族药的发展及思考 | 戴胜云；刘杰；乔菲；连超杰；过立农；郑健；马双成 | 药物分析杂志 | 2022，42（08）：1290－1305 | |
| 133 | 单剂量吸入混悬液剂量均一性抽样方案及评价分析 | 晏菊姣；李苗；耿颖；卢劲涛；陈路；魏宁漪 | 药物分析杂志 | 2022，42（08）：1465－1471 | |
| 134 | 固相萃取结合薄层色谱法鉴别滋肾育胎丸中的何首乌、续断、巴戟天和白术 | 唐哲；戴胜云；王蔚；宁娜；雷婷；何子昕；乔菲；郑健；马双成 | 药物分析杂志 | 2022，42（08）：1306－1311 | |
| 135 | 基质辅助激光解吸质谱成像可视化分析巴戟天炮制品中化学成分的空间分布 | 乔菲；戴胜云；连超杰；刘杰；董静；郑健；马双成 | 药物分析杂志 | 2022，42（08）：1312－1318 | |
| 136 | 基于响应面法优化紫草药材的基因组 DNA 提取条件 | 刘杰；房文亮；唐哲；连超杰；戴胜云；过立农；郑健；乔菲；马双成；李昀铮 | 药物分析杂志 | 2022，42（08）：1345－1353 | |
| 137 | 基于 DNA 条形码和 HRM 技术建立紫草药材的 RFLP－HRM 鉴别方法 | 刘杰；房文亮；唐哲；连超杰；戴胜云；过立农；郑健；乔菲；马双成；李昀铮 | 药物分析杂志 | 2022，42（08）：1354－1362 | |
| 138 | 基于随机森林预测西洋参药材的生长年限 | 胡笑文；严华；魏锋；马双成 | 药物分析杂志 | 2022，42（08）：1418－1423 | |
| 139 | 广西民族药材小叶金花草质量标准提升研究 | 林雀跃；戴胜云；谢培德；滕爱君；马双成；李丽莉；郑健 | 药物分析杂志 | 2022，42（08）：1319－1327 | |
| 140 | 藏成药石榴健胃散基因组 DNA 提取方法的比较及优化 | 房文亮；刘杰；唐哲；戴胜云；连超杰；乔菲；过立农；马双成；郑健 | 药物分析杂志 | 2022，42（08）：1328－1334 | |
| 141 | 基于特异性引物的藏成药石榴健胃散 HRM 鉴别方法研究 | 刘杰；房文亮；唐哲；乔菲；连超杰；戴胜云；过立农；郑健；马双成 | 药物分析杂志 | 2022，42（08）：1335－1344 | |

续表

| 序号 | 题目 | 作者 | 杂志名称 | 期号、起止页码 | SCI 影响因子 |
| --- | --- | --- | --- | --- | --- |
| 142 | 人工生物瓣抗钙化性能检测中阳性对照样品限值的研究 | 付海洋；于秋航；杨柳；王召旭；陈丹丹；付步芳 | 生物医学工程与临床 | 2022，26（05）：545－548 | |
| 143 | 新法规下特殊化妆品注册技术要点分析 | 高家敏；张凤兰；袁欢；余振喜；王钢力 | 香料香精化妆品 | 2022（04）：58－62，68 | |
| 144 | 224 例染发类化妆品不良反应回顾性分析 | 殷园园；高家敏 | 香料香精化妆品 | 2022（04）：63－68 | |
| 145 | 鸽圆环病毒荧光定量 PCR 检测方法的建立及应用 | 李晓波；王吉；王莎莎；李威；秦骁；黄宗文；岳秉飞；王淑菁；付瑞 | 实验动物科学 | 2022，39（04）：28－32 | |
| 146 | 应用色度仪法快速测定药用辅料蔗糖色值的可行性研究 | 李樾；王会娟；孙会敏；杨锐；肖新月 | 中国药品标准 | 2022，23（04）：376－380 | |
| 147 | 《中国药典》药用辅料聚乙二醇凝点测定的探讨 | 徐晓枫；朱颖；陈蕾；张启明 | 中国药品标准 | 2022，23（04）：357－363 | |
| 148 | 将《中华人民共和国药典》英文版内容融入高等中医院校专业药学英语教学工作的创新与探索 | 刘越；康荣；赵剑锋；张兰珍 | 中国当代医药 | 2022，29（24）：145－149 | |
| 149 | 尿酸、NLR 及 A/G 对结直肠癌诊断的应用价值分析 | 王荟；费秉元；孙鸽；姜金兰；金洪永；纳涛 | 中国实验诊断学 | 2022，26（08）：1250－1253 | |
| 150 | 常用注射剂中依地酸二钠添加量合理性评估 | 刘晓强；刘毅；唐丽丹 | 中国医院药学杂志 | 2022，42（23）：2471－2475 | |
| 151 | 国内外质控差异可能对多组分抗生素注射剂一致性评价产生的影响 | 马步芳；王立新；张培培；姚尚辰；常艳 | 中国抗生素杂志 | 2022，47（08）：08－815 | |
| 152 | 国产羟乙基淀粉 130/0.4 注射液质量评价及质量研究 | 王悦；宋玉娟；刘倩；赵湘美；邓利娟；范慧红 | 中国药物警戒 | 2022，19（10）：1067－1072 | |
| 153 | UHPLC－MS/MS 法同时测定祛痘类化妆品中 63 种激素类药物 | 丁宁；董亚蕾；张秋 | 日用化学品科学 | 2022，45（08）：11－16，39 | |
| 154 | 某机构 A2 型Ⅱ级生物安全柜使用现状分析 | 刘巍；王冠杰；侯丰田；马丽颖；梁春南 | 机电信息 | 2022（16）：44－47 | |
| 155 | 基于增材制造技术的医疗器械标准体系研究 | 毛歆；韩倩倩 | 中国医药导报 | 2022，19（24）：81－85 | |
| 156 | 天然马兜铃内酰胺的安全性和药理活性研究进展 | 武营雪；刘静；戴忠；马双成 | 中国药学杂志 | 2022，57（16）：1305－1315 | |
| 157 | 叶类蔬菜中单核细胞增生李斯特氏菌 PCR 快速检测方法的建立 | 李晓然；张若鸿；王纯；尹树仁；王晓芳；杨洋；崔生辉；郭云昌 | 核农学报 | 2022，36（10）：2009－2018 | |

续表

| 序号 | 题目 | 作者 | 杂志名称 | 期号、起止页码 | SCI 影响因子 |
|---|---|---|---|---|---|
| 158 | 超高效液相色谱－串联质谱法测定肉制品中的虾过敏原 | 刘彤彤；梁瑞强；韩伟娜；罗娇依；曹进；孙姗姗；陈启 | 食品工业科技 | 2023，44（06）：292－299 | |
| 159 | AA－PR8 冷适应流感病毒疫苗株的制备及质量评价 | 郭航炜；徐康维；李星星；周瑞雪；谢莹；权娅茹；赵慧；李长贵 | 中国生物制品学杂志 | 2022，35（08）：912－917 | |
| 160 | 新型生物佐剂 BC01 对机体免疫激活作用的初步分析 | 李军丽；付丽丽；杨阳；王国治；赵爱华 | 中国生物制品学杂志 | 2022，35（08）：928－936，948 | |
| 161 | Sabin 株脊髓灰质炎灭活疫苗 Vero 细胞残余 DNA 荧光定量 PCR 检测方法及其相应质量标准的建立 | 江征；刘悦越；朱文慧；沈泓；李炎；郭航炜；王剑锋；英志芳；王晓娟；李长贵 | 中国生物制品学杂志 | 2022，35（08）：981－985，991 | |
| 162 | 呼吸道合胞病毒滴度间接免疫荧光检测方法的建立及验证 | 宋月爽；陈晓旭；潘东；卢井才；张立娜；刘禹壮；原秀娟；段盛博；袁若森；赵慧 | 中国生物制品学杂志 | 2022，35（08）：1002－1005，1012 | |
| 163 | 个体化细胞及核酸治疗性肿瘤疫苗临床药效学研究概况 | 贺庆；张横；王军志 | 中国生物制品学杂志 | 2022，35（08）：1006－1012 | |
| 164 | 数字 PCR 法检测血液 EGFR 基因 T790M 突变的评价 | 曲守方；徐任；张文新；黄传峰；黄杰 | 分子诊断与治疗杂志 | 2022，14（08）：1296－1299 | |
| 165 | α－熊果苷纯度标准物质的研制 | 李硕；张楠；刘喆；李庆武；李莉；王海燕；孙磊；张正东 | 计量科学与技术 | 2022，66（08）：7－12 | |
| 166 | 治疗等效性评价代码介绍及其对我国仿制药参比制剂选择的影响（英文） | 杨东升；魏宁漪；牛剑钊；许鸣镝 | Journal of Chinese Pharmaceutical Sciences | 2022，31（08）：646－651 | |
| 167 | 药用卤化丁基橡胶塞中常用硫化体系及其相容性研究进展 | 贾菲菲；赵霞；杨会英；肖新月 | 中国药事 | 2022，36（08）：913－920 | |
| 168 | 国内外对药品上市后包装材料的变更管理概述 | 赵燕君；赵霞；谢兰桂；杨会英；肖新月 | 中国药事 | 2022，36（08）：903－912 | |
| 169 | 药用铝箔中可挥发性残留物的测定及来源研究 | 李颖；尹光；赵霞；肖新月 | 中国药事 | 2022，36（08）：921－933 | |
| 170 | SD 大鼠经鼻腔给予神经干细胞方法初探 | 黄瑛；郑佳威；肖亚妮；王超；秦超 | 中国药事 | 2022，36（08）：954－959 | |
| 171 | 离子温度双敏感型黏膜创面保护胶性能及黏膜修复有效性体外评价研究 | 杨敏一；王涵；曾行；孟珠；王春仁 | 北京生物医学工程 | 2022，41（04）：405－412 | |

续表

| 序号 | 题目 | 作者 | 杂志名称 | 期号、起止页码 | SCI 影响因子 |
|---|---|---|---|---|---|
| 172 | 精子梯度分离液的细菌内毒素测定 | 陈鸿波；孙聪慧；陈丹丹 | 北京生物医学工程 | 2022，41（04）：417－419，423 | |
| 173 | 2 种靶向 CD19 的嵌合抗原受体 T 细胞免疫疗法体内药效学研究 | 文海若；黄瑛；屈哲；秦超；王三龙；楼小燕；耿兴超；俞磊 | 中国药物警戒 | 2022，19（08）：817－822 | |
| 174 | 盐酸莫西沙星原料及片剂有关物质及稳定性分析 | 崇小萌；田冶；王立新；姚尚辰；尹利辉；刘颖；许明哲 | 中国新药杂志 | 2022，31（15）：1531－1541 | |
| 175 | 狂犬病口服疫苗对消除人间狂犬病的重要作用 | 石磊泰；俞永新 | 中国人兽共患病学报 | 2022，38（08）：733－739，743 | |
| 176 | 流行性脑脊髓膜炎的流行趋势变化与其疫苗接种 | 徐颖华；徐苗；叶强 | 实用预防医学 | 2022，29（08）：1015－1019 | |
| 177 | $^{60}Co-\gamma$ 辐照对板层人工角膜中指示病毒灭活效果的研究 | 岳广智；杨立宏；徐宏山；刘欣玉；李玉华 | 中国消毒学杂志 | 2022，39（08）：561－563 | |
| 178 | 食品中非法添加物质情况及其检测方法研究概述 | 刘素丽 | 中国食品药品监管 | 2022（08）：90－95 | |
| 179 | 人工智能医疗器械监管现状分析 | 唐娜；王浩；钟代笛 | 医疗卫生装备 | 2022，43（08）：54－58，68 | |
| 180 | 均相时间分辨荧光法测定人胰岛素生物学活性 | 王绿音；杨艳枫；张孝明；吕萍；张慧 | 药学学报 | 2022，57（10）：3223－3228 | |
| 181 | 肌酐冰冻人血清国家标准品的研制 | 于婷；蔡华；孙晶；胡泽斌；曲守方 | 中国医药生物技术 | 2022，17（04）：350－353 | |
| 182 | 免疫缺陷小鼠体内人源 T 淋巴细胞亚群流式检测方法研究 | 姜华；黄瑛；李路路；王晓姝；兰洁 | 中国医药生物技术 | 2022，17（04）：306－312 | |
| 183 | 大鼠急性肾损伤模型中 15 种新型尿液生物标志物的评价研究 | 朱思睿；屈哲；杨艳伟；刘鑫磊；黄芝瑛 | 中国医药生物技术 | 2022，17（04）：313－320 | |
| 184 | 布鲁氏菌噬菌体国家参考品的研制 | 张园园；田芳园；尤明强；王凯；彭晨 | 中国医药生物技术 | 2022，17（04）：344－346 | |
| 185 | 第二代 WHO 重组人胰岛素样生长因子－1（IGF－1）国际对照品的国际协作标定 | 丁晓丽；李懿；张慧；李晶；梁成罡 | 中国医药工业杂志 | 2022，53（08）：1173－1178 | |
| 186 | 国内外无菌药品生产法规指南中人员的管理 | 王似锦；王杠杠；余萌；马仕洪 | 中国医药工业杂志 | 2022，53（08）：1222－1226 | |
| 187 | 防风化学成分药理作用研究进展及质量标志物预测分析 | 常潞；荆文光；程显隆；魏锋；马双成 | 中国现代中药 | 2022，24（10）：2026－2039 | |

续表

| 序号 | 题目 | 作者 | 杂志名称 | 期号、起止页码 | SCI影响因子 |
|---|---|---|---|---|---|
| 188 | 代谢组学在航天医学研究中应用的研究进展 | 冯利；陈颖；胡晓茹；刘新民 | 中国实验动物学报 | 2022，30（04）：540－546 | |
| 189 | 1株狂犬病毒减毒株的毒力和分子特性研究 | 石磊泰；邹剑；李玉华；俞永新 | 中国人兽共患病学报 | 2022，38（09）：790－795，801 | |
| 190 | 基于转运体的何首乌致肝损伤作用机制探讨 | 汪祺；杨建波；王莹；李妍怡；文海若 | 中国现代中药 | 2022，24（09）：1720－1726 | |
| 191 | 基于MATLAB的BP神经网络的淀粉离散元接触参数标定 | 白玉菱；谢文影；赵孟涛；周康明；范仁宇 | 中国药学杂志 | 2022，57（15）：1268－1277 | |
| 192 | 首批重组人血白蛋白蛋白质含量RS2国家标准品的研制 | 王敏力；王弢；李炎；邵泓；李镭 | 中国药学杂志 | 2022，57（15）：1283－1286 | |
| 193 | ICP－MS测定蟾皮中的重金属及有害元素及健康风险评估 | 赵磊；于卓卉；孙艳涛；李正刚；姜大成 | 特产研究 | 2022，44（04）：135－139 | |
| 194 | 胃黏膜损伤修复模型研究进展 | 王涵；杨敏一；曾行；孟珠；韩倩倩 | 中国药师 | 2022，25（08）：1431－1435 | |
| 195 | 达肝素钠注射液质量评价 | 李京；龚益妮；邓利娟；张佟；范慧红 | 药物评价研究 | 2022，45（08）：1584－1591 | |
| 196 | 药用玻璃包装容器铈元素浸出量的测定与评价 | 齐艳菲；赵霞；肖新月 | 科技创新与应用 | 2022，12（22）：47－50 | |
| 197 | 基于2008—2021年国家药品抽检的18种中成药质量分析 | 刘静；刘燕；郑笑为；汪祺；聂黎行 | 中国现代中药 | 2022，24（11）：2066－2072 | |
| 198 | 盐酸二甲双胍中基因毒杂质*N*－亚硝基二甲胺检测方法的建立 | 张龙浩；于颖洁；袁松；周露妮；黄海伟 | 药物分析杂志 | 2022，42（07）：1195－1200 | |
| 199 | 通过合成药物共晶改善硝苯地平的光稳定性 | 张燕；宁保明；周星彤；杨钊；王尊文 | 药物分析杂志 | 2022，42（07）：1241－1246 | |
| 200 | 气相色谱法测定人类乳头瘤病毒疫苗中MPL含量 | 路琼；聂玲玲；聂建辉；赵晨燕；张黎 | 药物分析杂志 | 2022，42（07）：1137－1141 | |
| 201 | 黄芪中多种黄酮类成分的测定研究 | 石岩；贾天颖；李向日；魏锋；马双成 | 药物分析杂志 | 2022，42（07）：1120－1127 | |
| 202 | 血液透析器可沥滤物研究综述 | 刘子琪；陈卓颖；付海洋；付步芳 | 中国医疗器械杂志 | 2022，46（04）：417－421 | |
| 203 | 抛射剂四氟乙烷中杂质CFC115和HFC1243zf的吸入毒理安全性评价 | 赵燕君；杨会英；仪忠勋；孙会敏；林飞 | 癌变·畸变·突变 | 2022，34（04）：300－306 | |
| 204 | 2020年国家医疗器械抽检体外诊断试剂品种质量状况分析 | 李晓；张欣涛；郝擎；朱炯；洪伟 | 中国医疗器械杂志 | 2022，46（04）：459－463 | |
| 205 | 2019—2020年度食品中副溶血弧菌能力验证样品的研制及其应用 | 刘娜；赵琳娜；王学硕；崔生辉 | 中国食品卫生杂志 | 2022，34（04）：643－648 | |

续表

| 序号 | 题目 | 作者 | 杂志名称 | 期号、起止页码 | SCI 影响因子 |
|---|---|---|---|---|---|
| 206 | 《中国药典》2020 年版蛋黄卵磷脂细菌内毒素检测 | 裴宇盛；赵小燕；陈晨；高华；蔡彤 | 中国药理学通报 | 2022，38（08）：1227－1230 | |
| 207 | 非单向流生物洁净室洁净度不合格原因分析及改进措施 | 刘巍；侯丰田；张心妍；马丽颖；梁春南 | 机电信息 | 2022（14）：23－26 | |
| 208 | 药用胶塞中二丁基二硫代氨基甲酸锌的高效液相色谱分析方法研究 | 谢兰桂；袁淑胜；韩小旭；杨会英；赵霞 | 橡胶工业 | 2022，69（07）：547－551 | |
| 209 | 大型检验检测机构分级管理评审探讨 | 乔涵；项新华；肖镜；于欣 | 中国药学杂志 | 2022，57（14）：1214－1218 | |
| 210 | HPLC－CAD 法测定芪蛭通络胶囊中苷类成分的含量 | 李婷；程显隆；游蓉丽；杨晓宁；李向日 | 中国药学杂志 | 2022，57（14）：1193－1197 | |
| 211 | 基于 UHPLC－Q－Exactive Orbitrap MS/MS 的川乌生物碱成分分析 | 兰先明；宋书祎；徐静；崔议方；周红燕 | 中国药学杂志 | 2022，57（14）：1161－1172 | |
| 212 | 4 种胶体金试纸条检测牛布鲁氏菌病的比较分析 | 董浩；李巧玲；孙佳丽；冯宇；蒋卉 | 中国兽医杂志 | 2022，58（07）：21－24，32 | |
| 213 | 新型冠状病毒灭活疫苗抗原含量检测方法的建立 | 徐康维；王聪聪；何蕊；杨惠洁；王开芹 | 微生物学免疫学进展 | 2022，50（04）：10－14 | |
| 214 | 麻疹减毒活疫苗国家参考品长期稳定性评价 | 李娟；李薇；赵慧；权娅茹；李长贵 | 微生物学免疫学进展 | 2022，50（04）：27－30 | |
| 215 | 洋葱伯克霍尔德菌群（Bcc）的选择和分离培养基研究 | 余萌；王似锦；曹蕊；马仕洪 | 中国药事 | 2022，36（07）：746－757 | |
| 216 | 人重组沙眼衣原体疫苗的研究进展 | 尹晨亮；张庶民；徐颖华；倪现朴 | 中国生物制品学杂志 | 2022，35（07）：874－878 | |
| 217 | 网络安全态势感知中数据融合技术研究 | 于继江；胡康 | 微型电脑应用 | 2022，38（07）：102－105 | |
| 218 | HPLC 双标多测法测定银黄口服液中 7 个成分的含量 | 栾永福；周广涛；许丽丽；马双成；孙磊 | 食品与药品 | 2022，24（04）：304－309 | |
| 219 | 我国大陆柯萨奇病毒 A4 的 C2 亚型重组株进化分析 | 宋丽芳；刘明琛；闫旭佳；高帆；白玉 | 中国病毒病杂志 | 2022，12（04）：260－270 | |
| 220 | WHO 疫苗国家监管体系评估批签发板块指标解读 | 江征；贺鹏飞；张洁；李长贵；徐苗 | 中国生物制品学杂志 | 2022，35（07）：885－891 | |
| 221 | 胶原蛋白在血管移植物中的应用研究进展 | 王涵；杨敏一；王蕊；李楠；韩倩倩 | 中国药事 | 2022，36（07）：758－771 | |

续表

| 序号 | 题目 | 作者 | 杂志名称 | 期号、起止页码 | SCI 影响因子 |
|---|---|---|---|---|---|
| 222 | 《中国药典》拟收载洋葱伯克霍尔德菌群（Bcc）检查法中标准菌株的稳定性研究 | 曹蕊；余萌；马仕洪 | 中国药事 | 2022，36（07）：772－779 | |
| 223 | 洋葱伯克霍尔德菌群（Bcc）的分类鉴定研究进展 | 余萌；王似锦；马仕洪 | 中国药事 | 2022，36（07）：758－773 | |
| 224 | 首批依诺肝素钠国家对照品1,6－脱水衍生物含量赋值的协作研究 | 王悦；李京；范慧红 | 中国药事 | 2022，36（07）：758－774 | |
| 225 | 药品检验电子数据归档和电子档案管理研究 | 田雨 | 中国药事 | 2022，36（07）：792－799 | |
| 226 | 洋葱伯克霍尔德菌群（Bcc）及干扰菌在不同增菌培养基中的生长研究 | 王似锦；余萌；吕婷婷；徐铠琳；马仕洪 | 中国药事 | 2022，36（07）：736－745 | |
| 227 | 大孔吸附树脂及其在中药领域应用研究进展 | 王丹丹；刘芫汐；左甜甜；昝珂；金红宇 | 中国药事 | 2022，36（07）：826－835 | |
| 228 | 胚胎植入前染色体非整倍体检测试剂盒评价 | 曲守方；黄传峰；于婷；黄杰 | 分子诊断与治疗杂志 | 2022，14（07）：1104－1108 | |
| 229 | 兰索拉唑肠溶胶囊生物相关性溶出方法的构建研究 | 张锦琳；李岩；陈涛；周颖；宋芸峰 | 中国药物警戒 | 2022，19（07）：702－707 | |
| 230 | 基于生理药代动力学模型对头孢唑林钠的研究和评价 | 王晨；高婕；张斗胜；许明哲 | 中国药物警戒 | 2022，19（07）：717－720，739 | |
| 231 | 基于药动/药效学建模与模拟的中枢镇静类儿科用药研究进展 | 朱金颖；周素凤；王璐；许明哲；邵凤 | 中国药物警戒 | 2022，19（07）：721－727 | |
| 232 | 考马斯亮蓝法检测 $\gamma$－环糊精中酶残留 | 杨锐；许凯；张靖；肖新月 | 中国新药杂志 | 2022，31（13）：1332－1335 | |
| 233 | 定量核磁共振氢谱法测定5种 $N$－亚硝胺类化合物的含量 | 张雅军；陈忠兰；徐翊雯；孙会敏；吴先富 | 中国新药杂志 | 2022，38（07）：1326－1330 | |
| 234 | 对补充检验标准使用的误区辨识——以食品、化妆品为例 | 李梦怡；董喆；曹进；许鸣镝；路勇 | 中国食品药品监管 | 2022（07）：58－67 | |
| 235 | 现代生物技术在抗生素生产中的应用及前景展望 | 陆珠儿；陈丹丹 | 国外医药（抗生素分册） | 2022，43（04）：241－246 | |
| 236 | 减毒狂犬病病毒 CTN181－3 株免疫学特性研究 | 石磊泰；邹剑；李玉华；俞永新 | 中国人兽共患病学报 | 2022，38（07）：602－606 | |
| 237 | 牛黄消炎片中土大黄苷的检查方法研究 | 刘静；肖妍；于健东；戴忠；马双成 | 中国食品药品监管 | 2022（07）：68－75 | |

续表

| 序号 | 题目 | 作者 | 杂志名称 | 期号、起止页码 | SCI 影响因子 |
| --- | --- | --- | --- | --- | --- |
| 238 | 鼻用制剂生物等效性指导原则的介绍分析 | 刘倩；南楠；张广超；许鸣镝 | 中国临床药理学杂志 | 2022，38（13）：1558－1563 | |
| 239 | 中药材及饮片质量标准研究有关问题思考 | 魏锋；程显隆；荆文光；陈佳；余坤子 | 中国药学杂志 | 2022，57（18）：1493－1503 | |
| 240 | 何首乌及首乌藤中二蒽酮类成分研究进展 | 杨建波；汪祺；高慧宇；王雪婷；宋云飞 | 中国现代中药 | 2022，24（08）：1431－1436 | |
| 241 | 不同来源屎肠球菌的全基因组序列分析 | 王春娥；石继春；徐潇；李康；梁丽 | 食品安全质量检测学报 | 2022，13（13）：4240－4257 | |
| 242 | 基于质量源于设计理念的制川乌 UHPLC 分析方法研究 | 蒋双慧；戴胜云；郑健；马双成；周娟 | 中国药学杂志 | 2022，57（13）：1122－1130 | |
| 243 | 茜素型蒽醌化合物体外 Pig－a 基因突变性试验研究 | 闫明；叶倩；王雪；汪祺；文海若 | 药物评价研究 | 2022，45（07）：1227－1232 | |
| 244 | 注射用头孢噻肟钠有关物质测定法中色谱参数转化的探讨 | 李婕；陈丽莉；徐子航；徐永威；曹媛媛 | 药物评价研究 | 2022，45（07）：1350－1354 | |
| 245 | 磁性氧化铁纳米粒子的神经毒性研究进展 | 梁志远；黄芝瑛；王雪；耿兴超；林志 | 药物评价研究 | 2022，45（07）：1407－1412 | |
| 246 | 天然药物成分致突变性风险预测与评价方法研究进展 | 文海若；兰洁；叶倩；赵婷婷；汪祺 | 药物评价研究 | 2022，45（07）：1221－1226 | |
| 247 | 基于体外 Pig－a 基因突变试验的大黄素型蒽醌致突变风险评价 | 王亚楠；叶倩；王雪；汪祺；文海若 | 药物评价研究 | 2022，45（07）：1233－1239 | |
| 248 | 基于毒理学软件和细菌回复突变试验的大黄素型蒽醌基因突变风险评价 | 王亚楠；王雪；汪祺；文海若 | 药物评价研究 | 2022，45（07）：1240－1247 | |
| 249 | 光泽汀体内遗传毒性风险评价 | 闫明；王雪；秦超；汪祺；文海若 | 药物评价研究 | 2022，45（07）：1248－1254 | |
| 250 | 抗体类药物蛋白 A 残留检测方法的方法学验证 | 付志浩；钟欣；徐刚领；于传飞；王兰 | 中国新药杂志 | 2022，31（12）：1169－1177 | |
| 251 | 生物效价限度标准的确立要点探讨 | 谭德讲；韩璐；段丽；李娜；杜颖 | 药物分析杂志 | 2022，42（06）：956－961 | |
| 252 | 方法验证数据集的应用探讨 | 段丽；韩璐；杜颖；耿颖；李娜 | 药物分析杂志 | 2022，42（06）：972－978 | |
| 253 | 病原菌多重核酸检测试剂盒分析性能质量评价研究 | 刘东来；周海卫；沈舒；许四宏 | 传染病信息 | 2022，35（03）：214－219 | |
| 254 | 汉坦病毒核酸检测试剂参考品的研制 | 许庭莹；刘东来；许四宏 | 传染病信息 | 2022，35（03）：220－227 | |
| 255 | 生物活性检测方法的方法学研究概述 | 杜颖；李娜；韩璐；段丽；谭德讲 | 药物分析杂志 | 2022，42（06）：924－930 | |
| 256 | 生物活性检测方法的定义及分类辨析 | 李娜；杜颖；刘翠；郑学学；李向群 | 药物分析杂志 | 2022，42（06）：931－936 | |

续表

| 序号 | 题目 | 作者 | 杂志名称 | 期号、起止页码 | SCI 影响因子 |
|---|---|---|---|---|---|
| 257 | 生物活性检测方法研究中常用关键术语解析 | 张媛；郭龙静；谭德讲 | 药物分析杂志 | 2022，42（06）：937－941 | |
| 258 | 生物活性检测方法量效关系模型的确立问题探讨 | 谭德讲；韩璐；段丽；李娜；杜颖 | 药物分析杂志 | 2022，42（06）：942－950 | |
| 259 | 生物效价报告值表示的科学规范性探讨 | 韩璐；段丽；谭德讲；李娜；杜颖 | 药物分析杂志 | 2022，42（06）：951－955 | |
| 260 | 生物活性检测方法的验证实验设计探讨 | 谭德讲；段丽；耿颖；韩璐；李娜 | 药物分析杂志 | 2022，42（06）：962－965 | |
| 261 | 方法满足预期用途的评估指标和标准探讨 | 段丽；韩璐；杜颖；李娜；许卉 | 药物分析杂志 | 2022，42（06）：966－971 | |
| 262 | 生物活性检测方法验证统计分析软件的设计和功能 | 韩璐；隋思涟；谭德讲；段丽；李娜 | 药物分析杂志 | 2022，42（06）：979－987 | |
| 263 | 化妆品肽类和蛋白类原料的分类研究和智慧监管 | 苏哲；李琳；胡康；张凤兰；王钢力 | 香料香精化妆品 | 2022（03）：25－31，43 | |
| 264 | 化妆品中抗生素类药物非法添加情况 | 李莉；李硕；王海燕；孙磊 | 香料香精化妆品 | 2022（03）：10－12，43 | |
| 265 | 盐酸莫西沙星片剂有关物质超高效液相色谱法的建立 | 王立新；田冶；王晨；张斗胜；尹利辉；姚尚辰；崇小萌 | 中国药物评价 | 2022，39（03）：194－198 | |
| 266 | 基因治疗制品质量控制通用技术要求考虑要点 | 史新昌；秦玺；于雷；王光裕；陶磊 | 中国药品标准 | 2022，23（03）：229－235 | |
| 267 | 人用聚乙二醇化重组蛋白及多肽制品总论增订概况 | 李晶；张慧；李懿；张孝明；吕萍；梁成罡 | 中国药品标准 | 2022，23（03）：246－252 | |
| 268 | 人胰岛素及其类似物国家标准增修订概况 | 梁成罡；张慧；丁晓丽；李晶；吕萍；李湛军 | 中国药品标准 | 2022，23（03）：253－257 | |
| 269 | 螨变应原制品总论增订概况 | 张影；杨蕾；赵爱华 | 中国药品标准 | 2022，23（03）：258－262 | |
| 270 | 人用马免疫血清制品质量控制 | 张华捷；曹琰；马霄 | 中国药品标准 | 2022，23（03）：263－266 | |
| 271 | 微生态活菌制品质量控制 | 鲁旭；田万红；马霄 | 中国药品标准 | 2022，23（03）：267－270 | |
| 272 | 两种不同取样方式测定水痘减毒活疫苗病毒滴度（一致性）的评价 | 陈震；王晓娟；邱平；李娟；李长贵 | 中国药品标准 | 2022，23（03）：281－285 | |
| 273 | 两种不同取样方式测定麻腮风类减毒活疫苗病毒滴度的评价 | 李娟；李薇；权娅茹；赵慧；易敏；李长贵 | 中国药品标准 | 2022，23（03）：286－290 | |
| 274 | 人用狂犬病疫苗（地鼠肾细胞）基质残余蛋白标准品的建立 | 石磊泰；李加；王玲；刘晶晶；张月兰；王辉；雷继军；李玉华 | 中国药品标准 | 2022，23（03）：291－297 | |

续表

| 序号 | 题目 | 作者 | 杂志名称 | 期号、起止页码 | SCI 影响因子 |
|---|---|---|---|---|---|
| 275 | 实验动物质控能力验证中酯酶－1 和转铁蛋白检测能力评价 | 王洪；魏杰；光姣娜；周佳琪；岳秉飞 | 实验动物科学 | 2022，39（03）：11－15 | |
| 276 | 不同因素对苹果酸酶－1 和异柠檬酸脱氢酶－1 标准样品的影响分析 | 魏杰；王洪；光姣娜；周佳琪；付瑞；岳秉飞 | 实验动物科学 | 2022，39（03）：40－44 | |
| 277 | 人源化 CSF－1R 基因敲入小鼠模型的构建 | 刘甦苏；吴勇；谷文达；曹愿；翟世杰；赵皓阳；范昌发 | 实验动物科学 | 2022，39（03）：16－21 | |
| 278 | 高效液相色谱－串联质谱法测定化妆品中积雪草的 4 种活性成分 | 袁莹莹；董亚蕾；乔亚森；孙磊；尚靖 | 分析化学 | 2022，50（12）：1889－1894 | |
| 279 | 何首乌中大黄素－大黄素二蒽酮抗心肌缺血作用研究 | 杨建波；汪祺；王莹；程显隆；魏锋；陈子涵；孙华；高慧宇；王雪婷；宋云飞；马双成 | 中国现代中药 | 2022，24（08）：1420－1424 | |
| 280 | 中国化妆品发酵原料应用及安全监管现状 | 王茜；何聪芬；于笑乾；袁欢；高家敏；王聪；张凤兰；王钢力 | 环境卫生学杂志 | 2022，12（06）：436－442 | |
| 281 | HPLC 标准曲线法测定氟康唑杂质校正因子的测量不确定度评定 | 肖亭；马步芳；王晨；姚尚辰；冯艳春；宁保明 | 中国药科大学学报 | 2022，53（03）：306－313 | |
| 282 | 大黄素－大黄素甲醚型二蒽酮化合物安全性研究 | 汪祺；杨建波；文海若；马双成 | 中国现代中药 | 2022，24（08）：1425－1430 | |
| 283 | 治疗非霍奇金淋巴瘤的嵌合抗原受体 T 细胞临床前毒性评价 | 文海若；黄瑛；屈哲；姜华；兰洁 | 中国药物警戒 | 2022，19（08）：828－835 | |
| 284 | 嵌合抗原受体 T 细胞在重度免疫缺陷鼠体内的生物分布研究 | 侯田田；李雪姣；孙磊；秦超；赵晶 | 中国药物警戒 | 2022，19（08）：823－827，844 | |
| 285 | 嵌合抗原受体 T 细胞在软琼脂中克隆形成能力及体外致瘤性初探 | 黄瑛；文海若；侯田田；霍艳；王三龙 | 中国药物警戒 | 2022，19（08）：836－838 | |
| 286 | 亚硝胺化合物致突变风险研究 | 叶倩；汪祺；于敏；王雪；耿兴超 | 中国药物警戒 | 2022，19（08）：881－888 | |
| 287 | 欧盟 RAPEX 系统通报情况分析及对我国化妆品原料管理的启示 | 黄湘鹭；卢家灿；邢书霞；孙磊 | 日用化学工业 | 2022，52（06）：638－644 | |
| 288 | 全自动血凝仪动力学法测定肝素类药物抗Ⅹa 因子和抗Ⅱa 因子效价 | 李京；龚益妮；范慧红 | 中国药学杂志 | 2022，57（12）：1027－1032 | |

续表

| 序号 | 题目 | 作者 | 杂志名称 | 期号、起止页码 | SCI 影响因子 |
|---|---|---|---|---|---|
| 289 | 药品检验业务自助受理模式探讨 | 张炜敏；黄清泉；黄宝斌；梁静 | 中国药业 | 2022，31（12）：20－23 | |
| 290 | 纤维蛋白原国家标准品的研制 | 孙楠；于婷；张文新；孙晶；胡泽斌 | 中国生物制品学杂志 | 2022，35（06）：691－694 | |
| 291 | 染色体微缺失检测准确性评价 | 曲守方；李丽莉；张文新；孙楠；黄传峰 | 分子诊断与治疗杂志 | 2022，14（06）：916－919，923 | |
| 292 | 何首乌提取物大鼠体内组织蓄积比较研究 | 汪祺；杨建波；王莹；李妍怡；马双成 | 中国现代中药 | 2022，24（07）：1317－1322 | |
| 293 | HA 涂层对 3D 打印钛合金材料安全性的影响 | 杜晓丹；孙聪慧；赵丹妹；姜爱莉；陈丹丹 | 生物骨科材料与临床研究 | 2022，19（03）：62－67 | |
| 294 | 仿制药体外渗透性研究的应用进展 | 刘雪婧；李文龙；关皓月；许鸣镝 | 中国新药杂志 | 2022，31（11）：1066－1071 | |
| 295 | 何首乌水提物给药后大鼠体内成分研究 | 汪祺；文海若；杨建波；王莹；李妍怡 | 中国药物警戒 | 2022，19（06）：620－625 | |
| 296 | 顶空气相色谱法测定藻酸双酯钠丙二醇酯基取代程度 | 陈欣桐；王悦；宋玉娟；刘博；范慧红 | 中国海洋药物 | 2022，41（03）：43－49 | |
| 297 | 两种不同检测方法分析不同类型天然和人工染菌食品中菌落总数的比较研究 | 陈怡文；张晓东；任秀；刘娜；余文 | 食品安全质量检测学报 | 2022，13（11）：3475－3479 | |
| 298 | 化妆品植物原料现状及应用发展 | 李帅涛；石钺；何淼；宋钰；王钢力 | 中国化妆品 | 2022（Z2）：74－77 | |
| 299 | 高效液相色谱法在贻贝黏蛋白检测中的应用 | 柯林楠；宋茂谦；高敏；陆云龙；母瑞红 | 中国医疗器械信息 | 2022，28（11）：21－23，33 | |
| 300 | 不同血清群致病性钩端螺旋体 PFGE 分析研究 | 李喆；张影；杜宗利；叶强；徐颖华 | 中国人兽共患病学报 | 2022，38（06）：481－485 | |
| 301 | 浅析钩端螺旋体菌种的长期保存 | 徐颖华；叶强；徐苗 | 中国人兽共患病学报 | 2022，38（06）：469－472 | |
| 302 | 微量动态显色法与动态显色法的等效性评价 | 裴宇盛；陈晨；耿颖；高华；蔡彤 | 中国药理学通报 | 2022，38（07）：1107－1110 | |
| 303 | 肝器官芯片的研究进展 | 刘鑫磊；林铌；周晓冰；李波 | 中国医药生物技术 | 2022，17（03）：245－249 | |
| 304 | 脑膜炎奈瑟菌核酸检测试剂国家参考品的研制 | 李江姣；刘茹凤；李康；黄洋；徐潇 | 中国医药生物技术 | 2022，17（03）：268－270 | |
| 305 | 溶瘤病毒药物 HSV－1/hPD－1 在食蟹猴体内生物分布研究 | 王欣；孙立；王超；李路路；王三龙 | 中国药物警戒 | 2023，20（01）：12－18 | |
| 306 | 溶瘤病毒药物的研究进展 | 周鹏博；周晓冰；黄瑛；耿兴超 | 中国药物警戒 | 2023，20（01）：7－11，39 | |
| 307 | 嵌合抗原受体 T 细胞产品非临床安全性评价内容和主要关注的问题探讨 | 黄瑛；侯田田；秦超；霍艳；王三龙 | 中国药物警戒 | 2022，19（08）：813－816 | |
| 308 | 家兔用于药物生殖发育毒性评价的研究进展 | 郑锦芬；黄芝瑛；周晓冰；赵曼曼；王三龙 | 药物评价研究 | 2022，45（06）：1194－1199 | |
| 309 | 尿液新型生物标志物对顺铂诱导大鼠急性肾早期损伤的诊断效能研究 | 朱思睿；屈哲；杨艳伟；刘鑫磊；黄芝瑛；周晓冰；张河战；李波 | 药物评价研究 | 2022，45（06）：1046－1051 | |

续表

| 序号 | 题目 | 作者 | 杂志名称 | 期号、起止页码 | SCI 影响因子 |
| --- | --- | --- | --- | --- | --- |
| 310 | 金沙藤对照提取物的质量控制研究 | 李耀磊；李海亮；周艳林；王莹；金红宇；昝珂；马双成 | 药物评价研究 | 2022，45（06）：1108－1112 | |
| 311 | 基于纳米孔测序技术对兔腹泻病原的鉴定 | 董浩；刘洋；冯育芳；邢进；许中衍；李楠；邢壮壮；王吉；李晓波；陈玲玲；付瑞；梁春南 | 畜牧与兽医 | 2022，54（06）：126－131 | |
| 312 | 2021 年全国中药材及饮片质量分析 | 张萍；郭晓晗；金红宇；姚令文；程显隆；魏锋；马双成 | 中国现代中药 | 2022，24（06）：939－946 | |
| 313 | 2020 年食品药品实验室测量审核回顾性研究 | 张权；项新华；李云凤；赵萌；于欣 | 中国药师 | 2022，25（06）：1060－1063 | |
| 314 | 食品药品检验机构生物安全实验室设施设备运行维护管理探讨 | 裴云飞；柴海燕；孙衍波；倪训松；郭亚新 | 中国药师 | 2022，25（06）：1064－1067，1081 | |
| 315 | UPLC－MS/MS 法检测食品及保健食品中非法添加硝苯地平的研究 | 宁霄；金绍明；董喆；赵云峰；曹进 | 药物分析杂志 | 2022，42（05）：821－830 | |
| 316 | 外用半固体制剂质量研究与体外评价技术进展 | 罗婷婷；庾莉菊；宁保明；孙春萌；涂家生；梁晓静 | 药物分析杂志 | 2022，42（05）：748－760 | |
| 317 | 超临界流体色谱法快速测定甲酚皂溶液中 3 个甲酚异构体含量 | 陈瀚；庾莉菊；周露妮；袁松；朱荣；黄海伟；朱健萍；张涛 | 药物分析杂志 | 2022，42（05）：789－794 | |
| 318 | 台式核磁共振仪测定替比夫定含量 | 刘阳；张才煜；栾琳；刘静；张庆生 | 药物分析杂志 | 2022，42（05）：917－920 | |
| 319 | 浅析 2020 年国家医疗器械质量抽查检验品种质量变化特点 | 李晓；张欣涛；郝擎；朱炯；马金竹；杨国涓 | 中国医疗器械杂志 | 2022，46（03）：236－331 | |
| 320 | 两色金鸡菊的遗传毒性及其食用安全性评价 | 胡燕平；宋捷；鄂蕊；杨莹；文海若 | 中国食品卫生杂志 | 2022，34（03）：498－503 | |
| 321 | 沙门氏菌检验用培养基的质量控制标准研究 | 陈怡文；张晓东；余文；任秀；刘娜；崔生辉 | 中国食品卫生杂志 | 2022，34（03）：491－497 | |
| 322 | 基于生理药代动力学模型对盐酸莫西沙星有效性的研究 | 高婕；冯芳；王立新；崇小萌；王晨；尹利辉 | 药学学报 | 2022，57（07）：2153－2157 | |
| 323 | 银杏叶片中 5 种银杏双黄酮类成分同时测定方法的建立 | 刘丽娜；李海亮；李耀磊；金红宇；昝珂 | 中国药房 | 2022，33（10）：1220－1224 | |
| 324 | 苯酚类化合物基因突变风险评价研究 | 文海若；叶倩；杨颖；宋捷；汪祺；王雪 | 中国药物警戒 | 2022，19（08）：868－872 | |
| 325 | 基于电子终端通信质量远程控制系统设计 | 于继江；董中平 | 信息技术 | 2022（05）：112－117 | |
| 326 | 非水溶性样品用的细菌内毒素标准品的研制 | 裴宇盛；陈晨；赵小燕；高华；蔡彤 | 中国药理学通报 | 2022，38（06）：944－948 | |

续表

| 序号 | 题目 | 作者 | 杂志名称 | 期号、起止页码 | SCI 影响因子 |
|---|---|---|---|---|---|
| 327 | 基质辅助激光解吸电离成像质谱法可视化分析制川乌炮制过程生物碱空间分布的研究 | 戴胜云；蒋双慧；董静；连超杰；乔菲；郑建；马双成 | 中国药学杂志 | 2022，57（10）：834－839 | |
| 328 | 国家药品抽检工作中数字报告系统的应用研究 | 冯磊；王翀；朱炯 | 中国药事 | 2022，36（05）：491－496 | |
| 329 | $\beta$－actin 实时荧光 PCR 法的建立和在临床试验中的应用 | 权娅茹；陈震；吉尚志；邱平；李长贵 | 中国药事 | 2022，36（05）：535－540 | |
| 330 | 中药材种植中农药使用情况及残留现状分析 | 刘芫汐；辜冬琳；苟琰；王莹；金红宇；马双成 | 中国药事 | 2022，36（05）：503－510 | |
| 331 | 共焦显微拉曼光谱成像技术探究冻干制剂－注射用培美曲塞二钠中药物分布均匀性 | 韩静；姚静；董美阳；施亚琴；孙葭北 | 药学学报 | 2022，57（07）：2158－2165 | |
| 332 | 茶芎根茎抗脑卒中有效组分及化学成分 | 杨建波；王爱国；程显隆；魏锋；马双成 | 中国现代中药 | 2022，24（06）：990－995 | |
| 333 | 游离 DNA 保存管中甘氨酸含量的测定方法与应用 | 魏慧慧；刘艳；殷剑峰；苏丽红；王玉梅 | 分子诊断与治疗杂志 | 2022，14（05）：723－726 | |
| 334 | 病原宏基因组高通量测序技术质量评价参考品的建立 | 刘东来；沈舒；田颖新；周海卫；张樱；许四宏 | 分子诊断与治疗杂志 | 2022，14（05）：727－730 | |
| 335 | 电感耦合等离子体质谱法测定盐酸头孢卡品酯颗粒中 9 种元素杂质的含量 | 朱俐；赵瑜；肖超强；许明哲；尹利辉 | 理化检验－化学分册 | 2022，58（05）：512－516 | |
| 336 | 大黄素－8－$O$－$\beta$－D－葡萄糖苷大鼠体内毒代动力学研究 | 汪祺；杨建波；王莹；李妍怡；文海若；张玉杰；马双成 | 中国中药杂志 | 2022，47（15）：4214－4220 | |
| 337 | 新型百日咳疫苗研发及发展方向的探讨 | 王丽婵；马霄 | 微生物学免疫学进展 | 2022，50（03）：82－90 | |
| 338 | 森林脑炎灭活疫苗效力试验国家参考品的研制 | 刘晶晶；李景良；刘晓辉；姜崴；李玉华 | 微生物学免疫学进展 | 2022，50（03）：15－18 | |
| 339 | 鲍曼不动杆菌参考品候选株的比较分析研究 | 徐潇；黄洋；石继春；王春娥；李康；梁丽；郑锐；孙文媛；叶强 | 微生物学免疫学进展 | 2022，50（03）：27－35 | |
| 340 | 人粒细胞刺激因子生物学活性协标品均匀度分析 | 朱留强；刘兰；于雷；丁有学；史新昌；周勇 | 中国新药杂志 | 2022，31（09）：850－853 | |
| 341 | 比马前列素用于睫毛增长的安全风险探讨 | 黄湘鹭；邢书霞；孙磊 | 中国现代应用药学 | 2022，39（09）：1253－1260 | |
| 342 | 化妆品中苯甲醇测定的能力验证研究 | 乔亚森；林思静；董亚蕾；黄传峰；赵萌；王海燕 | 中国食品药品监管 | 2022（05）：54－59 | |

续表

| 序号 | 题目 | 作者 | 杂志名称 | 期号、起止页码 | SCI 影响因子 |
|---|---|---|---|---|---|
| 343 | 我国医疗器械唯一标识制度实施进展和面临的挑战 | 易力；孟芸；余新华 | 中国食品药品监管 | 2022（05）：94－99 | |
| 344 | 质量提取法测试直立式聚丙烯输液袋包装的葡萄糖注射液密封完整性 | 王颖；杨梦雨；赵霞；肖新月 | 药学研究 | 2022，41（05）：299－232 | |
| 345 | 草乌、川乌及附子中生物碱类成分的 UHPLC－Q－Exactive Orbitrap MS/MS 对比分析 | 戴胜云；崔议方；徐静；周红燕；宋书祎；兰先明；张稳稳；郑健；张加余 | 中国中药杂志 | 2023，48（01）：126－139 | |
| 346 | 不同产地和不同品种枸杞子中多糖成分测定 | 王莹；时锐；张南平；辜冬琳；昝珂；刘越；金红宇；马双成 | 中国现代中药 | 2022，24（06）：996－1002 | |
| 347 | 经导管瓣中瓣流体动力学 PIV 实验研究 | 刘丽；万辰杰；王硕；李崇崇；柯林楠；王春仁 | 中国医疗设备 | 2022，37（05）：45－50，55 | |
| 348 | 基于国家药品抽检的药品标准提高分析 | 刘文；王翀；冯磊；朱炯；胡增峣 | 中国药业 | 2022，31（09）：26－30 | |
| 349 | 中国药典通则与 ICH Q4B 有关含量均匀度检查判定法比较 | 耿颖；宁保明；陈华；谭德讲；赵海鹏；朱容蝶；史言顺；尚悦；魏宁漪 | 中国药师 | 2022，25（05）：878－883，897 | |
| 350 | 嵌合抗原受体 T 细胞产品临床前安全性评价策略和案例 | 黄瑛；侯田田；文海若；秦超；霍艳 | 中国新药杂志 | 2022，31（08）：740－745 | |
| 351 | 巴戟天饮片及其混伪品的鉴别研究 | 乔菲；刘杰；房文亮；过立农；戴胜云；连超杰；马双成；郑健 | 药物分析杂志 | 2022，42（04）：668－675 | |
| 352 | 绞股蓝皂苷 A 的结构确证和相关质量标准的修订建议 | 胡晓茹；张洁；肖萌；刘晶晶；马百平；戴忠；马双成 | 药物分析杂志 | 2022，42（04）：714－719 | |
| 353 | 皮肤致敏替代方法 LuSens 的建立与应用 | 所雅琼；邢书霞；裴新荣；王钢力 | 香料香精化妆品 | 2022（02）：18－23 | |
| 354 | 口红类化妆品中颜料红 53 等 11 种禁用着色剂的使用情况 | 黄传峰；林思静；董亚蕾；曲守方；王海燕；孙磊 | 香料香精化妆品 | 2022（02）：54－56 | |
| 355 | 肺炎球菌疫苗生产菌种肺炎链球菌种子批质量控制 | 李康；石继春；徐潇；叶强 | 中国药品标准 | 2022，23（02）：122－129 | |
| 356 | 23 价肺炎球菌多糖疫苗质量控制现状和展望 | 陈琼；石继春；王春娥；王珊珊；叶强 | 中国药品标准 | 2022，23（02）：156－160 | |
| 357 | 液质联用技术在抗生素分析中的应用 | 杨青；田冶；江志钦；刘颖；尹利辉 | 中国药物评价 | 2022，39（02）：113－118 | |
| 358 | 残留溶剂测定影响因素的考察——药品的溶解性 | 江志钦；崇小萌；田冶；刘颖 | 中国药物评价 | 2022，39（02）：119－121 | |

续表

| 序号 | 题目 | 作者 | 杂志名称 | 期号、起止页码 | SCI 影响因子 |
|---|---|---|---|---|---|
| 359 | 英国药典 2022 年版概览 | 王雅雯；赵慧芳；陈唯真 | 中国药品标准 | 2022，23（02）：181－189 | |
| 360 | 基于基因修饰细胞系的生物检定法研究进展 | 于雷；周勇；王军志 | 中国药品标准 | 2022，23（02）：101－107 | |
| 361 | 生物制品常用实验动物质量控制 | 岳秉飞；王吉；王淑菁；夏放；代解杰；王锡岩；魏强；孙德明；卢选成；范昌发 | 中国药品标准 | 2022，23（02）：115－121 | |
| 362 | 血源筛查诊断试剂及其质量控制 | 胡晋君；蔡远远；宋爱京；许四宏 | 中国药品标准 | 2022，23（02）：138－143 | |
| 363 | 液相色谱－高分辨串联质谱法测定奶粉中A2$\beta$－酪蛋白及$\beta$－酪蛋白与乳清蛋白含量关系的研究 | 刘彤彤；房芳；罗娇依；曹进；孙姗姗 | 中国食物与营养 | 2022，28（04）：33－37 | |
| 364 | 小鼠肺炎病毒 RT－PCR 方法的建立及在实验动物感染和国际比对样本检测中的应用 | 王吉；王莎莎；王淑菁；李威；秦骁；李晓波；付瑞；岳秉飞；贺争鸣 | 实验动物科学 | 2022，39（02）：1－10 | |
| 365 | EV71 动物模型研究进展 | 吴勇；熊芮；范昌发 | 实验动物科学 | 2022，39（02）：91－94 | |
| 366 | 实验动物小肠结肠炎耶尔森菌的实验室检测能力验证结果评价 | 冯育芳；邢进；王洪；张雪青；岳秉飞 | 实验动物科学 | 2022，39（02）：55－58 | |
| 367 | 基于生理药代动力学模型对青霉胺片治疗威尔逊病的研究与评价 | 王晨；高婕；刘英；陈涛；许明哲 | 中国药物警戒 | 2022，19（07）：708－711 | |
| 368 | 基于计算模型结合数据库技术快速评价注射用左奥硝唑及其主要杂质的潜在神经毒性 | 张斗胜；王晨；许明哲 | 中国药物警戒 | 2022，19（07）：712－716，727 | |
| 369 | 基于植物代谢组学技术研究何首乌和制何首乌的差异性成分 | 杨建波；汪祺；王雪婷；程显隆；王莹；高慧宇；宋云飞；魏锋；马双成 | 中国药物警戒 | 2022，19（07）：615－619 | |
| 370 | 2021 年国家药品抽检中成药质量分析 | 刘静；朱炯；王翀；戴忠；马双成 | 中国现代中药 | 2022，24（06）：947－953 | |
| 371 | 《化妆品注册和备案检验工作规范》要点解读 | 何欢；孙磊；范玉明；冯克然 | 环境卫生学杂志 | 2022，12（04）：304－307 | |
| 372 | 基于国家药品评价性抽检的制川乌质量分析及建议 | 戴胜云；蒋双慧；过立农；乔菲；刘杰；郑健；马双成 | 中国药学杂志 | 2022，57（08）：658－662 | |
| 373 | 注射用头孢硫脒杂质谱分析及质量控制 | 崇小萌；田冶；刘颖；姚尚辰；尹利辉；许明哲 | 中国抗生素杂志 | 2022，47（04）：370－380 | |
| 374 | Sabin 株脊髓灰质炎灭活疫苗 D 抗原含量检测方法的建立 | 徐康维；朱文慧；宋彦丽；英志芳；王剑锋 | 微生物学免疫学进展 | 2022，50（02）：17－22 | |

续表

| 序号 | 题目 | 作者 | 杂志名称 | 期号、起止页码 | SCI 影响因子 |
|---|---|---|---|---|---|
| 375 | 猪肉冻干粉中克伦特罗标准物质的制备 | 董喆；曹进；胡越；孙磊；罗娇依；李梦怡 | 化学分析计量 | 2022，31（04）：1－6 | |
| 376 | 基于食品、药品安全的信息化平台建设研究 | 陈海涛 | 计算机与数字工程 | 2022，50（04）：913－918 | |
| 377 | SARS－CoV－2 检测方法的研究进展 | 黄慧丽；吴佳静；梁春南 | 中国生物制品学杂志 | 2022，35（04）：481－485，492 | |
| 378 | 19A 型肺炎球菌多糖国家参考品的制备 | 陈琼；王珊珊；吕雪艳；周学益；韩菲；张亭；叶强 | 中国生物制品学杂志 | 2022，35（04）：433－436 | |
| 379 | 水杨酸片溶出度测定测量审核结果分析与常见问题探讨 | 周露妮；黄海伟；庾莉菊 | 化学教育（中英文） | 2022，43（08）：91－94 | |
| 380 | 流行性脑脊髓膜炎的实验室分子诊断研究进展 | 石刚；徐颖华；叶强 | 分子诊断与治疗杂志 | 2022，14（04）：539－542. 547 | |
| 381 | 胎儿染色体非整倍体检测试剂盒质量分析 | 曲守方；胡泽斌；孙楠；黄传峰；黄杰 | 分子诊断与治疗杂志 | 2022，14（04）：548－551，555 | |
| 382 | 靶器官毒性剂量法在玉竹中铅、镉和砷联合暴露评估中的应用 | 左甜甜；方翠芬；金红宇；王丹丹；高飞；李莉；马双成 | 中国新药杂志 | 2022，31（07）：639－644 | |
| 383 | 盐酸氨溴索杂质 B 对照品溶液稳定性的研究 | 张雅军；陈忠兰；孙会敏；王青；吴先富 | 中国新药杂志 | 2022，31（07）：699－704 | |
| 384 | 微量动态浊度法检测细菌内毒素方法的建立与验证 | 裴宇盛；陈晨；蔡彤；高华 | 中国现代应用药学 | 2022，39（07）：918－921 | |
| 385 | 医疗器械命名数据库建设研究 | 董谦；孟芸；王悦；余新华 | 中国食品药品监管 | 2022（04）：115－119 | |
| 386 | 对 WHO 预防传染病 mRNA 疫苗设计和开发评估要点的分析和探究 | 佟乐；孙巍；杨亚莉；王佑春；杨振 | 中国食品药品监管 | 2022（04）：4－11 | |
| 387 | 基于 HPLC－ICP－MS 的冬虫夏草（繁育品）干品及鲜品中砷形态、价态研究及风险评估 | 李耀磊；李海亮；左甜甜；王莹；钱正明；李文佳；金红宇；昝珂；马双成 | 中国中药杂志 | 2022，47（13）：3548－3553 | |
| 388 | 铜绿假单胞菌核酸检测用试剂盒国家参考品的研究 | 梁丽；陈驰；石继春；王春娥；龙新星；刘茹凤；黄洋；李康；徐潇；李江姣；徐颖华；叶强 | 中国医药生物技术 | 2022，17（02）：168－171，175 | |
| 389 | Fuchs 角膜内皮营养不良患者淋巴细胞永生化细胞系的建立及验证 | 高飞；胡泽斌；段然慧；左甜甜；董喆；黄杰 | 中国医药生物技术 | 2022，17（02）：172－175 | |
| 390 | 食品检测用产肠毒素大肠埃希菌标准物质的制备及评价 | 刘娜；王亚萍；赵琳娜；王学硕；崔生辉 | 中国食品卫生杂志 | 2022，34（02）：270－274 | |
| 391 | UPLC－MS/MS 测定大鼠血浆中奥拉帕利的浓度及其药动学研究 | 熊婧；杨玲；戴霞林；石岩 | 中国药学杂志 | 2022，57（07）：563－566 | |

续表

| 序号 | 题目 | 作者 | 杂志名称 | 期号、起止页码 | SCI影响因子 |
| --- | --- | --- | --- | --- | --- |
| 392 | HPLC指纹图谱结合化学计量学分析不同企业心脑健胶囊（片）的差异 | 王赵；昝珂；左甜甜；王莹；金红宇；马双成 | 中国现代应用药学 | 2022，39（12）：1614－1619 | |
| 393 | 探析档案信息安全保障体系的建设 | 田雨 | 兰台内外 | 2022（10）：76－78 | |
| 394 | 食品中苯甲酸含量测定能力验证研究 | 李红霞；宁霄；金绍明；项新华；曹进 | 中国药师 | 2022，25（04）：742－745 | |
| 395 | UPLC－MS/MS同时测定鱼腥草中3个马兜铃内酰胺类成分的含量 | 武营雪；康帅；刘静；戴忠；马双成 | 中国现代中药 | 2022，24（04）：616－621 | |
| 396 | 基于转运体探讨何首乌提取物对大鼠肾脏的影响 | 汪祺；杨建波；王莹；马双成；文海若 | 中国药物警戒 | 2022，19（06）：626－629，640 | |
| 397 | 核苷类抗病毒药物质量控制研究进展 | 黄露；刘博；王岩；范慧红；张庆生 | 中国药物警戒 | 2022，19（06）：692－696 | |
| 398 | 何首乌中1个新的二苯乙烯苷类化合物 | 杨建波；汪祺；程显隆；王莹；高慧宇；王雪婷；宋云飞；魏锋；马双成 | 中国现代中药 | 2022，24（08）：1415－1419 | |
| 399 | 大黄素体内遗传毒性风险评价 | 文海若；王亚楠；姜华；王雪；汪祺 | 中国药物警戒 | 2022，19（06）：645－640 | |
| 400 | 采用细胞毒性试验对23个药用包装材料进行生物安全性评价 | 黄雅理；孙会敏；林飞；赵霞；汤龙 | 癌变·畸变·突变 | 2022，34（02）：139－143 | |
| 401 | 卵泡刺激素及其测定法研究进展 | 张媛；吴彦霖；张铭露；杨泽岸；高华 | 中国新药杂志 | 2022，31（06）：573－578 | |
| 402 | 中国药典2020年版细菌内毒素检查法补充方法应用研究 | 裴宇盛；蔡彤；陈晨；高华 | 中国现代应用药学 | 2022，39（06）：822－826 | |
| 403 | 以MRP2/MRP3转运体为作用靶点的何首乌中肝毒性成分筛选 | 汪祺；文海若；马双成 | 中国现代中药 | 2022，24（04）：622－628 | |
| 404 | 7－氨噻肟头孢菌素的聚合物分析 | 胡昌勤；李进；张夏 | 中国抗生素杂志 | 2022，47（03）：209－220 | |
| 405 | 头孢菌素的聚合物分析 | 胡昌勤；张夏；李进 | 中国抗生素杂志 | 2022，47（03）：221－228 | |
| 406 | 盐酸莫西沙星片微生物限度检查方法讨论 | 杨美琴；蔡春燕；刘鹏；刘枕；马仕洪 | 中国抗生素杂志 | 2022，47（03）：245－251 | |
| 407 | 首批HPLC－SEC系统适用性免疫球蛋白国家对照品研制 | 王敏力；曹大伟；李庆英；马力；陈家啡 | 中国药学杂志 | 2022，57（06）：491－495 | |
| 408 | 国家药品抽检质量风险排查处置机制关键控制点分析 | 刘文；王翀；冯磊；朱炯；胡增峣 | 中国药业 | 2022，31（06）：13－15 | |
| 409 | 中药分析中电雾式检测器应用现状 | 刘芫汐；王莹；金红宇；马双成 | 中国药业 | 2022，31（06）：128－131 | |

续表

| 序号 | 题目 | 作者 | 杂志名称 | 期号、起止页码 | SCI 影响因子 |
| --- | --- | --- | --- | --- | --- |
| 410 | 药品检验机构实验室危险化学品安全管理探讨 | 裴云飞；王全柱；柴海燕；张伟；曹宁涛 | 中国药事 | 2022，36（03）：279－286 | |
| 411 | 狂犬病病毒 aG 株在人用狂犬病疫苗中应用的研究进展 | 石磊泰；李玉华 | 中国生物制品学杂志 | 2022，35（03）：338－343 | |
| 412 | 胚胎植入前地中海贫血检测试剂评价 | 曲守方；黄传峰；李丽莉；黄杰 | 分子诊断与治疗杂志 | 2022，14（03）：373－378 | |
| 413 | 杂质 5－羟甲基糠醛及其二聚体和代谢产物遗传毒性研究 | 林铌；叶倩；耿兴超；王雪；靳洪涛 | 中国药物警戒 | 2023，20（02）：167－162 | |
| 414 | UPLC－MS/MS 法测定替米沙坦中 16 种 *N*－亚硝胺类基因毒性杂质 | 袁松；黄海伟；于颖洁；张庆生 | 中国新药杂志 | 2022，31（05）：477－482 | |
| 415 | 转铁蛋白受体 1 对结核分枝杆菌胞内生存影响的初步研究 | 李军丽；姜爱国；付丽丽；占玲俊；赵爱华 | 医学研究杂志 | 2022，51（03）：69－74 | |
| 416 | 我国不同产区羊肉中碳、氮同位素比值特征及溯源研究 | 李梦怡；贾菲菲；董喆；王宏伟；曹进 | 食品安全质量检测学报 | 2022，13（05）：1663－1669 | |
| 417 | 新时代背景下药品检验档案管理策略研究 | 田雨 | 兰台内外 | 2022（08）：22－24 | |
| 418 | 人类辅助生殖技术用医疗器械标准体系的构建研究 | 毛歆；韩倩倩 | 中国医药导报 | 2022，19（08）：189－192，197 | |
| 419 | 生物制品用辅料蔗糖中颗粒杂质体外补体激活研究 | 王珏；江颖；肖新月；杨锐；孙会敏 | 药学研究 | 2022，41（03）：149－152 | |
| 420 | 结核病 DNA 疫苗及其作用机制研究进展 | 李军丽；赵爱华 | 中国人兽共患病学报 | 2022，38（03）：226－235 | |
| 421 | Vero 细胞在人用狂犬病疫苗中的研究和应用进展 | 石磊泰；李玉华 | 中国人兽共患病学报 | 2022，38（03）：260－265 | |
| 422 | 民族药材质量控制技术及标准制定示范性研究 | 郑健；过立农；鲁静；于江泳；马双成；王海南 | 中国食品药品监管 | 2022（03）：34－41 | |
| 423 | 中国参与 WHO 草药产品注册监管联盟工作回顾与展望 | 聂黎行；戴忠；马双成；于江泳；王海南 | 中国食品药品监管 | 2022（03）：4－10 | |
| 424 | 《中国药典》收载种子类药材统计分析与监管建议——以青葙子、鸡冠花子为例 | 连超杰；康帅；张南平；郑健；马双成 | 中国食品药品监管 | 2022（03）：25－33 | |

续表

| 序号 | 题目 | 作者 | 杂志名称 | 期号、起止页码 | SCI 影响因子 |
| --- | --- | --- | --- | --- | --- |
| 425 | 中药材传统鉴定方法的数字化研究规范——以种子类药材为例 | 康帅；张南平；石佳；马双成 | 中国食品药品监管 | 2022（03）：60－65 | |
| 426 | 五加皮药材及饮片的质量分析及监管建议 | 杨建波；张文娟；程显隆；王雪婷；魏锋；马双成 | 中国食品药品监管 | 2022（03）：66－73 | |
| 427 | 中药补充检验方法研究及在市场监管中的作用 | 程显隆；李明华；郭晓晗；杨建波；荆文光；康荣；魏锋；马双成 | 中国食品药品监管 | 2022（03）：74－78 | |
| 428 | 从苏合香的质量问题看进口药材的标准和监管 | 郭晓晗；李明华；程显隆；康帅；荆文光；魏锋；马双成 | 中国食品药品监管 | 2022（03）：79－87 | |
| 429 | 标准和对照药材在民族药监管中的探索研究 | 乔菲；过立农；刘杰；郑健；马双成 | 中国食品药品监管 | 2022（03）：54－59 | |
| 430 | 何首乌肝毒性物质基础研究进展 | 杨建波；高博闻；孙华；靳洪涛；高慧宇；牛慧；程显隆；王雪婷；宋云飞；魏锋；汪祺；王莹；胡笑文；马双成 | 中国药物警戒 | 2022，19（06）：610－614 | |
| 431 | 国内外医用康复器械分类与管理现状 | 王越；张春青；王悦；甘宁；戎善奎；江潇；计雄飞；余新华 | 中国医疗设备 | 2022，37（03）：163－166 | |
| 432 | 应用于药物评价的血－脑屏障模型研究进展 | 黄韩韩；昝孟晴；南楠；牛剑钊；马玲云；许鸣镝；刘倩 | 药物评价研究 | 2022，45（03）：568－574 | |
| 433 | COVID－19 中干扰素应答失衡及干扰素药物的应用 | 裴德宁；周勇 | 微生物学免疫学进展 | 2022，50（02）：68－75 | |
| 434 | 阿莫西林克拉维酸钾片剂稳定性及其影响因素研究 | 崇小萌；田冶；姚尚辰；尹利辉；刘颖；许明哲 | 中国新药杂志 | 2022，39（01）：10－14 | |
| 435 | MNV 感染对乙肝疫苗效价评价的影响 | 李晓波；王淑菁；付瑞；王莎莎；秦骁；李威；黄宗文；贺争鸣；王吉；岳秉飞 | 实验动物科学 | 2022，39（01）：10－14 | |
| 436 | 远志药材中黄曲霉毒素 $B_1$ 残留量测定能力验证研究 | 李耀磊；李海亮；昝珂；王丹丹；项新华；金红宇；马双成 | 中国新药杂志 | 2022，31（04）：337－342 | |
| 437 | 头孢拉定颗粒剂稳定性研究 | 崇小萌；田冶；王立新；姚尚辰；尹利辉；刘颖 | 中国药物评价 | 2022，39（01）：22－27 | |
| 438 | HPLC－RID 法测定吸附无细胞百白破联合疫苗中甘油的残留量 | 张雅军；杨英超；马霄；肖新月；吴先富 | 中国药品标准 | 2022，23（01）：5－8 | |
| 439 | 对照提取物定位结合一测多评法同时测定重楼中 9 个皂苷的含量 | 李海亮；李静；刘丽娜；金红宇 | 药物分析杂志 | 2022，42（02）：211－217 | |

续表

| 序号 | 题目 | 作者 | 杂志名称 | 期号、起止页码 | SCI 影响因子 |
|---|---|---|---|---|---|
| 440 | 液质联用法测定齿痛消炎灵颗粒中马兜铃酸 I 和马兜铃内酰胺 I | 刘静；刘阳；武营雪；戴忠；马双成 | 药物分析杂志 | 2022，42（02）：237－242 | |
| 441 | 国内外祛痘化妆品管理现状的对比研究 | 袁欢；高家敏；张凤兰；王钢力 | 香料香精化妆品 | 2022（01）：86－92 | |
| 442 | 铅黄肠球菌 CMCC（B）32220 的鉴定和全基因组分析 | 石继春；陈驰；梁丽；杜宗利；龙新星；郑锐；孙文媛；徐颖华；叶强 | 临床检验杂志 | 2022，40（02）：116－119 | |
| 443 | 不同来源金黄色葡萄球菌的全基因组序列分析 | 陈驰；石继春；王春娥；梁丽；龙新星；叶强；徐颖华 | 中国病原生物学杂志 | 2022，17（02）：164－169 | |
| 444 | CpG－ODN 在过敏性疾病治疗中的应用 | 张影；黄钰 | 中华临床免疫和变态反应杂志 | 2022，16（01）：114－115 | |
| 445 | 青霉素类抗生素的聚合物分析 | 胡昌勤；张夏；李进 | 中国抗生素杂志 | 2022，47（02）：105－113 | |
| 446 | 青霉素侧链结构对其聚合反应的影响探讨 | 张夏；伍启章；胡昌勤 | 中国抗生素杂志 | 2022，47（02）：167－173 | |
| 447 | 抗感染药物杂质对照品的研发策略与展望 | 姚尚辰；冯艳春；张夏；胡昌勤 | 中国抗生素杂志 | 2022，47（02）：122－127 | |
| 448 | 近红外光谱法分析头孢拉定颗粒的关键质量属性及对其量值的测定 | 赵瑜；朱俐；尹利辉 | 中国抗生素杂志 | 2022，47（02）：203－209 | |
| 449 | HIV 疫苗临床试验研究进展 | 聂玲玲；黄维金 | 中国艾滋病性病 | 2022，28（02）220－227 | |
| 450 | 国内外化妆品功效宣称管理要求 | 罗飞亚；苏哲；黄湘鹭；邢书霞；王钢力；孙磊 | 环境卫生学杂志 | 2022，12（02）：75－79，101 | |
| 451 | 化妆品安全报告及稳定性研究内容的探讨 | 刘颖慧；贺鑫鑫；曹进；路勇 | 日用化学品科学 | 2022，45（02）：19－23 | |
| 452 | 九味羌活丸和香砂养胃丸制剂米粉掺伪检测方法的建立和质量标准的制定 | 王菲菲；任秀；李静；白继超；张聿梅；郑健；崔生辉；马双成 | 暨南大学学报（自然科学与医学版） | 2022，43（01）：97－105 | |
| 453 | 纯芝麻酱中花生致敏蛋白 Ara h2、Ara h3 及芝麻蛋白 2S albumim 的分析鉴定比较 | 任秀；王亚萍；白继超；周巍；张晓东；陈怡文；崔生辉；林兰 | 现代食品科技 | 2022，38（04）：62－68 | |
| 454 | HPLC 指纹图谱比较不同企业益心酮片的质量差异 | 左甜甜；王丹丹；昝珂；李静；于健东；金红宇；马双成 | 中国药学杂志 | 2022，57（04）：306－309 | |
| 455 | 中成药 DNA 检测标准物质的制备及评价 | 王菲菲；任秀；白继超；李静；张聿梅；崔生辉；郑健；马双成 | 中国药学杂志 | 2022，57（04）：279－283 | |
| 456 | 猪肉粉中亚硝酸钠标准物质的研制 | 李梦怡；王宏伟；董喆；曹进 | 化学分析计量 | 2022，31（02）：1－6 | |
| 457 | 单克隆抗体颗粒表征的现状与挑战 | 郭莎；贾哲；吴昊；王兰 | 中国药事 | 2022，36（02）：161－169 | |
| 458 | 2013—2021 年药品抽检中药质量分析及抽检模式探讨 | 王莹；刘丽娜；许玮仪；左甜甜；王赵；李静；金红宇；马双成 | 中国现代中药 | 2022，24（02）：210－216 | |

续表

| 序号 | 题目 | 作者 | 杂志名称 | 期号、起止页码 | SCI 影响因子 |
| --- | --- | --- | --- | --- | --- |
| 459 | 基于电子舌和多成分定量技术的厚朴“苦味”药性物质基础研究 | 荆文光；赵小亮；张权；程显隆；马双成；魏锋 | 中国现代中药 | 2022，24（02）：258－264 | |
| 460 | 基于机器学习鉴别牛黄类药材红外光谱的研究 | 石岩；王晓伟；魏锋；马双成 | 中国药物警戒 | 2023，20（02）：140－145，156 | |
| 461 | 仿制药中遗传毒性杂质的研究进展 | 孙百浩；李文龙；关皓月；许鸣镝 | 临床药物治疗杂志 | 2022，20（02）：8－12 | |
| 462 | 超高效液相色谱－串联质谱法测定化妆品中的6种镇痛类化学成分 | 董亚蕾；乔亚森；黄传峰；王海燕；孙磊 | 分析测试学报 | 2022，41（02）：220－226 | |
| 463 | 配合审计等专项工作的一般程序与管理模式探讨 | 张炜敏；丛鹤飞；黄宝斌 | 中国总会计师 | 2022（02）：86－89 | |
| 464 | 无菌制剂容器密封完整性检测技术和相关法规研究进展 | 杨梦雨；赵霞；孙会敏 | 中国新药杂志 | 2022，31（03）：245－250 | |
| 465 | 醋酸曲普瑞林注射液有关物质测定方法研究 | 孙悦；陈志禹；张伟；张慧；梁成罡 | 中国新药杂志 | 2022，31（03）：269－276 | |
| 466 | 莫西沙星及其杂质的 NMR 波谱研究 | 李进；姚尚辰；尹利辉；许明哲；胡昌勤 | 中国新药杂志 | 2022，31（03）：285－291 | |
| 467 | 致病性钩端螺旋体的多位点序列分型研究 | 李喆；张影；杜宗利；辛晓芳；叶强；徐颖华 | 中国人兽共患病学报 | 2022，38（02）：95－101 | |
| 468 | 发酵类中药质量控制现状和问题 | 王郡瑶；程显隆；李婷；李明华；魏锋；马双成 | 中国食品药品监管 | 2022（02）：60－68 | |
| 469 | 核磁共振技术在首批中药化学对照品研制中的应用 | 刘静；冯玉飞；刘阳；戴忠；马双成 | 中国现代中药 | 2022，24（02）：298－303 | |
| 470 | 板蓝根化学成分信息库的构建 | 聂黎行；王馨平；黄烈岩；钱秀玉；李翔 | 中国药学杂志 | 2022，57（06）：428－452 | |
| 471 | 重组人血白蛋白蛋白质含量 RS20 国家标准品的研制 | 王敏力；王弢；周倩；马力；陈家啡；曹大伟；梁蔚阳；何永兵；余进；李炎；徐苗；侯继锋 | 中国生物制品学杂志 | 2022，35（02）：175－178，188 | |
| 472 | 1、3、4、5、6B、7F、9V、14、18C、19A、19F 和 23F 型兔源肺炎球菌特异性血清国家参考品的制备 | 陈琼；王珊珊；石继春；王春娥；李红；李茂光；叶强 | 中国生物制品学杂志 | 2022，35（02）：179－183 | |
| 473 | 全自动移液工作站在肺炎疫苗多重调理吞噬实验中的应用 | 杜慧竟；张全仓；李江姣；叶强 | 中国生物制品学杂志 | 2022，35（02）：194－199 | |
| 474 | 布氏杆菌微滴数字 PCR 方法的建立 | 董浩；原霖；刘洋；吴同垒；陈亚娜；徐阳；王传彬；梁春南 | 畜牧与兽医 | 2022，54（02）：97－101 | |

续表

| 序号 | 题目 | 作者 | 杂志名称 | 期号、起止页码 | SCI 影响因子 |
|---|---|---|---|---|---|
| 475 | 茜素型蒽醌基因突变风险评价 | 文海若；闫明；叶倩；宋捷；鄂蕊 | 药物评价研究 | 2022，45（02）：234－240 | |
| 476 | 以 OATP1B1/OATP1B3 转运体为作用靶点的何首乌肝毒性成分筛选 | 汪祺；文海若；马双成 | 药物评价研究 | 2022，45（02）：227－233 | |
| 477 | 覆盆子的性状和显微鉴定研究与数字化表征 | 石佳；巫明慧；康帅；张南平；马双成 | 中国药学杂志 | 2022，57（06）：420－427 | |
| 478 | 化妆品防腐剂使用与皮肤微生物的关系 | 崔生辉；陈怡文；路勇 | 卫生研究 | 2022，51（01）：153－156 | |
| 479 | 2018—2020 年度乳粉中克罗诺杆菌属（阪崎肠杆菌）能力验证样品的研制及其应用 | 刘娜；赵琳娜；王学硕；崔生辉 | 中国食品卫生杂志 | 2022，34（01）：29－33 | |
| 480 | 蜡样芽孢杆菌和嗜酸乳杆菌发酵条件的优化 | 王劲松；关峰；王学文；许丽；刘佐民 | 饲料工业 | 2022，43（03）：16－20 | |
| 481 | 药物毒性数据库与监管科学 | 耿兴超；李波 | 中国新药杂志 | 2022，31（02）：109－118 | |
| 482 | 无细胞百白破联合疫苗腺苷酸环化酶毒素液质联用定量检测方法的建立和应用 | 卫辰；吴燕；蔡心怡；晁哲；王丽婵 | 微生物学免疫学进展 | 2022，50（01）：22－29 | |
| 483 | 基于基因毒性和对单抗聚集影响的聚山梨酯中醛限度的控制 | 王珏；江颖；肖新月；杨锐；孙会敏 | 中国药科大学学报 | 2022，53（01）：67－73 | |
| 484 | 抗神经节苷脂 GD2 抗体药物的研究现状 | 杜加亮；于传飞；王兰 | 微生物学免疫学进展 | 2022，50（01）：70－73 | |
| 485 | 国际上同行评议典型做法及对我国的启示 | 肖妍 | 数字图书馆论坛 | 2022（01）：68－72 | |
| 486 | 喷雾型防晒化妆品的国际法规动态和技术监管讨论 | 苏哲；高家敏；李琳；钮正睿；李娅萍 | 日用化学工业 | 2022，52（01）：69－76 | |
| 487 | 阿莫西林晶型及分析方法研究 | 崇小萌；刘颖；王立新；姚尚辰；尹利辉 | 中国药学杂志 | 2022，57（02）：143－148 | |
| 488 | 吸附破伤风疫苗血清学效价检测方法的建立及初步验证 | 董国霞；晁哲；田霖；刘翠；黄浩 | 中国药学杂志 | 2022，57（02）：139－142 | |
| 489 | 药品检验报告对假劣药认定的证据作用分析 | 张炜敏；黄清泉；梁静；黄宝斌 | 中国药业 | 2022，31（02）：10－13 | |
| 490 | 小活络丸中小麦粉掺伪实时荧光 PCR 检测方法的建立 | 任秀；王菲菲；李静；白继超；张聿梅 | 中国药事 | 2022，36（01）：66－77 | |
| 491 | BC02 复合佐剂成分协同增强机体固有免疫应答的分析 | 李军丽；付丽丽；杨阳；王国治；赵爱华 | 中国生物制品学杂志 | 2022，35（01）：11－18 | |
| 492 | 甲型肝炎病毒在太平洋牡蛎中的富集及消减规律 | 闫旭佳；袁亚迪；幺山山；崔博沛；宋丽芳 | 中国生物制品学杂志 | 2022，35（01）：26－32 | |

续表

| 序号 | 题目 | 作者 | 杂志名称 | 期号、起止页码 | SCI 影响因子 |
| --- | --- | --- | --- | --- | --- |
| 493 | b 型流感嗜血杆菌结合疫苗游离多糖含量检测高效阴离子交换色谱 - 脉冲安培法的建立及验证 | 赵丹；李茂光；毛琦琦；李亚南；陈苏京 | 中国生物制品学杂志 | 2022，35（01）：79 - 84 | |
| 494 | 靶向视黄酸（维甲酸）诱导基因蛋白 - I 受体应用的研究进展 | 李克雷；吴星；郑海发；梁争论 | 中国生物制品学杂志 | 2022，35（01）：95 - 99 | |
| 495 | 人胰岛素及其类似物 UPLC - MS/MS 全序列分析研究 | 胡馨月；丁晓丽；陈莹；张慧；李晶；梁成罡 | 药物分析杂志 | 2022，42（01）：13 - 22 | |
| 496 | 顺铂诱导的 Beagle 犬急性肾损伤模型中尿液生物标志物研究 | 白玉杰；霍桂桃；杨艳伟；孙立；苗玉发；周晓冰；李波 | 中国新药杂志 | 2022，31（01）：53 - 60 | |
| 497 | 差示扫描量热法测定磺胺类化学对照品的纯度 | 张雅军；吴先富；肖新月 | 中国现代应用药学 | 2022，39（01）：93 - 96 | |
| 498 | 体外诊断试剂真实世界研究的进展与思考 | 刘东来；王佑春；许四宏 | 中国食品药品监管 | 2022（01）：10 - 19 | |
| 499 | 基于衍生化 - HPLC 测定酶解葡萄糖的方法评价六神曲中糖化酶活力 | 王郡瑶；程显隆；李明华；李婷；魏锋；马双成 | 药物分析杂志 | 2022，42（01）：121 - 126 | |
| 500 | 重组激素类药物国家标准研究思考 | 梁成罡；李晶；张慧；吕萍；李湛军 | 药物分析杂志 | 2022，42（01）：3 - 12 | |
| 501 | 甘精胰岛素注射液有关物质分析方法研究 | 丁晓丽；陈莹；胡馨月；李晶；张慧；梁成罡 | 药物分析杂志 | 2022，42（01）：23 - 32 | |
| 502 | 重组人促卵泡激素氧化亚基分析方法研究 | 杨慧敏；张伟；孙悦；吕萍；王绿音；李懿；张慧；李晶；梁成罡 | 药物分析杂志 | 2022，42（01）：33 - 40 | |
| 503 | 重组人生长激素原液及注射液中有关物质 UPLC 分析方法建立 | 陆俊杰；李晶；陈莹；李懿；张伟；张慧；吕萍；秦希月；高向东；梁成罡 | 药物分析杂志 | 2022，42（01）：41 - 50 | |
| 504 | 第 1 批重组人绒促性素（生物测定用）国家标准品的制备与协作标定 | 李湛军；梁誉龄；李懿；胡馨月；胡宇驰；曹春然；魏霞；祝清芬；张娟；冯润东；王莉芳；何丽秀；李晶；张慧；梁成罡 | 药物分析杂志 | 2022，42（01）：68 - 77 | |
| 505 | 首批贝那鲁肽国家标准品的研制 | 丁晓丽；吕萍；蔡永清；段徐华；王绿音；陈莹；徐可铮；李晶；张伟；胡馨月；李懿；孙悦；张慧；梁成罡 | 药物分析杂志 | 2022，42（01）：78 - 85 | |
| 506 | 新型定点修饰的聚乙二醇化重组人生长激素修饰位点研究 | 李晶；邵正康；胡馨月；李懿；梁成罡 | 药物分析杂志 | 2022，42（01）：86 - 93 | |

续表

| 序号 | 题目 | 作者 | 杂志名称 | 期号、起止页码 | SCI 影响因子 |
|---|---|---|---|---|---|
| 507 | 门冬酰胺酶效价和纯度测定方法研究 | 王悦；陈欣桐；李京；范慧红 | 药物分析杂志 | 2022，42（01）：156－165 | |
| 508 | 毛细管电泳结合激光诱导荧光检测分析单抗 N 糖谱的方法学联合验证 | 王文波；武刚；于传飞；张峰；王兰 | 药物分析杂志 | 2022，42（01）：172－178 | |
| 509 | 鱼腥草化学成分、药理及质量控制研究进展 | 武营雪；丁倩云；刘静；戴忠；马双成 | 药物分析杂志 | 2022，42（01）：108－120 | |
| 510 | 基于体外消化/Caco－2 细胞模型测定白花蛇舌草中镉的生物有效性及风险评估 | 左甜甜；罗飞亚；金红宇；孙磊；余坤子；邢书霞；马双成 | 药物分析杂志 | 2022，42（01）：140－146 | |
| 511 | 用于医用增材制造的 Ti6Al4V 和 Ti6Al4V ELI 原材料粉末的质量控制研究 | 赵丹妹；柯林楠；杜晓丹；韩倩倩 | 热加工工艺 | 2022，51（14）：60－63 | |
| 512 | 3 种检测布鲁氏菌荧光定量 PCR 方法的比较 | 董浩；原霖；赵明海；许中衍；刘巍；徐阳；陈亚娜；梁春南 | 安徽农业大学学报 | 2021，48（06）：947－952 | |
| 513 | 中国脑膜炎球菌疫苗发展现状与挑战 | 徐颖华；李亚南；叶强 | 中国公共卫生 | 2022，38（07）：948－951 | |
| 514 | 欧盟化妆品中 CMR 物质监管情况及其对我国的启示 | 黄湘鹭；邢书霞；孙磊 | 香料香精化妆品 | 2021（06）：69－73，80 | |
| 515 | 国产特殊化妆品行政许可受理情况分析 | 张华；张伟；孟丽萱；李帅涛；宋钰 | 香料香精化妆品 | 2021（06）：64－68 | |
| 516 | QuEChERS－UPLC－MS/MS 法快速测定蜂蜜中 28 个吡咯里西啶生物碱的含量及风险评估 | 昝珂；李耀磊；王莹；刘丽娜；金红宇 | 药物分析杂志 | 2021，41（12）：2087－2094 | |
| 517 | 注射用头孢硫脒的质量再评价 | 戚淑叶；尹利辉；张斗胜；崇小萌；王立新 | 药物分析杂志 | 2021，41（12）：2219－2226 | |
| 518 | 同型半胱氨酸冰冻人血清国家标准品的研制 | 于婷；屠敏敏；孙晶；沈敏；黄杰 | 药物分析杂志 | 2021，41（12）：2070－2077 | |
| 519 | 基于不确定度轮廓的大黄 HPLC 定量分析方法验证研究 | 戴胜云；詹书怡；欧阳晓婕；马双成；郑健 | 药物分析杂志 | 2021，41（12）：2202－2210 | |
| 520 | 新一代撞击器测定空气动力学粒径分布方法学验证 | 李选堂；陈翠翠；魏宁漪；周颖；宁保明 | 中国新药杂志 | 2021，30（24）：2315－2321 | |
| 521 | 抗体偶联药物研发进展 | 武刚；付志浩；徐刚领；王文波；于传飞 | 生物医学转化 | 2021，2（04）：1－11 | |
| 522 | 屋尘螨致敏小鼠鼻炎模型建立及其免疫学评价 | 张影；徐颖华；江霞云；鲁旭；杨蕾 | 中华临床免疫和变态反应杂志 | 2021，15（06）：608－617 | |
| 523 | 单增李斯特菌国标检验培养基质量的比较 | 余文；安琳；崔生辉 | 现代食品科技 | 2022，38（01）：44－49，10 | |

续表

| 序号 | 题目 | 作者 | 杂志名称 | 期号、起止页码 | SCI影响因子 |
|---|---|---|---|---|---|
| 524 | 国内外化学品环境管理对我国化妆品原料管理的启示 | 黄湘鹭；邢书霞；孙磊 | 生态毒理学报 | 2021，16（06）：45－52 | |
| 525 | 药品抽检在健康中国建设中发挥的作用探讨 | 朱炯；刘文；王翀；胡增峣 | 中国现代应用药学 | 2021，38（24）：3182－3187 | |
| 526 | 2013—2020年7次实验动物病原菌项目国际比对结果分析 | 邢进；冯育芳；王洪；张雪青；高强 | 实验动物与比较医学 | 2021，41（06）：521－527 | |
| 527 | 基于团体标准T/CALAS 21—2017的Wistar大鼠微卫星DNA群体遗传质量分析（英文） | 魏杰；左琴；王洪；李欢；周佳琪 | 实验动物与比较医学 | 2021，41（06）：528－534 | |
| 528 | 2020年欧盟化妆品法规修订及启示 | 黄湘鹭；刘敏；邢书霞；孙磊 | 环境卫生学杂志 | 2021，11（06）：555－559 | |
| 529 | 基于血清药物化学和网络药理学的厚朴“下气除满”药效物质基础和作用机制研究 | 荆文光；赵小亮；常潞；程显隆；马双成 | 中国现代中药 | 2022，24（04）：652－664 | |
| 530 | 一测多评法测定不同企业心脑健制剂中9个成分的含量 | 王赵；赵剑锋；昝珂；李海亮；金红宇 | 中国中药杂志 | 2022，47（22）：6082－6089 | |
| 531 | 牛黄及代用品的红外指纹图谱鉴别研究 | 胡晓茹；倪景华；孙磊；傅欣彤；党晓蕾 | 中国现代中药 | 2022，24（03）：438－442 | |
| 532 | 2021年版英国药典概览 | 赵慧芳；王雅雯；陈唯真 | 中国药品标准 | 2021，22（06）：541－548 | |
| 533 | 化妆品原料吡硫鎓锌毒理学及风险评估研究进展 | 黄湘鹭；卢家灿；邢书霞；孙磊 | 日用化学工业 | 2021，51（12）：1235－1241 | |
| 534 | UHPLC－MS/MS法同时测定面膜类化妆品中63种激素 | 乔亚森；董亚蕾；黄传峰；王海燕；孙磊 | 日用化学工业 | 2021，51（12）：1259－1268 | |
| 535 | 注射用头孢硫脒聚合物杂质分析 | 崇小萌；田冶；姚尚辰；尹利辉；刘颖；许明哲 | 中国药学杂志 | 2021，56（24）：2008－2016 | |
| 536 | 厄贝沙坦中潜在基因毒性杂质检测方法的建立 | 袁松；黄海伟；于颖洁；张庆生 | 中国药学杂志 | 2021，56（24）：2017－2021 | |
| 537 | 介入瓣膜瓣中瓣模式下耐久性能测试及评价 | 刘丽；万辰杰；王硕；李崇崇；柯林楠 | 生物医学工程与临床 | 2022，26（01）：9－14 | |
| 538 | 百日咳杆菌核酸检测试剂国家参考品的研制 | 夏德菊；周海卫；王薇；许四宏 | 中国生物制品学杂志 | 2021，34（12）：1449－1455，1462 | |
| 539 | 脊髓灰质炎疫苗的研究进展 | 刘悦越；赵荣荣；李长贵 | 中国生物制品学杂志 | 2021，34（12）：1506－1510 | |
| 540 | 超高效液相色谱串联质谱法测定木贼中4种吡咯里西啶生物碱 | 昝珂；陈翠玲；周颖；金红宇；马双成；王莹 | 化学分析计量 | 2021，30（12）：38－42 | |
| 541 | 中成药质量等级标准研究原则和方法的探讨 | 聂黎行；钱秀玉；张毅；魏锋；戴忠；马双成 | 沈阳药科大学学报 | 2021，38（12）：1327－1333 | |

续表

| 序号 | 题目 | 作者 | 杂志名称 | 期号、起止页码 | SCI 影响因子 |
|---|---|---|---|---|---|
| 552 | 一测多评法测定川射干中 8 个异黄酮类成分的含量 | 周洪旭；张毅；杨新勇；曾军；马双成；孟大利 | 药物分析杂志 | 2022，42（06）：1072 – 1080 | |
| 553 | 双标多测法在党参 5 个成分含量测定中的应用 | 任月；陈晓虎；李青；孙磊；张毅；马双成 | 药物分析杂志 | 2022，42（06）：1087 – 1095 | |
| 554 | 细胞类制品微生物检查法的建立与探讨 | 厉高慜；王斌；曹琰；赵雄；邵泓；陈钢 | 中国药品标准 | 2022，23（03）：271 – 276 | |
| 555 | 基于 HPLC – QAMS 多指标成分含量测定联合化学计量学的恒古骨伤愈合剂质量控制 | 冯晓川；徐延昭；张静；张蕊 | 中国现代中药 | 2022，24（10）：1995 – 2003 | |
| 556 | 慢性阻塞性肺疾病患者接种三价季节性流感疫苗后 1 年免疫持久性 | 李燕；邵铭；张萍淑；马英；元小冬；安志杰；李克莉；尹遵栋；李长贵；王华庆 | 中国疫苗和免疫 | 2022，28（03）：298 – 302 | |
| 557 | 双标线性校正法用于一清颗粒的多指标成分定性分析 | 赵一擎；张红伟；王晓燕；孙磊；马双成 | 中国药学杂志 | 2022，57（12）：1021 – 1026 | |
| 558 | 银朱的鉴别与硫化汞含量测定方法研究 | 赵磊；曲涵婷；孙艳涛；姜大成；马彧；昝珂 | 化学分析计量 | 2022，31（06）：14 – 17 | |
| 559 | 菊苣根中二氧化硫残留量分析及其风险评估 | 李耀磊；巨珊珊；张冰；吴昊；任志鑫；王雨；林志健；金红宇；马双成 | 中成药 | 2022，44（06）：2053 – 2056 | |
| 560 | 卡介苗新菌种单细胞克隆株 NIFDC 945 SⅢ免疫效应及安全性的初步评价 | 江秋虹；张健；程琛舒；赵爱华；陶立峰；蒲江；付丽丽；王国治 | 中国生物制品学杂志 | 2022，35（06）：664 – 667 | |
| 561 | 生脉注射液中总糖、总皂苷和总木脂素的含量测定方法建立及应用 | 刘瑞；聂黎行；陈佳；戴忠；王钢力；马双成 | 中国新药杂志 | 2022，31（11）：1112 – 1118 | |
| 562 | 基于小鼠腘窝淋巴结模型对疫苗用辅料蔗糖中不溶性微粒激发免疫应答风险的评估 | 王珏；江颖；沈雁；肖新月；杨锐；孙会敏 | 药物生物技术 | 2022，29（03）：234 – 238 | |
| 563 | X 射线衍射法检测中成药及保健品中的壮阳类非法添加物 | 王祯旭；张剑；贺丽英；汪敏；申丽莎；高家敏 | 华西药学杂志 | 2022，37（03）：319 – 312 | |
| 564 | 纯热解碳人工机械心脏瓣膜体外性能试验 | 李海平；刘丽；苏春光 | 中国医疗设备 | 2022，37（06）：29 – 34 | |
| 565 | 预胶化淀粉离散元仿真参数标定及休止角力链分析 | 赵孟涛；范仁宇；周康明；孙会敏；戴传云 | 中国医药工业杂志 | 2022，53（06）：868 – 875，895 | |
| 566 | 寡核苷酸药物分析方法研究进展 | 郭乘凤；刘莉莎；杨洪淼；刘博；张佟；刘万卉；范慧红 | 中国药学杂志 | 2022，57（11）：869 – 873 | |

续表

| 序号 | 题目 | 作者 | 杂志名称 | 期号、起止页码 | SCI 影响因子 |
| --- | --- | --- | --- | --- | --- |
| 567 | 钝顶螺旋藻水提取物通过抑制炎症、氧化应激及调节肠道菌群来改善溃疡性结肠炎小鼠结肠黏膜损伤（英文） | 王建；粟丽千；张伦；曾佳利；陈晴汝；邓蕊；王子琰；邝伟东；金小宝；桂水清；徐颖华；卢雪梅 | Journal of Zhejiang University-Science B（Biomedicine & Biotechnology） | 2022，23（06）：481－502 | 1.4 |
| 568 | 基于 HPLC 指纹图谱及双标多测法的四妙丸质量评价研究 | 苟桦梅；张毅；吴燕红；杨荣平；许妍；孙磊 | 药物分析杂志 | 2022，42（05）：866－874 | |
| 569 | 静电纺纳米纤维 PLCL/纤维蛋白原人工韧带的生物相容性评价 | 郭佳花；张羽；陈丽媛；徐丽明；莫秀梅；陈亮 | 生物医学工程学杂志 | 2022，39（03）：544－550，560 | |
| 570 | 基于交联聚维酮物理指纹图谱和关键质量属性预测奥氮平口崩片的崩解时限 | 王珏；胡丽；杨锐；孙会敏 | 中国新药杂志 | 2022，31（10）：942－949 | |
| 571 | 前增菌抗生素添加对产志贺毒素大肠埃希氏菌分离的影响 | 胡颖；赵琳娜；白莉；崔生辉 | 中国食品卫生杂志 | 2022，34（03）：504－509 | |
| 572 | 何首乌醇提物及单体体外肝细胞毒性研究 | 陈子涵；杨建波；陈智伟；马双成；魏锋；孙华 | 中国药物警戒 | 2022，19（07）：728－732 | |
| 573 | 亚稳态分子内重排诱发多肽系列降解杂质的解析研究 | 白海娇；韩晓捷；李增礼；覃婷婷；鲁鑫；项新华；王倩倩 | 中国药学杂志 | 2022，57（10）：829－833 | |
| 574 | 分析方法的生命周期：《美国药典》通则 <1220>解读 | 王晓娟；吴星；毛群颖；梁争论；谭德讲 | 中国生物制品学杂志 | 2022，35（05）：626－631 | |
| 575 | 从质量控制角度探索生物制品行业设备规范化管理 | 王冠杰；邵明立 | 中国生物制品学杂志 | 2022，35（05）：637－640 | |
| 576 | 科学监管方法之湿热灭菌药品参数放行探索研究 | 尚悦；马仕洪；张启明；杨昭鹏 | 中国药事 | 2022，36（05）：497－502 | |
| 577 | 婴幼儿食品源阪崎克罗诺杆菌的 3 种分型方法 | 杨秋萍；阎彦霏；张艳；曹晨阳；盛焕精；崔生辉；杨保伟 | 中国食品学报 | 2022，22（05）：358－336 | |
| 578 | 4－去甲基－柔红霉素标准物质的研制 | 陶晓莎；田冶；刘万卉；尹利辉；许明哲 | 中国新药杂志 | 2022，31（09）：909－912 | |
| 579 | 国内外医疗机构自制试剂监管政策发展历史与借鉴 | 周良彬；李伟松；黄颖 | 中国食品药品监管 | 2022（05）：84－93 | |
| 580 | HPLC 法测定参乌益肾片中 8 种成分及其化学计量学综合评价 | 张蕊；徐延昭；张静；许保海 | 现代药物与临床 | 2022，37（05）：976－982 | |

续表

| 序号 | 题目 | 作者 | 杂志名称 | 期号、起止页码 | SCI 影响因子 |
|---|---|---|---|---|---|
| 581 | 乳制品中金黄色葡萄球菌 PCR 快速检测方法的建立 | 王纯；张若鸿；王晓芳；李晓然；尹树仁；杨洋；崔生辉；郭云昌 | 核农学报 | 2022，36（06）：1193－1203 | |
| 582 | 基于多指标结合化学计量学的龙葵果质量评价研究 | 赵雯雯；张锦超；孙秀蕊；张哲；韩洪翠；王雪；荆紫琪；李楚；魏锋；张玉杰 | 中草药 | 2022，53（09）：2803－2809 | |
| 583 | 便携式拉曼光谱法快速检测盐酸罗哌卡因注射液 | 徐代月；王静文；刘万卉；赵瑜；陈华 | 中国药师 | 2022，25（05）：937－941 | |
| 584 | 化学药品中杂质的基因毒性评估策略以及相关分析方法研究进展 | 万君玥；陈华；尹婕 | 药物分析杂志 | 2022，42（04）：557－571 | |
| 585 | HPLC－ELSD 法同时测定芪蛭通络胶囊中 2 个皂苷类成分的含量 | 李婷；程显隆；王郡瑶；李明华；李涛；游蓉丽；魏锋；李向日；马双成 | 药物分析杂志 | 2022，42（04）：720－726 | |
| 586 | 非水滴定法测定泰瑞米特钠的含量 | 马燕；李婕；张启明；李慧义 | 中国药品标准 | 2022，23（02）：210－213 | |
| 587 | 2019 年北京市海淀区接种麻疹风疹联合减毒活疫苗发生相关麻疹病例的调查分析 | 史如晶；于霞丽；徐若辉；蔡润；赵慧 | 首都公共卫生 | 2022，16（02）：105－109 | |
| 588 | 间充质干细胞外泌体促进糖尿病皮肤创口愈合的研究进展 | 赵云；李秀英；纳涛；姜金兰 | 中国实验诊断学 | 2022，26（04）：609－612 | |
| 589 | 蛋白多肽类降糖药物口服递送载体的研究现状与临床应用进展 | 杨甜甜；王奥华；俞淼荣；甘勇 | 药学进展 | 2022，46（04）：255－269 | |
| 590 | 狂犬病病毒单克隆抗体的研究进展 | 蔡美娜；许四宏 | 中国生物制品学杂志 | 2022，35（04）：486－492 | |
| 591 | 不同代谢活化条件对 *N*－亚硝胺类化合物细菌回复突变结果的影响 | 叶倩；汪祺；文海若 | 中国医药生物技术 | 2022，17（02）：118－124 | |
| 592 | 三明治肝细胞培养模型及其在中药肝毒性评价中的应用 | 唐茵茹；黄芝瑛；汪祺；文海若；马双成 | 中国现代中药 | 2022，24（05）：926－931 | |
| 593 | 雷公藤中倍半萜生物碱类化学成分的研究 | 闫建功；王一竹；吴先富；陈明慧；郑玉光；王亚丹；马双成 | 中草药 | 2022，53（07）：1933－1938 | |
| 594 | 基于 PI3K/Akt 信号通路探讨小金丹对巨噬细胞极化的调控作用及机制 | 彭博；练东银；张广平；陈颖；侯红平；贺蓉；李建荣；胡晓茹 | 中国实验方剂学杂志 | 2022，28（09）：：36－42 | |
| 595 | 基于双标多测法辅助 HPLC 的肿节风配方颗粒的多组分分析 | 林燕翔；黄博；罗轶；孙磊；马双成；谢培德 | 药物分析杂志 | 2022，42（03）：402－410 | |

续表

| 序号 | 题目 | 作者 | 杂志名称 | 期号、起止页码 | SCI影响因子 |
|---|---|---|---|---|---|
| 596 | 一测多评法测定三七总皂苷中5个皂苷的含量 | 董媛；李海亮；王楠；王莹；张赟华；张雯洁；金红宇；马双成 | 药物分析杂志 | 2022，42（03）：518－524 | |
| 597 | 藏药熏倒牛HPLC特征图谱及4个成分的含量测定 | 李运；张国强；邱国玉；程显隆；魏锋 | 药物分析杂志 | 2022，42（03）：494－500 | |
| 598 | 蒙特卡洛法和不确定度传播率法在药品内标法含量测定不确定度评定中的比较研究 | 李菁；康帅；王冰；罗雅丽；王洋；郭巧技；马双成；王淑红 | 中国药学杂志 | 2022，57（06）：472－477 | |
| 599 | 新型纯热解碳人工机械心脏瓣膜体外耐久性能试验 | 李海平；刘丽；李佳轩；苏春光；李健 | 中国药事 | 2022，36（03）：322－329 | |
| 600 | 超高效液相色谱－串联质谱法检测咖啡中黄曲霉毒素和杂色曲霉素 | 李硕；李莉 | 食品研究与开发 | 2022，43（06）：136－141 | |
| 601 | 电感耦合等离子体原子发射光谱法和电感耦合等离子体质谱法检测药品中元素杂质的研究进展 | 朱俐；赵瑜；尹利辉；许明哲 | 理化检验－化学分册 | 2022，58（03）：361－372 | |
| 602 | 基于临床用药导向的中药有害成分风险评估方法应用研究 | 李耀磊；张晓朦；张冰；林志健；昝珂；金红宇；马双成 | 中国药物警戒 | 2022，19（05）：475－480 | |
| 603 | 中药饮片制何首乌质量调查及监管建议 | 谢耀轩；张伟；肖丽和；康帅；王淑红；马双成 | 中国食品药品监管 | 2022（03）：47－53 | |
| 604 | 呼吸道合胞病毒G蛋白抗原表位分析 | 孙誉芳；赵慧；邹勇；李长贵 | 微生物学免疫学进展 | 2022，50（02）：34－40 | |
| 605 | 何首乌相关肝毒性的机制研究进展 | 李妍怡；张玉杰；汪祺；马双成 | 中国药物警戒 | 2022，19（06）：605－609 | |
| 606 | 基于Citespace的中药质量标准研究进展分析 | 王宇佳；杨柱；明雪梅；刘维蓉；张婉；于建东；胡奇志 | 中国药事 | 2022，36（04）：444－451 | |
| 607 | 微晶纤维素的离散元仿真参数标定及休止角的细观分析 | 谢文影；白玉菱；赵孟涛；周康明；范仁宇；管天冰；任建兵；孙会敏；戴传云 | 药学学报 | 2022，57（04）：1147－1154 | |
| 608 | 基于中药行业性能力验证模式的中药分析教学实践与探索 | 刘越；梁文仪；康荣；张兰珍；马双成 | 广州化工 | 2022，50（05）：191－193 | |
| 609 | 双标线性校正法辅助色谱峰定位对牛黄上清制剂的多指标成分定性分析 | 张红伟；赵一擎；王晓燕；黄霞；孙磊；马双成 | 中国药学杂志 | 2022，57（05）：385－391 | |
| 610 | 蒙药扎冲十三味丸对脑缺血大鼠神经行为功能的影响 | 田彩云；徐彬；贾克文；高博闻；杨建波 | 药物评价研究 | 2022，45（03）：488－492 | |

续表

| 序号 | 题目 | 作者 | 杂志名称 | 期号、起止页码 | SCI 影响因子 |
|---|---|---|---|---|---|
| 611 | 金橙Ⅱ及金胺 O 的体外遗传毒性评价 | 唐茵茹；王亚楠；王曼虹；黄芝瑛；汪祺；文海若 | 药物评价研究 | 2022，45（03）：434－441 | |
| 612 | 医用胶原充填剂的细菌内毒素检测 | 陆珠儿；陈丹丹；蔡彤 | 药物分析杂志 | 2022，42（02）：342－345 | |
| 613 | 异戊烯基黄酮类化合物抗炎作用的研究进展 | 张蕊；邓豪成；戚泽涛；徐丛丛；陈佳；吴龙火 | 赣南医学院学报 | 2022，42（02）：137－143，167 | |
| 614 | 乳酸左氧氟沙星氯化钠注射液杂质谱研究 | 肖钦钦；陈希；段和祥；张银花；刘绪平；王晨 | 中国药物警戒 | 2022，19（05）：527－531，536 | |
| 615 | 同源重组修复检测的评价 | 许骏；曲守方；黄传峰；黄杰 | 分子诊断与治疗杂志 | 2022，14（02）：338－341，345 | |
| 616 | 医药行业实验室数据的审计追踪及其审核 | 陈爽；阮昊；梁晶晶；陈龙珠；项新华 | 中国药事 | 2022，36（02）：146－149 | |
| 617 | 补骨脂药材的质量变化规律和标准探讨 | 张亚中；刘军玲；程世云；胡冲；韩玲玲；魏锋；马双成 | 中国现代中药 | 2022，24（02）：294－297 | |
| 618 | 商陆总皂苷对癌性腹水模型小鼠的祛腹水作用及机制初探 | 王彩霞；郁红礼；吴皓；陶兴宝；谢雨薇；程砚秋；曾平；王贺鹏；张萍；崔小兵 | 中国中药杂志 | 2022，47（16）：4411－4417 | |
| 619 | 生物瓣抗钙化检测方法研究 | 于秋航；段苏然；杨柳；姜爱莉；付海洋；王召旭 | 北京生物医学工程 | 2022，41（01）：49－53 | |
| 620 | 脊髓灰质炎灭活疫苗和减毒活疫苗安全性及免疫原性的 Meta 分析 | 李冬雪；马锐；高宇畅；侯绪光；赵增虎；王明；李娜；英志芳；王辉 | 中国生物制品学杂志 | 2022，35（02）：189－193，199 | |
| 621 | 头孢噻吩杂质 A 国家标准物质的研制 | 江志钦；刘颖；田冶；冯艳春；姚尚辰；刘书好；杨青；马步芳；张夏；许卉；尹利辉；许明哲 | 中国药学杂志 | 2022，57（03）：227－230 | |
| 622 | 香棒虫草的生药学研究与数字化表征 | 李文庭；石佳；郑成；陈碧莲；罗晋萍；康帅；聂黎行；马双成 | 中国药学杂志 | 2022，57（06）：466－471 | |
| 623 | 板蓝根的性状和显微鉴别研究 | 吕林锋；聂黎行；陈运动；康帅；谢浙裕；马双成 | 中国药学杂志 | 2022，57（06）：453－457 | |
| 624 | 檀香及其混淆品的鉴别与数字化研究 | 王亚琼；王颖健；钟水生；汪明志；张超；余坤子；马双成 | 中国药学杂志 | 2022，57（06）：458－465 | |
| 625 | 超高效液相色谱－质谱联用技术评价当归养血丸中阿胶投料情况 | 杜晓娟；王冰；谢耀轩；曾利娜；苏畅；马双成；康帅；王淑红 | 中国药学杂志 | 2022，57（06）：413－419 | |
| 626 | 基于转录组测序方法研究加替沙星对小鼠的肝损伤作用 | 国瑞贤；谢广云；韩莹 | 癌变·畸变·突变 | 2022，34（01）：20－24 | |
| 627 | 抗肿瘤血清胸腺因子 9 肽的急性毒性和遗传毒性 | 杨玉；黄雅理；林飞；汤龙 | 癌变·畸变·突变 | 2022，34（01）：57－61 | |
| 628 | 大叶千斤拔药材等级评价研究 | 郑元青；张鹏；何娟娟；付卡利；张英帅；何风艳；牛明；龚云 | 湖南中医药大学学报 | 2022，42（02）：200－205 | |

续表

| 序号 | 题目 | 作者 | 杂志名称 | 期号、起止页码 | SCI影响因子 |
|---|---|---|---|---|---|
| 629 | 复合大孔聚多糖可吸收止血材料免疫毒性反应的评价 | 吴沥豪；邵安良；许林；任康；王洪建；陈亮；许零 | 中国组织工程研究 | 2023，27（03）：329－334 | |
| 630 | 2016年—2020年全国微生物不合格市售化妆品的特征分析 | 孙晶；蔺静；王小兵；张中湖；黄传峰 | 中国卫生检验杂志 | 2022，32（02）：241－243，252 | |
| 631 | 静注人免疫球蛋白（pH4）中水痘－带状疱疹病毒中和抗体效价的检测 | 袁典；孙珍珠；贾俊婷；汪琳；王蕊；章金刚；张运佳；管利东；马玉媛 | 军事医学 | 2022，46（01）：44－47 | |
| 632 | 不同活菌数卡介苗制品诱导免疫反应差异的比较 | 杨阳；付丽丽；赵爱华；徐苗 | 中国生物制品学杂志 | 2022，35（01）：1－3，10 | |
| 633 | 小檗碱双向调节细胞自噬机制的研究进展 | 罗玉萍；黄芝瑛；张河战；李伟 | 中国新药杂志 | 2022，31（01）：46－42 | |
| 634 | 基于报告基因的重组人促卵泡激素Fc融合蛋白生物学活性测定方法研究 | 孙爽；王绿音；李晶；吕萍；徐可铮；梁誉龄；张慧；李湛军；梁成罡 | 药物分析杂志 | 2022，42（01）：60－67 | |
| 635 | 时间分辨荧光免疫分析法测定人胰岛素生物学活性 | 杨艳枫；王绿音；梁誉龄；李湛军；张慧；李晶；高向东；梁成罡 | 药物分析杂志 | 2022，42（01）：51－59 | |
| 636 | 近五年三七化学成分、色谱分析、三七提取物和药理活性的研究进展 | 黄依丹；成嘉欣；石颖；高智慧；胡玉莹；康荣；王莹；刘越；马双成 | 中国中药杂志 | 2022，47（10）：2584－2596 | |
| 637 | 基于产地和炮制工艺探讨何首乌化学成分变化 | 李妍怡；张玉杰；汪祺；马双成 | 中国药物警戒 | 2022，19（07）：799－802 | |
| 638 | 以细胞因子为研究指标的光致敏体外评价方法的建立 | 赵华琛；王宇；黄舒佳；姜华；董建欣；王庆利；刘丽；李波 | 药物评价研究 | 2022，45（01）：1－9 | |
| 639 | 以CD54为评价指标的THP－1细胞光致敏体外评价方法的确定和验证 | 董建欣；黄舒佳；王宇；姜华；赵华琛；祝清芬；刘丽；李波 | 药物评价研究 | 2022，45（01）：20－29 | |
| 640 | Recombinase polymerase amplification combined with fluorescence immunochromatography assay for on-site and ultrasensitive detection of SARS-CoV-2 | Wang Guangyu；Yang Xingsheng；Dong Hao；Tu Zhijie；Zhou Yong；Rong Zhen；Wang Shengqi | Pathogens | 2022，11（11）：1252－1252 | 4.58 |
| 641 | Elasticity regulatesnanomaterial transport as delivery vehicles：Design，characterization，mechanisms and state of the art | Nie Di；Liu Chang；Yu Miaorong；JiangXiaohe；Wang Ning；Gan Yong | Biomaterials | 2022，291：121879 | 14.4 |

续表

| 序号 | 题目 | 作者 | 杂志名称 | 期号、起止页码 | SCI 影响因子 |
|---|---|---|---|---|---|
| 642 | Effect of different tolerable levels of constitutive mcr-1 expression on Escherichia coli. | Qiao Han; Yu Jie; Wang Xiukun; Nie Tongying; Hu Xinxin; Yang Xinyi; Li Congran; You Xuefu | Microbiology spectrum | 2022, 10（5）: e0174822 – e0174825 | 8.11 |
| 643 | Immunosuppressive sesquiterpene pyridine alkaloids from Tripterygium wilfordii Hook. f. | Wang Yadan; Yan Jiangong; Zhang Zhongmou; Chen Minghui; Wu Xianfu; Ma Shuangcheng | Molecules | 2022, 27（21）: 7274 | 3.7 |
| 644 | Safety and viral shedding of live attenuated influenza vaccine（LAIV）in Chinese healthy juveniles and adults: A Phase Ⅰ randomized, double-blind, placebo-controlled study | Li Li; Shi Nianmin; Xu Na; Wang Haibin; Zhao Hui; Xu Haidong; Liu Dawei; Zhang Zheng; Li Shuping; Zhang Junnan; Guo Chunhui; Huo Jinglei; Zhao Menghan; Luo Fengji; Yang Liqing; Bai Yunhua; Lu Qiang; Zhang Yusong; Zhong Yi; Gao Wenhui | Vaccines | 2022, 10（11）: 1796 | 8.9 |
| 645 | Immunogenicity and safety of two novel human papillomavirus 4-and 9-valent vaccines in Chinese women aged 20 – 45 years: A randomized, blinded, controlled withGardasil（type 6/11/16/18）, phase Ⅲ non-inferiority clinical trial. | Shu Yajun; Yu Yebin; Ji Ying; Zhang Li; Li Yuan; Qin Haiyang; Huang Zhuhang; Ou Zhiqiang; Huang Meilian; Shen Qiong; Li Zehong; Hu Meng; Li Chunyun; Zhang Gaoxia; Zhang Jikai | Vaccine | 2022, 40（48）: 6947 – 6955 | 3.8 |
| 646 | Quantitative analysis the weak non-covalent interactions of the polymorphs of Donepezil | Xing Wenhui; Yu Hongmei; ZhangBaoxi; Liu Meiju; Zhang Li; Wang Fengfeng; Gong Ningbo; Lu Yang | ACS omega | 2022, 7（41）: 36434 – 36440 | 1.6 |
| 647 | A phase Ⅱ, single-center, randomized, double-blind, parallel control clinical study evaluating the immunogenicity and safety of a two-dose schedule of serogroups ACYW meningococcal polysaccharide conjugate vaccine | Mo Yi; Li Yanan; Liu Gang; Chen Junji; WeiDingkai; Wu Jigang; Meng Qiuyan; Li Zhi; Mo Zhaojun | Vaccine | 2022, 40（47）: 6785 – 6794 | 3.7 |
| 648 | Exploratory quality control study for Polygonum multiflorum Thunb. using dinuclear anthraquinones with potential hepatotoxicity | Gao Huiyu; Yang Jianbo; WangXueting; Song Yunfei; Cheng Xianlong; Wei Feng; Wang Ying; Gu Donglin; Sun Hua; Ma Shuangcheng | Molecules | 2022, 27（19）: 6760 | 2.7 |
| 649 | Efficacy of an accelerated vaccination schedule against hepatitis E virus infection in pregnant rabbits | Zhang Fan; Yang Zhaogeng; Dai Cong; He Qiyu; Liang Zhaochao; Liu Tianxu; Huang Weijin; Wang Youchun; Wang Lin; Wang Ling | Journal of medical virology | 2022 | 1 |

续表

| 序号 | 题目 | 作者 | 杂志名称 | 期号、起止页码 | SCI 影响因子 |
| --- | --- | --- | --- | --- | --- |
| 650 | Qualitative analysis of multiple phytochemical compounds in Tojapride based on UHPLC Q-exactive orbitrap mass spectrometry | Zhang Liying; Qin Shihan; Tang Sunv; E Shuai; Li Kailin; Li Jing; Cai Wei; Sun Lei; Li Hui | Molecules | 2022, 27 (19): 6639 | 2. 1 |
| 651 | Assessment of the immunogenicity and protection of a Nipah virus soluble G vaccine candidate in mice and pigs | Gao Zihan; Li Tao; Han Jicheng; Feng Sheng; Li Letian; Jiang Yuhang; Xu Zhiqiang; Hao Pengfei; Chen Jing; Hao Jiayi; Xu Peng; Tian Mingyao; Jin Ningyi; Huang Weijin; Li Chang | Frontiers in Microbiology | 2022, 13: 1031523 | 3. 01 |
| 652 | Heterologous booster with inhaled Adenovirus vector COVID-19 vaccine generated more neutralizing antibodies against different SARS-CoV-2 variants. | Zhong Jiaying; Liu Shuo; Cui Tingting; Li Jingxin; Zhu Fengcai; Zhong Nanshan; Huang Weijin; Zhao Zhuxiang; Wang Zhongfang | Emerging microbes & infections | 2022, 11 (1): 11 - 18 | 1. 7 |
| 653 | Characterization of the enhanced infectivity and antibody evasion of Omicron BA. 2. 75 | Cao Yunlong; Song Weiliang; Wang Lei; Liu Pan; Yue Can; JianFanchong; Yu Yuanling; Yisimayi Ayijiang; Wang Peng; Wang Yao; Zhu Qianhui; Deng Jie; Fu Wangjun; Yu Lingling; Zhang Na; Wang Jing; Xiao Tianhe; An Ran; Wang Jing; Liu Lu; Yang Sijie; Niu Xiao; Gu Qingqing; Shao Fei; Hao Xiaohua; Meng Bo; Gupta Ravindra Kumar; Jin Ronghua; Wang Youchun; Xie Xiaoliang Sunney; Wang Xiangxi | Cell host & microbe | 2022, 30 (11): 1527 - 1539 | 1. 5 |
| 654 | Evaluation of the chemical profile from four germplasms sources of Pruni Semen using UHPLC-LTQ-Orbitrap-MS and multivariate analyses | Zhao Zihan; Liu Yue; Zhang Yushi; Geng Zeyu; Su Rina; Zhou Lipeng; Han Chao; Wang Zhanjun; Ma Shuangcheng; Li Weidong | Journal of pharmaceutical analysis | 2022, 12 (5): 733 - 742 | 2. 3 |
| 655 | Further humoral immunity evasion of emerging SARS-CoV-2 BA. 4 and BA. 5 subvariants | Jian Fanchong; Yu Yuanling; Song Weiliang; Yisimayi Ayijiang; Yu Lingling; Gao Yuxue; Zhang Na; Wang Yao; Shao Fei; Hao Xiaohua; Xu Yanli; Jin Ronghua; Wang Youchun; Xie Xiaoliang Sunney; Cao Yunlong | The Lancet. Infectious diseases | 2022, 22 (11): 1535 - 1537 | 2. 7 |

续表

| 序号 | 题目 | 作者 | 杂志名称 | 期号、起止页码 | SCI 影响因子 |
|---|---|---|---|---|---|
| 656 | Industrial development and biomedical application prospect of recombinant collagen | Fu Rongzhan; Fan Daidi; Yang Wanjuan; Chen Liang; Qu Ci; Yang Shulin; Xu Liming | Sheng wu gong cheng xue bao = Chinese journal of biotechnology | 2022, 38 (9): 3228 –3242 | 1.6 |
| 657 | Prevalence, bio-serotype, antibiotic susceptibility and genotype of Yersiniaenterocolitica and other Yersinia species isolated from retail and processed meats in Shaanxi Province, China | Lü Zexun; Su Xiumin; Chen Jin; Qin Mingqian; Sheng Huanjing; Zhang Qian; Zhang Jinlei; Yang Jun; Cui Shenghui; Li Fengqin; Feng Chengqian; Peng Zixin; Yang Baowei | LWT | 2022, 168 | 2.3 |
| 658 | An improved isotope labelling method for quantifying deamidated cobratide using high-resolution quadrupole-orbitrap mass spectrometry | Liu Bo; Huang Lu; Xu Rongrong; Fan Huihong; Wang Yue | Molecules | 2022, 27 (19): 6154 | 1.9 |
| 659 | A novel hKDR mouse model depicts the anti-angiogenesis and apoptosis-promoting effects of neutralizing antibodies targeting VEGFR2 | Cao Yuan; Sun Chunyun; Huo Guitao; Wang Huiyu; Wu Yong; Wang Fei; Liu Susu; Zhai Shijie; Zhang Xiao; Zhao Haoyang; Hu Meiling; Gu Wenda; Yang Yanwei; Wang Sanlong; Liang Chunnan; Lyu Jianjun; Lu Tiangong; Wang Youchun; Xie Liangzhi; Fan Changfa | Cancer science | 2023, 114 (1): 115 –128 | 1.5 |
| 660 | Revealing the active ingredients of the traditional Chinese medicine decoction by the supramolecular strategies andmultitechnologies | Wang Zhijia; Li Wen; Lu Jihui; Yuan Zhihua; Pi Wenmin; ZhangYaozhi; Lei Haimin; Jing Wenguang; Wang Penglong | Journal ofethnopharmacology | 2022, 300: 115704 | 1.1 |
| 661 | Evaluation of factors contributing to variability of qualitative and quantitative proficiency testing for SARS-CoV-2 nucleic acid detection | Zhang Yongzhuo; Wang Xia; Niu Chunyan; Wang Di; Shen Qingfei; Gao Yunhua; Zhou Haiwei; Zhang Yunjing; Zhang Yan; Dong Lianhua | Biosafety and health | 2022, 4 (5): 321 –329 | 3.2 |
| 662 | UC-MSCs seeded on small intestinal submucosa to repair the uterine wall injuries | Qu Mingyue; He Muye; Wang Han; Zeng Hang; Wang Chunren; Han Qianqian | Tissue engineering. Part C, Methods | 2022 | 1.3 |
| 663 | Mitochondria-targeting folic acid-modifiednano-platform based on mesoporous carbon and a bioactive peptide for improved colorectal cancer treatment | Wang Jian; Zhang Lun; Xin Hui; Guo Ya; ZhuBaokang; Su Liqian; Wang Shanshan; Zeng Jiali; Chen Qingru; Deng Rui; Wang Ziyan; Wang Jie; Jin Xiaobao; Gui Shuiqing; Xu Yinghua; Lu Xuemei | Actabiomaterialia | 2022, 152: 453 –472 | 2.03 |

续表

| 序号 | 题目 | 作者 | 杂志名称 | 期号、起止页码 | SCI 影响因子 |
|---|---|---|---|---|---|
| 664 | Development and characterization of reference materials for EGFR, KRAS, NRAS, BRAF, PIK3CA, ALK, and MET genetic testing | Zhang Wenxin; Qu Shoufang; Chen Qiong; Yang Xuexi; Yu Jing; Zeng Shuang; Chu Yuxing; Zou Hao; Zhang Zhihong; Wang Xiaowen; Jing Ruilin; Wu Yingsong; Liu Zhipeng; Xu Ren; Wu Chunyan; Huang Chuanfeng; Huang Jie | Technology and health care: official journal of the European Society for Engine | 2023, 31 (2): 485 -495 | 1.6 |
| 665 | Carbon dots for real-time colorimetric/fluorescent dual-mode sensing ClO -/GSH | Li Huiqing; Wei Zhenni; Zuo Xianwei; Chen Hongli; Ren Cuiling; Dong Yalei; Chen Xingguo | Dyes and Pigments | 2022, 206 | 2.34 |
| 666 | Tissue regeneration effect of betulin via inhibition of ROS/MAPKs/NF-B axis using zebrafish model | Ou yang Ting; Yin Huafeng; Yang Jianbo; Liu Yue; Ma Shuangcheng | Biomedicine & Pharmacotherapy | 2022, 153: 113420 | 3.15 |
| 667 | Head-to-head comparison of 7 high-sensitive human papillomavirus nucleic acid detection technologies with the SPF10 LiPA-25 system | Yin Jian; Cheng Shuqian; LiuDaokuan; Tian Yabin; Hu Fangfang; Zhang Zhigao; Zhu Tiancen; Su Zheng; Liu Yujing; Wang Sumeng; Liu Yiwei; Peng Siying; Li Linlin; Xu Sihong; Zhang Chuntao; Qiao Youlin; Chen Wen | Journal of the National Cancer Center | 2022, 2 (3): 148 -154 | 3.21 |
| 668 | Irritant toxicity and lectin content of different processed products of Pinelliae Rhizoma | Cheng YanQiu; Yu HongLi; Wu Hao; TaoXingBao; Xie YuWei; Chen ShengJun; Zhang Ping; Li Song; Wang CaiXia; Wang HePeng; Zeng Ping; Liu Bing-Bing | Zhongguo Zhong yao za zhi = Zhongguo zhongyao zazhi = China journal of Chinese m | 2022, 47 (17): 4627 -4633 | 1.53 |
| 669 | Interlaboratory comparison for determination of lead in drinking water | Yang Jiaolan; Cao Ningtao; Wang Jun | Wei sheng yan jiu = Journal of hygiene research | 2022, 51 (5): 829 -833 | 2.1 |
| 670 | Discovery and molecular elucidation of the anti-influenza material basis ofBanlangen granules based on biological activities and ultra-high performance liquid chromatography coupled with quadrupole-orbitrap mass spectrometry | Qian XiuYu; Nie LiXing; Zhao Hui; Dai Zhong; Ma ShuangCheng; Liu JinMei; YanHui Kuang | Journal of ethnopharmacology | 2022, 298: 115683 | 1.7 |
| 671 | Stability and transmissibility of SARS-CoV-2 in the environment | Geng Yansheng; Wang Youchun | Journal of medical virology | 2023, 95 (1): e28103 | 1.5 |

续表

| 序号 | 题目 | 作者 | 杂志名称 | 期号、起止页码 | SCI 影响因子 |
| --- | --- | --- | --- | --- | --- |
| 672 | A stepwise strategy integratingmetabolomics and pseudotargeted spectrum-effect relationship to elucidate the potential hepatotoxic components in Polygonum multiflorum | Song Yunfei; Yang Jianbo; Hu Xiaowen; Gao Huiyu; Wang Pengfei; Wang Xueting; Liu Yue; Cheng Xianlong; Wei Feng; Ma Shuangcheng | Frontiers in Pharmacology | 2023 | 2.3 |
| 673 | A mosaic-type trimeric RBD-based COVID-19 vaccine candidate induces potent neutralization against Omicron and other SARS-CoV-2 variants | Zhang Jing; Han Zi Bo; Liang Yu; Zhang Xue Feng; Jin Yu Qin; Du Li Fang; Shao Shuai; Wang Hui; Hou Jun Wei; Xu Ke; LeiWenwen; Lei Ze Hua; Liu Zhao Ming; Zhang Jin; Hou Ya Nan; Liu Ning; Shen Fu Jie; Wu Jin Juan; Zheng Xiang; Li Xin Yu; Li Xin; Huang Wei Jin; Wu Gui Zhen; Su Ji Guo; Li Qi Ming | eLife | 2022, 11 | 2.7 |
| 674 | Systems assessment ofstatins hazard: Integrating in silico prediction, developmental toxicity profile and transcriptomics in zebrafish | Han Ying; Ma Yuanyuan; Tong Junwei; ZhangJingpu; Hu Changqin | Ecotoxicology and environmental safety | 2022, 243: 113981 | 1.6 |
| 675 | A novel single-stranded RNA-based adjuvant improves the immunogenicity of the SARS-CoV-2 recombinant protein vaccine | Liu Dong; An Chaoqiang; Bai Yu; Li Kelei; Liu Jianyang; Wang Qian; He Qian; Song Ziyang; Zhang Jialu; Song Lifang; Cui Bopei; Mao Qunying; Jiang Wei; Liang Zhenglun | Viruses | 2022, 14 (9): 1854 | 2.3 |
| 676 | The immune responses induced by licensed flavivirus vaccines against Zika Virus | Wang Ling; Liu Jing Jing; Fang En Yue; Li Ming; Liu Ming Lei; Li Yu Hua | Biomedical and environmental sciences: BES | 2022, 35 (8): 750 - 754 | 1.9 |
| 677 | Characterization of the fungal community infritillariae cirrhosae bulbus through DNA metabarcoding | Yu Jingsheng; Zhang Wenjuan; Dao Yujie; Yang Meihua; Pang Xiaohui | Journal of Fungi | 2022, 8 (8): 876 | 2.1 |
| 678 | A broader neutralizing antibody against all the current VOCs andVOIs targets unique epitope of SARS-CoV-2 RBD | Liu Shuo; Jia Zijing; Nie Jianhui; Liang Ziteng; Xie Jingshu; Wang Lei; Zhang Li; Wang Xiangxi; Wang Youchun; Huang Weijin | Cell Discovery | 2022, 8 (1): 81 | 7.2 |

续表

| 序号 | 题目 | 作者 | 杂志名称 | 期号、起止页码 | SCI影响因子 |
|---|---|---|---|---|---|
| 679 | Heterologous immunization with adenovirus vectored and inactivated vaccines effectively protects against SARS-CoV-2 variants in mice and macaques | He Qian; Mao Qunying; ZhangJialu; Gao Fan; Bai Yu; Cui Bopei; Liu Jianyang; An Chaoqiang; Wang Qian; Yan Xujia; Yang Jinghuan; Song Lifang; Song Ziyang; Liu Dong; Yuan Yadi; Sun Jing; Zhao Jincun; Bian Lianlian; Wu Xing; Huang Weijin; Li Changgui; Wang Junzhi; Liang Zhenglun; Xu Miao | Frontiers in Immunology | 2022, 13: 949248 | 1.9 |
| 680 | Corrigendum to "The Bridge between Screening and Assessment: Establishment and Application of Online Screening Platform for Food Risk Substances" | Hu Kang; Jin Shaoming; Ding Hong; Cao Jin | Journal of Food Quality | 2022 | 3.6 |
| 681 | Immunogenicity and safety of an enterovirus 71 vaccine in children aged 36-71 months: A double-blind, randomised, similar vaccine-controlled, non-inferiority phase Ⅲ trial | Tong Yeqing; Zhang Xinyue; Chen Jinhua; Chen Wei; Wang Zhao; Li Qiong; Duan Kai; Wei Sheng; Yang Beifang; Qian Xiaoai; Li Jiahong; Hang Lianju; Deng Shaoyong; Li Xinguo; Guo Changfu; Shen Heng; Liu Yan; Deng Peng; Xie Tingbo; Li Qingliang; Li Li; Du Hongqiao; Mao Qunying; Gao Fan; Lu Weiwei; Guan Xuhua; Huang Jiao; Li Xiuling; Chen Xiaoqi | e Clinical Medicine | 2022, 52: 101596 | 2.4 |
| 682 | Antioxidant biodegradable covalent cyclodextrin frameworks as particulate carriers for inhalation therapy against acute lung injury | He Siyu; Wu Li; Sun Hongyu; Wu Di; Wang Caifen; Ren Xiaohong; Shao Qun; York Peter; Tong Jiabing; Zhu Jie; Li Zegeng; Zhang Jiwen | ACS applied materials & interfaces | 2022, 14 (34): 38421 – 38435 | 1.8 |
| 683 | Comprehensive evaluation of the quality of tripterygium glycosides tablets based on multi-component quantification combined with an in vitro biological assay | WangYadan; Dai Zhong; Yan Jiangong; Wu Xianfu; Ma Shuangcheng | Molecules | 2022, 27 (16): 5102 | 1.7 |
| 684 | Toxicity evaluation of main zopiclone impurities based on quantitative structure-activity relationship models and in vitro tests | Jie Yin; Wen Hairuo; Hua Chen | Journal of applied toxicology: JAT | 2023, 43 (2): 230 – 241 | 2.7 |

续表

| 序号 | 题目 | 作者 | 杂志名称 | 期号、起止页码 | SCI 影响因子 |
| --- | --- | --- | --- | --- | --- |
| 685 | Long-term infection and pathogenesis in a novel mouse model of human respiratory syncytial virus | Xiong Rui；Fu Rui；Wu Yong；Wu Xi；Cao Yuan；Qu Zhe；Yang Yanwei；LiuSusu；Huo Guitao；Wang Sanlong；Huang Weijin；Lyu Jianjun；Zhu Xiang；Liang Chunnan；Peng Yihong；Wang Youchun；Fan Changfa | Viruses | 2022，14（8）：1740 | 1.6 |
| 686 | Effects of detoxification process on toxicity and foreign protein of tetanus toxoid and diphtheria toxoid | Long Zhen；Wei Chen；Ross Robert；Luo Xi；Ma Xiao；QiYingzi；Chai Ruiping；Cao Jianming；Huang Min；Bo Tao | Journal of Chromatography B | 2022，1207：123377 | 2.3 |
| 687 | Proteomic analysis of Penicillin Gacylases and resulting residues in semi-synthetic $\beta$-lactam antibiotics using liquid chromatography-tandem mass spectrometry | Wang Yan；Hu Xinyue；Long Zhen；Adams Erwin；Li Jin；Xu Mingzhe；Liang Chenggang；Ning Baoming；Hu Changqin；Zhang Yanmin | Journal of Chromatography A | 2022，1678：463365 | 1.9 |
| 688 | GMP-grade microcarrier and automated closed industrial scale cell production platform for culture of MSCs | Zhang Yuanyuan；Na Tao；ZhangKehua；Yang Yanping；Xu Huanye；Wei Lina；Xu Liming；Yan Xiaojun；Liu Wei；Liu Guangyang；Wang Bin；Meng Shufang；Du Yanan | Journal of tissue engineering and regenerative medicine | 2022，16（10）：934－944 | 2.1 |
| 689 | Acute，repeated inhalation toxicity，respiratory system irritation，and mutagenicity studies of 1,1,2,2-tetrafluoroethane（HFC-134）as the impurity in the pharmaceutical propellant 1,1,1,2-tetrafluoroethane（HFA-134a） | Zhao Yanjun；Sun Huimin；Lin Fei；Yang Huiying | Drug and chemical toxicology | 2022：10－11 | 7.2 |
| 690 | Peripheral benzodiazepine receptor TSPO needs to be reconsidered before using as a drug target for a pigmentary disorder | Yue YunYun；Wang YiChuan；Liao ZiXian；Hu FangYuan；Liu QiuYan；Dong Jing；Zhong Min；Chen MingHan；Pan YuMin；Zhong Hui；Shang Jing | FASEB journal：official publication of the Federation of American Societies for；Experimental Biology | 2022，20（10）：945－950 | 1.9 |

续表

| 序号 | 题目 | 作者 | 杂志名称 | 期号、起止页码 | SCI 影响因子 |
| --- | --- | --- | --- | --- | --- |
| 691 | Porous hydrogel constructs based onmethacrylated gelatin/polyethylene oxide for corneal stromal regeneration | Lu Xiaoting; Song Wenjing; Sun Xiaomin; Liu Jia; Huang Yongrui; Shen Jingjie; Liu Sa; Han Qianqian; Ren Li | Materials Today Communications | 2022, 32 | 3.6 |
| 692 | Spectral characteristics of sesquiterpene pyridine alkaloids from Tripterygium plants | Yan JianGong; Wu XianFu; Chen MingHui; Dai Zhong; Wang YaDan; Ma ShuangCheng | Zhongguo Zhong yao za zhi = Zhongguo zhongyao zazhi = China journal of Chinese m; ateria medica | 2022, 47 (16): 4292 - 4304 | 2.4 |
| 693 | Anti-ascites effect of total saponins of Phytolaccae Radix on mice with ascites and mechanism | Wang CaiXia; Yu HongLi; Wu Hao; Tao XingBao; Xie YuWei; Cheng YanQiu; Zeng Ping; Wang HePeng; Zhang Ping; Cui XiaoBing | Zhongguo Zhong yao za zhi = Zhongguo zhongyao zazhi = China journal of Chinese m; ateria medica | 2022, 47 (16): 4411 - 4417 | 1.03 |
| 694 | Toxicokinetics of emodin-8-*O*-β-D-glucoside in rats in vivo | Wang Qi; Yang JianBo; Wang Ying; Li YanYi; WenHaiRuo; Zhang YuJie; Ma ShuangCheng | Zhongguo Zhong yao za zhi = Zhongguo zhongyao zazhi = China journal of Chinese m; ateria medica | 2022, 47 (15): 4214 - 4220 | 1.03 |
| 695 | Genomic epidemiology of ST34 Monophasic Salmonella enterica Serovar Typhimurium from clinical patients from 2008 to 2017 in Henan, China | Mu Yujiao; Li Ruichao; Du Pengcheng; Zhang Pei; Li Yan; Cui Shenghui; Fanning Séamus; Bai Li | Engineering | 2022, 15: 34 - 44 | 2.7 |
| 696 | Efficacy, safety and immunogenicity of hexavalent rotavirus vaccine in Chinese infants | Wu Zhiwei; Li Qingliang; Liu Yan; LvHuakun; Mo Zhaojun | Virologica Sinica | 2022, 37 (5): 724 - 730 | 1.6 |
| 697 | Review of leachable substances in hemodialyzer | Liu Ziqi; Chen Zhuoying; Fu Haiyang; Fu Bufang | Zhongguo yi liao qi xie za zhi = Chinese journal of medical instrumentation | 2022, 46 (4): 417 - 421 | 2.3 |
| 698 | Analysis on the quality Status of in vitro diagnostic reagents for national medical device supervision and inspection in 2020 | Li Xiao; ZhangXintao; Hao Qing; Zhu Jiong; Hong Wei | Zhongguo yi liao qi xie za zhi = Chinese journal of medical instrumentation | 2022, 46 (4): 459 - 463 | 1.9 |

续表

| 序号 | 题目 | 作者 | 杂志名称 | 期号、起止页码 | SCI 影响因子 |
| --- | --- | --- | --- | --- | --- |
| 699 | Cross-reactivity of eight SARS-CoV-2 variants rationally predicts immunogenicity clustering in sarbecoviruses | Li Qianqian; Zhang Li; LiangZiteng; Wang Nan; Liu Shuo; Li Tao; Yu Yuanling; Cui Qianqian; Wu Xi; Nie Jianhui; Wu Jiajing; Cui Zhimin; Lu Qiong; Wang Xiangxi; Huang Weijin; Wang Youchun | Signal Transduction and Targeted Therapy | 2022, 7 (1): 256 | 2. 1 |
| 700 | Measurement of solution properties and molecular weight of hydroxyethyl starches using multi-angle laser light scattering: An interlaboratory comparison | Wang Yue; Song Yu-Juan; Li Zhen-Hua; Chen Xin-Tong; Li Jing; Fan Hui-Hong; Liu Bo | Journal of Pharmaceutical and Biomedical Analysis | 2022, 219: 114905 | 7. 2 |
| 701 | Identification and quantification of chlorogenic acids from the root bark of acanthopanaxgracilistylus by UHPLC-Q-exactive orbitrap mass spectrometry | Yang Jianbo; YaoLingwen; Gong Kaiyan; Li Kailin; Sun Lei; Cai Wei | ACS omega | 2022, 7 (29): 25675 – 25685 | 1. 9 |
| 702 | NMR assignments of six asymmetrical *N*-nitrosamine isomers determined in an active pharmaceutical ingredient by DFT calculations | Guan HaoYue; Feng YuFei; Sun BaiHao; Niu JianZhao; Zhang QingSheng | Molecules (Basel, Switzerland) | 2022, 27 (15): 4749 | 3. 6 |
| 703 | Dynamics of antimicrobial resistance and genomic epidemiology of multidrug-resistant Salmonella enterica Serovar Indiana ST17 from 2006 to 2017 in China | Du Pengcheng; Liu Xiaobin; Liu Yue; LiRuichao; Lu Xin; Cui Shenghui; Wu Yongning; Fanning Séamus; Bai Li | mSystems | 2022: e0025322 | 2. 4 |
| 704 | Past, present and future of bacillus Calmette-Guérin vaccine use in china | Li Junli; Lu Jinbiao; WangGuozhi; Zhao Aihua; Xu Miao | Vaccines | 2022, 10 (7): 1157 | 2. 7 |
| 705 | Characterization and determination of benvitimod, an unknown risk substance in cosmetics, using nuclear magnetic resonance spectroscopy and HPLC-MS/MS | Wang Xinran; Wang Haiyan; WuXianfu; Lu Yong | Journal of separation science | 2022, 45 (19): 3652 – 3662 | 1. 6 |

续表

| 序号 | 题目 | 作者 | 杂志名称 | 期号、起止页码 | SCI影响因子 |
|---|---|---|---|---|---|
| 706 | Structural elucidation and total synthesis of trichodermotin A, A natural α-glucosidase inhibitor from trichoderma asperellum | Yu Muyuan; Wang Fengqing; Yao Si; Zang Yi; Dai Chong; Liang Yu; Zhang Mi; Gu Lianghu; Zhu-Hucheng; Zhang Yonghui | Chinese Journal of Chemistry | 2022, 40 (18): 2219 - 2225 | 2.3 |
| 707 | α-Gal antigen-deficient rabbits with GGTA1 gene disruption via CRISPR/Cas9 | Wei Lina; Mu Yufeng; Deng Jichao; Wu Yong; Qiao Ying; Zhang Kun; Wang Xuewen; Huang Wenpeng; Shao Anliang; Chen Liang; Zhang Yang; LiZhanjun; Lai Liangxue; Qu Shuxin; Xu Liming | BMC Genomic Data | 2022, 23 (1): 54 | 1.9 |
| 708 | Particle design and inhalation delivery of iodine for upper respiratory tract infection therapy | Zhang Kaikai; Ren Xiaohong; Chen Jiacai; Wang Caifen; He Siyu; Chen Xiaojin; Xiong Ting; Su Jiawen; Wang Shujun; Zhu Weifeng; Zhang Jiwen; Wu Li | AAPS PharmSciTech | 2022, 23 (6): 189 | 2.1 |
| 709 | Animal models for COVID-19: advances, gaps and perspectives | Fan Changfa; Wu Yong; Rui Xiong; YangYuansong; Ling Chen; Liu Susu; Liu Shunan; Wang Youchun | Signal transduction and targeted therapy | 2022, 7 (1): 220 | 7.2 |
| 710 | Integrate UPLC-QE-MS/MS and network pharmacology to investigate the active components and action mechanisms of tea cake extract for treating cough | Lin Cheng; Liu Zhiping; Chen Jia; WangXuanxuan; Zhang Rui; Wu Longhuo; Li Linfu | Biomedical chromatography: BMC | 2022, 36 (10): e5442 - e5448 | 1.9 |
| 711 | An unprecedented ergostane with a 6/6/5 tricyclic 13 (14 → 8) abeo-8, 14-seco skeleton from Talaromyces adpressus | Zhang Mi; Li Qin; LiShuangjun; Deng Yanfang; Yu Muyuan; Liu Jinping; Qi Changxing; Yang Xiliang; Zhu Hucheng; Zhang Yonghui | Bioorganic Chemistry | 2022, 127: 105943 | 3.6 |
| 712 | Co-achievement of enhanced absorption and elongated retention of insoluble drug in lungs for inhalation therapy of pulmonary fibrosis | ZhouPanpan; Cao Zeying; Liu Yujie; Guo Tao; Yang Rui; Wang Manli; Ren Xiaohong; Wu Li; Sun Lixin; Peng Can; Wang Caifen; Zhang Jiwen | Powder Technology | 2022, 407: 117679 | 2.4 |
| 713 | Form and valence of arsenic in dry and fresh Cordyceps breeding products based on HPLC-ICP-MS and its risk assessment | LiYaoLei; Li HaiLiang; Zuo TianTian; Wang Ying; Qian ZhengMing; Li WenJia; Jin HongYu; Zan Ke; Ma ShuangCheng | Zhongguo Zhong yao za zhi = Zhongguo zhongyao zazhi = China journal of Chinese m; ateria medica | 2022, 47 (13): 3548 - 3553 | 2.7 |

续表

| 序号 | 题目 | 作者 | 杂志名称 | 期号、起止页码 | SCI 影响因子 |
|---|---|---|---|---|---|
| 714 | Combining intramuscular and intranasal homologous prime-boost with a chimpanzee adenovirus-based COVID-19 vaccine elicits potent humoral and cellular immune responses in mice | Li Xingxing; Wang Ling; Liu Jingjing; Fang Enyue; Liu Xiaohui; Peng Qinhua; Zhang Zelun; Li Miao; Liu Xinyu; Wu Xiaohong; Zhao Danhua; Yang Lihong; Li Jia; Cao Shouchun; Huang Yanqiu; Shi Leitai; Xu Hongshan; Wang Yunpeng; Suo Yue; Yue Guangzhi; Nie Jianhui; Huang Weijin; Li Wenjuan; Li Yuhua | Emerging microbes & infections | 2022, 11 (1): 21-27 | 1.6 |
| 715 | Study on an attenuated rabies virus strain CTN181-3 | Shi Leitai; Zou Jian; Li Yuhua; Yu Yongxin | Biologicals: journal of the International Association of BiologicalStandardiza; tion | 2022, 78: 10-16 | 2.3 |
| 716 | Remodeling of structurally reinforced (TPU + PCL/PCL)-Hepelectrospun small-diameter bilayer vascular grafts interposed in rat abdominal aortas | Fang Zhiping; Xing Yuehao; Wang Han; Geng Xue; Ye Lin; Zhang AiYing; Gu Yongquan; Feng ZengGuo | Biomaterials science | 2022 | 1.9 |
| 717 | Novel integrated tiered cumulative risk assessment of heavy metals in food homologous Traditional Chinese Medicine based on a real-life-exposure scenario | Zuo Tian Tian; Jin Hong Yu; Chen An Zhen; Zhang Lei; Kang Shuai; Li An Ping; Gao Fei; Wei Feng; Yu Jian Dong; Wang Qi; Yang Jian Bo; Ma Shuang Cheng | Frontiers in Pharmacology | 2022, 13: 908986 | 2.1 |
| 718 | Characterization of highly expressed novel hub genes in hepatitis E virus chronicity in rabbits: a bioinformatics and experimental analysis | Li Manyu; Wang Yan; Li Kejian; Lan Haiyun; Zhou Cheng | BMC Veterinary Research | 2022, 18 (1): 239 | 7.2 |
| 719 | Rapid identification of constituents in Cephalanthustetrandrus(Roxb.)Ridsd. et Badh. F. using UHPLC-Q-exactive orbitrap mass spectrometry | Tang SuNv; Yang JianBo; E Shuai; He Shuo; Li JiaXin; Yu KaiQuan; Zhang Min; Li Qing; Sun Lei; Li Hui | Molecules | 2022, 27 (13): 4038 | 1.9 |
| 720 | Two new nitrogenous compounds from the seeds of brassicanapus | Jing Wenguang; Zhao Xiaoliang; Liu An; Wei Feng; Ma Shuangcheng | Chemistry of Natural Compounds | 2022, 58 (3): 501-505 | 3.6 |

续表

| 序号 | 题目 | 作者 | 杂志名称 | 期号、起止页码 | SCI 影响因子 |
| --- | --- | --- | --- | --- | --- |
| 721 | Polygonum multiflorum Thunb. induces hepatotoxicity in SD rats and hepatocyte spheroids by disrupting the metabolism of bilirubin and bile acid | Wang Qi；WenHairuo；Ma Shuangcheng；Zhang Yujie | Journal ofethnopharmacology | 2022，296：115461 | 2.4 |
| 722 | Application of multiple-source data fusion for the discrimination of two botanical origins of Magnolia officinalis cortex based on E-nose measurements，E-tongue measurements，and chemical analysis | Jing Wenguang；Zhao Xiaoliang；Li Minghua；Hu Xiaowen；ChengXianlong | Molecules（Basel，Switzerland） | 2022，27（12）：3892 | 3.6 |
| 723 | BA.2.12.1，BA.4 and BA.5 escape antibodies elicited by Omicron infection | Cao Yunlong；Yisimayi Ayijiang；Jian Fanchong；Song Weiliang；Xiao Tianhe；Wang Lei；Du Shuo；Wang Jing；Li Qianqian；Chen Xiaosu；Yu Yuanling；Wang Peng；Zhang Zhiying；Liu Pulan；An Ran；Hao Xiaohua；Wang Yao；Wang Jing；Feng Rui；Sun Haiyan；Zhao Lijuan；Zhang Wen；Zhao Dong；Zheng Jiang；Yu Lingling；Li Can；Zhang Na；Wang Rui；Niu Xiao；Yang Sijie；Song Xuetao；Chai Yangyang；Hu Ye；Shi Yansong；Zheng Linlin；Li Zhiqiang；Gu Qingqing；Shao Fei；Huang Weijin；Jin Ronghua；Shen Zhongyang；Wang Youchun；Wang Xiangxi；Xiao Junyu；Xie Xiaoliang Sunney | Nature | 2022，608（7923）：593－602 | 2.4 |
| 724 | Clinical evaluation of the lot-to-lot consistency of an enterovirus 71 vaccine in a commercial-scale phase IV clinical trial | Chen Jinhua；Jin Pengfei；Chen Xiaoqi；Mao Qunying；MengFanyue；Li Xinguo；Chen Wei；Du Meizhi；Gao Fan；Liu Pei；Li Xiujuan；Guo Changfu；Xie Tingbo；Lu Weiwei；Li Qingliang；Li Li；Yan Xing；Guo Xiang；Du Hongqiao；Li Xiuling；Duan Kai；Zhu Fengcai | Human vaccines & immunotherapeutics | 2022，18（5）：2063630－2063638 | 2.7 |

续表

| 序号 | 题目 | 作者 | 杂志名称 | 期号、起止页码 | SCI 影响因子 |
|---|---|---|---|---|---|
| 725 | A strategy for quality control of ginkgo biloba preparations based on UPLC fingerprint analysis and multi-component separation combined with quantitative analysis | Liu Lina; Jin Hongyu; Ke Zan; Xu Weiyi; Sun Lei; Ma Shuangcheng | Chinese Medicine | 2022, 17 (1): 72 | 1.6 |
| 726 | Changes of physicochemical properties and immunomodulatory activity of polysaccharides during processing of Polygonum multiflorum Thunb | Gu Donglin; Wang Ying; Jin Hongyu; Kang Shuai; Liu Yue; Zan Ke; Fan Jing; Wei Feng; Ma Shuangcheng | Frontiers in Pharmacology | 2022, 13: 934710 | 2.3 |
| 727 | Spirulina platensis aqueous extracts ameliorate colonic mucosal damage and modulate gut microbiota disorder in mice with ulcerative colitis by inhibiting inflammation and oxidative stress | Wang Jian; SuLiqian; Zhang Lun; Zeng Jiali; Chen Qingru; Deng Rui; Wang Ziyan; Kuang Weidong; Jin Xiaobao; Gui Shuiqing; Xu Yinghua; Lu Xuemei | Journal of Zhejiang University. Science. B | 2022, 23 (6): 481 – 501 | 1.9 |
| 728 | Desorption electrospray ionization mass spectrometry imaging illustrates the quality characters of isatidis radix | Nie Li Xing; Huang Lie Yan; Wang Xin Ping; Lv Lin Feng; Yang Xue Xin; Jia Xiao Fei; Kang Shuai; Yao Ling Wen; Dai Zhong; Ma Shuang Cheng | Frontiers in Plant Science | 2022, 13: 897528 | 2.1 |
| 729 | Use of $\beta$-cyclodextrin and milk protein-coated activated charcoal for rapid detection of Listeria monocytogenes in leafy greens by PCR without pre-enrichment | Li Xiaoran; Zhang Ruohong; Wang Chun; Wang Xiaofang; Yang Yang; Cui Shenghui; Guo Yunchang | Food Control | 2022, 140 | 7.2 |
| 730 | Safety and superior immunogenicity of heterologous boosting with an RBD-based SARS-CoV-2 mRNA vaccine in Chinese adults | Liu Xiaoqiang; Li Yuhua; Wang Zhongfang; Cao Shouchun; Huang Weijin; Yuan Lin; HuangYiJiao; Zheng Yan; Chen Jingjing; Ying Bo; Xiang Zuoyun; Shi Jin; Zhao Jincun; Huang Zhen; Qin ChengFeng | Cell research | 2022, 32 (8): 777 – 780 | 1.9 |
| 731 | Neuroprotective alkamides from Achillea alpina L. | Li XiuWei; Yue HuCheng; Wu Xia; Guo Qiang; Tian JiaYi; Liu ZongYang; Xiao Meng; Li XiaoXi; Yu Lan; Li Ang; Ning ZhongQi; Zan Ke; Chen Xiaoqing | Chemistry & biodiversity | 2022, 19 (7) | 2.3 |

续表

| 序号 | 题目 | 作者 | 杂志名称 | 期号、起止页码 | SCI 影响因子 |
|---|---|---|---|---|---|
| 732 | Quality grade evaluation of Niuhuang Qingwei pills based on UPLC and TCM reference drug—A novel principle of analysis of multiple components in ready-made Chinese Herbal Medicine | Nie LiXing; Zha YiFan; Yu JianDong; Kang Shuai; Dai Zhong; Ma ShuangCheng; Chan Kelvin | Processes | 2022, 10 (6): 1166 | 1.9 |
| 733 | Characterization of chronic hepatitis E virus infection in immunocompetent rabbits | Liang Chunnan; Zhao Chenyan; Liu Tianlong; Liu Bo; Liu Zhiguo; Huang Huili; Liu Wei; Zhao Minghai; Xu Nan; Lu Qiong; Nie Jianhui; Zhang Li; Huang Weijin; She Ruiping; Wang Youchun | Viruses | 2022, 14 (6): 1252 | 7.2 |
| 734 | Construction of a DengueNanoLuc reporter virus for in vivo live imaging in mice | Fang Enyue; Liu Xiaohui; Li Miao; Liu Jingjing; Zhang Zelun; Liu Xinyu; Li Xingxing; Li Wenjuan; Peng Qinhua; Yu Yongxin; Li Yuhua | Viruses | 2022, 14 (6): 1253 | 7.2 |
| 735 | Processed product (Pinelliae Rhizoma Praeparatum) of Pinellia ternata (Thunb.) Breit. Alleviates the allergic airway inflammation of cold phlegm via regulation of PKC/EGFR/MAPK/PI3K-AKT signaling pathway | Tao Xingbao; Liu Hongbo; Xia Jie; Zeng Ping; Wang Hepeng; Xie Yuwei; Wang Caixia; Cheng Yanqiu; Li Jiayun; Zhang Xingde; Zhang Ping; Chen Shengjun; Yu Hongli; Wu Hao | Journal of ethnopharmacology | 2022, 295: 115449 | 1.9 |
| 736 | Novel cleavage sites identified in SARS-CoV-2 spike protein reveal mechanism for cathepsin L-facilitated viral infection and treatment strategies | Zhao Miao Miao; Zhu Yun; Zhang Li; ZhongGongxun; Tai Linhua; Liu Shuo; Yin Guoliang; Lu Jing; He Qiong; Li Ming Jia; Zhao Ru Xuan; Wang Hao; Huang Weijin; Fan Changfa; Shuai Lei; Wen Zhiyuan; Wang Chong; He Xijun; Chen Qiuluan; Liu Banghui; Xiong Xiaoli; Bu Zhigao; Wang Youchun; Sun Fei; Yang Jin Kui | Cell Discovery | 2022, 8 (1): 53 | 1.9 |
| 737 | Genotype F mumps viruses continue to circulate in China, from 1995 to 2019 | Su Yao; Liu Jianyang; Liu Mingchen; Li Meng; Gao Fan; Li Changgui; Liang Zhenglun; Wu Xing; Mao Qunying; Wang Qian; BianLianlian | Frontiers in Virology | 2022 | 7.2 |

续表

| 序号 | 题目 | 作者 | 杂志名称 | 期号、起止页码 | SCI 影响因子 |
|---|---|---|---|---|---|
| 738 | Investigation of immune response induction by Japanese encephalitis live-attenuated and chimeric vaccines in mice | Fang Enyue; Liu Xinyu; Liu Xiaohui; Li Ming; Wang Ling; Li Miao; Zhang Zelun; Li Yuhua; Yu Yongxin | MedComm | 2022, 3 (2): e117 | 3.1 |
| 739 | Discussion on the dimerization reaction of penicillin antibiotics | Wu Qizhang; Zhang Xia; Du Jiaxin; Hu Changqin | Journal of Pharmaceutical Analysis | 2022, 12 (3): 481-488 | 1.9 |
| 740 | Analysis on the characteristics of quality variation of national medical device supervision and inspection in 2020 | Li Xiao; ZhangXinTao; Hao Qing; Zhu Jiong; Ma JinZhu; Yang GuoJuan | Zhongguo yi liao qi xie za zhi = Chinese journal of medical instrumentation | 2022, 46 (3): 326-331 | 7.2 |
| 741 | Serotonin (5-HT) 2A receptor involvement in melanin synthesis and transfer via activating the PKA/CREB signaling pathway | Yue Yunyun; Zhong Min; An Xiaohong; Feng Qingyuan; Lai Yifan; Yu Meng; Zhang Xiaofeng; Liao Zixian; Chen Minghan; Dong Jing; Zhong Hui; Shang Jing | International Journal of Molecular Sciences | 2022, 23 (11): 6111 | 1.9 |
| 742 | Therapeutic effect of subunit vaccine AEC/BC02 on mycobacterium tuberculosis post-chemotherapy relapse using a latent infection murine model | Lu Jinbiao; Guo Xiaonan; Wang Chunhua; Du Weixin; Shen Xiaobing; Su Cheng; Wu Yongge; Xu Miao | Vaccines | 2022, 10 (5): 825 | 8.9 |
| 743 | Puerarin improves OVX-induced osteoporosis by regulating phospholipid metabolism and biosynthesis of unsaturated fatty acids based on serummetabolomics | Li Bo; Wang Yu; Gong Shiqiang; Yao Weifan; Gao Hua; Liu Mingyan; Wei Minjie | Phytomedicine: international journal of phytotherapy and phytopharmacology | 2022, 102: 154198 | 1.9 |
| 744 | Effective protection of ZF2001 against the SARS-CoV-2 Delta variant in lethal K18-hACE2 mice | Bian Lianlian; Bai Yu; Gao Fan; Liu Mingchen; He Qian; Wu Xing; Mao Qunying; Xu Miao; Liang Zhenglun | Virology journal | 2022, 19 (1): 86 | 7.2 |
| 745 | Penthorum Chinense Pursh. extract attenuates non-alcholic fatty liver disease by regulating gut microbiota and bile acid metabolism in mice | Li Xiaoxi; Zhao Wenwen; Xiao Meng; Yu Lan; Chen Qijun; Hu Xiaolu; Zhao Yimeng; Xiong Lijuan; Chen Xiaoqing; Wang Xing; Ba Yinying; Guo Qiang; Wu Xia | Journal ofEthnopharmacology | 2022, 294: 115333 | 3.1 |
| 746 | Potential intestinal infection and faecal-oral transmission of humancoronaviruses | Ning Tingting; Liu Si; Xu Junxuan; Yang Yi; Zhang Nan; Xie Sian; Min Li; Zhang Shutian; Zhu Shengtao; Wang Youchun | Reviews in medical virology | 2022, 32 (6): e2363 | 1.9 |

续表

| 序号 | 题目 | 作者 | 杂志名称 | 期号、起止页码 | SCI 影响因子 |
|---|---|---|---|---|---|
| 747 | Simultaneous detection of viable Salmonellaspp., Escherichia coli, and Staphylococcus aureus in bird's nest, donkey-hide gelatin, and wolfberry using PMA with multiplex real-time quantitative PCR | Liang Taobo; Long Hui; Zhan Zhongxu; Zhu Yingfei; Kuang Peilin; Mo Ni; Wang Yuping; Cui Shenghui; Wu Xin | Food Science & Nutrition | 2022, 10 (9): 3165 -3174 | 7.2 |
| 748 | Analysis of the evolution, infectivity and antigenicity of circulating rabies virus strains | Cai Meina; Liu Haizhou; Jiang Fei; Sun Yeqing; Wang Wenbo; An Yimeng; Zhang Mengyi; Li Xueli; Di Liu; Li Yuhua; Yu Yongxin; Huang Weijin; Wang Youchun | Emerging microbes & infections | 2022, 11 (1): 30 -31 | 1.9 |
| 749 | An inductively coupled plasma mass spectrometry method for the determination of elemental impurities in calcium carbonate mineral medicine | Zhu Li; Xiao Chaoqiang; Teng Xu; Xu Mingzhe; Yin Lihui | Spectrochimica Acta Part B: Atomic Spectroscopy | 2022, 192 | 8.9 |
| 750 | Immunogenicity and safety of a novel 13-valent pneumococcal vaccine in healthy Chinese infants and toddlers | Zhao Yuliang; Li Guohua; Xia Shengli; Ye Qiang; Yuan Lin; Li Hong; LiJiangjiao; Chen Jingjing; Yang Shuyuan; Jiang Zhiwei; Zhao Guoqing; Li Rongcheng; Li Yanping; Xia Jielai; Huang Zhen | Frontiers in Microbiology | 2022, 13: 870973 | 7.2 |
| 751 | Assessing a novel critical care ultrasonography training program for intensive care unit nurses in China | Sun Jianhua; Wang Yue; Zhang Qing; Li Xin; He Wei; ChaoYangong; Wang Xiaoting; Liu Dawei | Chinese Medical Journal | 2022 | 1.9 |
| 752 | Chiral probe for mass spectrometric identification and quantitation of levodropropizine and its enantiomer, dextrodropropizine | Zhang Caiyu; Liu Yang; Liu Rui; Li Wei; Liu Changxiao; He Lan | Chirality | 2022, 34 (7): 955 -967 | 8.9 |
| 753 | Screening and identification of HTNVpv entry inhibitors with high-throughput pseudovirus-based chemiluminescence | Wen Xiaojing; Zhang Li; Liu Qiang; Xiao Xinyue; Huang Weijin; Wang Youchun | Virologica Sinica | 2022, 37 (4): 531 -537 | 1.9 |

续表

| 序号 | 题目 | 作者 | 杂志名称 | 期号、起止页码 | SCI 影响因子 |
|---|---|---|---|---|---|
| 754 | SpectraTr：A novel deep learning model for qualitative analysis of drug spectroscopy based on transformer structure | Fu Pengyou；Wen Yue；Zhang Yuke；Li Lingqiao；Feng Yanchun；Yin Lihui；Yang Huihua | Journal of Innovative Optical Health Sciences | 2022，15（03） | 7.2 |
| 755 | Redefinition to bilayer osmotic pump tablets as subterranean river system within mini-earth via three-dimensional structure mechanism | Ma harjan Abi；Sun Hongyu；Cao Zeying；Li Ke；Liu Jinping；Liu Jun；Xiao Tiqiao；Peng Guanyun；Ji Junqiu；York Peter；Regmi Balmukunda；Yin Xianzhen；Zhang Jiwen；Wu Li | Acta Pharmaceutica Sinica B | 2022，12（5）：2568－2577 | 3.1 |
| 756 | Hemodynamic study of the effect of the geometric height of leaflets on the performance of the aortic valve under aortic valve reconstruction | Ma Xinrui；Gao Bin；Tao Liang；Ding Jinli；Li Shu；Qiao Aike；Chang Yu | Journal of thoracic disease | 2022，14（5）：1515－1525 | 1.9 |
| 757 | Panax notoginseng：a review on chemical components，chromatographic analysis，P. notoginseng extracts，and pharmacology in recent five years | Huang YiDan；Cheng JiaXin；Shi Ying；Gao ZhiHui；Hu YuYing | Zhongguo Zhong yao za zhi = Zhongguo zhongyao zazhi = China journal of Chinese m | 2022，47（10）：2584－2596 | 7.2 |
| 758 | Keratinocytes take part in the regulation of substance P in melanogenesis through the HPA axis | Chen Minghan；Cai Jie；Zhang Xiaofeng；Liao Zixian；Zhong Min；Shang Jing；Yue Yunyun | Journal of dermatological science | 2022，106（3）：141－149 | 1.9 |
| 759 | Considerations for the feasibility of neutralizing antibodies as a surrogate endpoint for COVID-19 vaccines | Liu Jianyang；Mao Qunying；Wu Xing；He Qian；BianLianlian；Bai Yu；Wang Zhongfang；Wang Qian；Zhang Jialu；Liang Zhenglun；Xu Miao | Frontiers in Immunology | 2022，13：814365 | 8.9 |
| 760 | Evaluation of a recombinant five-antigen Staphylococcus aureus vaccine：The randomized，single-centre phase 1a/1b clinical trials | Zhu FengCai；Zeng Hao；Li JingXin；Wang Bin；Meng FanYue；Yang Feng；Gu Jiang；Liang HaoYu；Hu YueMei；Liu Pei；Peng LiuSheng；Hu XiaoKui；Zhuang Yuan；Fan Min；Li HaiBo；Tan ZhongMing；Luo Ping；Zhang Peng；Chu Kai；Zhang JinYong；Zeng Ming；Zou QuanMing | Vaccine | 2022，40（23）：3216－3227 | 2.7 |

续表

| 序号 | 题目 | 作者 | 杂志名称 | 期号、起止页码 | SCI影响因子 |
|---|---|---|---|---|---|
| 761 | WHO informal consultation on revision of guidelines on evaluation of similarbiotherapeutic products, virtual meeting, 30 June-2 July 2021 | Wadhwa Meenu; Kang HyeNa; Thorpe Robin; Knezevic Ivana; Aprea P; Bielsky MC; Ekman N; Heim HK; Joung J; Kurki P; Lacana E; Njue C; Nkansah E; Savkina M; Thorpe R; Yamaguchi T; Wadhwa M; Wang J; Weise M; WolffHolz E | Biologicals: journal of the International Association of BiologicalStandardiza | 2022, 76: 1-9 | 1.9 |
| 762 | Corrigendum: systematic characterization and identification of Saikosaponins in extracts from Bupleurum marginatum var. stenophyllum using UPLC-PDA-Q/TOF-MS | Liu Wenxi; Cheng Xianlong; Kang Rong; Wang Yadan; Guo Xiaohan; Jing Wenguang; Wei Feng; Ma Shuangcheng | Frontiers in Chemistry | 2022, 10: 867617 | 7.2 |
| 763 | The diagnosis of chronic myeloid leukemia with deep adversarial learning | Zhang Zelin; Huang Xianqi; Yan Qi; LinYani; Liu Enbin; Mi Yingchang; Liang Shi; Wang Hao; Xu Jun; Ru Kun | The American journal of pathology | 2022, 192 (7): 1083-1091 | 1.9 |
| 764 | Fraxinellone induces hepatotoxicity in zebrafish through oxidative stress and the transporters pathway | Wang Shuting; Bao Jie; Li Jie; LiWanfang; Tian Mengyin | Molecules | 2022, 27 (9): 2647 | 8.9 |
| 765 | Simulated confined placental mosaicism proportion (SCPMP) based on cell-free fetal DNA fraction enrichment can reduce false-positive results in non-invasive prenatal testing | Zhou Junhua; Ouyang Guojun; Wu Long; Zhang Min; Weng Rongtao; Lin Shuman; Wang Yuanli; Li Kun; Yang Xu; Wu Yingsong; Liang Zhikun; Li Fenxia; Qu Shoufang; Yang Xuexi | Prenatal diagnosis | 2022, 42 (8): 1008-1014 | 2.7 |
| 766 | Research progress on vaccine efficacy against SARS-CoV-2 variants of concern | Bian Lianlian; Liu Jianyang; Gao Fan; Gao Qiushuang; He Qian; Mao Qunying; Wu Xing; Xu Miao; Liang Zhenglun | Human vaccines & immunotherapeutics | 2022, 18 (5): 11-12 | 1.6 |
| 767 | Cell membrane-camouflaged nanocarriers with biomimetic deformability of erythrocytes for ultralong circulation and enhanced cancer Therapy | Miao Yunqiu; Yang Yuting; Guo Linmiao; Chen Mingshu; Zhou Xin; Zhao Yuge; Nie Di; Gan Yong; Zhang Xinxin | ACS nano | 2022 | 2.34 |

续表

| 序号 | 题目 | 作者 | 杂志名称 | 期号、起止页码 | SCI 影响因子 |
| --- | --- | --- | --- | --- | --- |
| 768 | The structural diversity of ibuprofen sustained-release pellets on the same goal of bioequivalence consistency | Cao Zeying; Sun Ningyun; Sun Hongyu; Liu Jun; Li Jing; Bi Dezhong; Wang Caifen; Wu Li; Yin Xianzhen; Xiao Tiqiao; Yang Rui; Xu Mingdi; Wu Wei; Zhang Jiwen | Materials & Design | 2022，217 | 3.15 |
| 769 | Th2-oriented immune serum after SARS-CoV-2 vaccination does not enhance infection in vitro | Luan Ning; Li Tao; WangYunfei; Cao Han; Yin Xingxiao; Lin Kangyang; Liu Cunbao | Frontiers in Immunology | 2022，13：882856 | 3.21 |
| 770 | MLL5 is involved in retinal photoreceptor maturation through facilitating CRX-mediated photoreceptor gene transactivation | Zhang Xiaoming; Zhang Bo-Wen; XiangLue; Wu Hui; Alexander SUPIT Alva Sahiri | iScience | 2022，25（4）：104058－104064 | 1.53 |
| 771 | TIM-1 augments cellular entry of Ebola virus species and mutants, which is blocked by recombinant TIM-1 protein | Zhang Min; Wang Xinwei; HuLinhan; Zhang Yuting; Zheng Hang; Wu Haiyan; Wang Jing; Luo Longlong; Xiao He; Qiao Chunxia; Li Xinying; Huang Weijin; Wang Youchun; Feng Jiannan; Chen Guojiang | Microbiology spectrum | 2022：e0221221 | 2.1 |
| 772 | A rapid assessment model for liver toxicity of macrolides and an integrative evaluation for azithromycin impurities | Zhang Miao Qing; Zhang Jing Pu; Hu Chang Qin | Frontiers in Pharmacology | 2022，13：860702 | 1.7 |
| 773 | Argonaute-integrated isothermal amplification for rapid, portable, multiplex detection of SARS-CoV-2 and influenza viruses | Ye Xingyu; ZhouHaiwei; Guo Xiang; Liu Donglai; Li Zhonglei; Sun Junwei; Huang Jun; Liu Tao; Zhao Pengshu; Xu Heshan; Li Kai; Wang Hanming; Wang Jihua; Wang Li; Zhao Weili; Liu Qian; Xu Sihong; Feng Yan | Biosensors and Bioelectronics | 2022，207：114169 | 1.5 |
| 774 | Thebaine induces anaphylactic reactions via the MRGPRX2 receptor pathway on mast cells | Lei Panpan; Liu Yanhong; Ding Yifan; Su Xinyue; Liang Jinna; Chen Hua; Ma Weina | Cellular immunology | 2022，375：104514 | 2.3 |
| 775 | Determination of 19 illegally added chemical ingredients in hair loss prevention cosmetics by ultra-performance liquid chromatography-quadrupole-time of flight mass spectrometry | Dong Yalei; Niu Shuijiao; Qiao Yasen; Huang Chuanfeng; Wang Haiyan; Sun Lei | Se pu = Chinese journal of chromatography | 2022，40（4）：343－353 | 2.7 |

续表

| 序号 | 题目 | 作者 | 杂志名称 | 期号、起止页码 | SCI 影响因子 |
|---|---|---|---|---|---|
| 776 | The complexation of insulin with sodium *N*-[8-(2-hydroxybenzoyl)amino]-caprylate for enhanced oral delivery: Effects of concentration, ratio, and pH | Weng Huixian; HuLefei; Hu Lei; Zhou Yihan; Wang Aohua; Wang Ning; Li Wenzhe; Zhu Chunliu; Guo Shiyan; Yu Miaorong; Gan Yong | Chinese Chemical Letters | 2022, 33 (4): 1889 - 1894 | 1.6 |
| 777 | Circular RNA vaccines against SARS-CoV-2 and emerging variants | Qu Liang; Yi Zongyi; Shen Yong; LinLiangru; Chen Feng; Xu Yiyuan; Wu Zeguang; Tang Huixian; Zhang Xiaoxue; Tian Feng; Wang Chunhui; Xiao Xia; Dong Xiaojing; Guo Li; Lu Shuaiyao; Yang Chengyun; Tang Cong; Yang Yun; Yu Wenhai; Wang Junbin; Zhou Yanan; Huang Qing; Yisimayi Ayijiang; Liu Shuo; Huang Weijin; Cao Yunlong; Wang Youchun; Zhou Zhuo; Peng Xiaozhong; Wang Jianwei; Xie Xiaoliang Sunney; Wei Wensheng | Cell | 2022, 185 (10): 1728 - 1744. e16 | 2.34 |
| 778 | Development of novel-nanobody-based lateral-flow immunochromatographic strip test for rapid detection of recombinant human interferon α2b | Qin Xi; DuanMaoqin; Pei Dening; Lin Jian; Wang Lan; Zhou Peng; Yao Wenrong; Guo Ying; Li Xiang; Tao Lei; Ding Youxue; Liu Lan; Zhou Yong; Jia Chuncui; Rao Chunming; Wang Junzhi | Journal of Pharmaceutical Analysis | 2022, 12 (2): 308 - 316 | 3.15 |
| 779 | Epigallocatechin gallate attenuates tumor necrosis factor(TNF)-α-induced inhibition of osteoblastic differentiation by up-regulatinglncRNA TUG1 in osteoporosis | Han Yanfeng; Pei Dening; Li Wenjing; Luo Bin; Jiang Qingsong | Bioengineered | 2022, 13 (4): 8950 - 8961 | 3.21 |
| 780 | In-vitro carcinogenicity test of a copper-containing intrauterine device | Lu Zhu Er; SunConghui; Chen Dandan; Fu Haiyang | Tissue engineering. Part C, Methods | 2022 | 1.53 |
| 781 | A high-throughput single cell-based antibody discovery approach against the full-length SARS-CoV-2 spike protein suggests a lack of neutralizing antibodies targeting the highly conserved S2 domain | Chai Mengya; Guo Yajuan; Yang Liu; Li Jianhui; Liu Shuo; Chen Lei; Shen Yuelei; Yang Yi; Wang Youchun; Xu Lida; Yu Changyuan | Briefings in bioinformatics | 2022 | 2.1 |

续表

| 序号 | 题目 | 作者 | 杂志名称 | 期号、起止页码 | SCI 影响因子 |
| --- | --- | --- | --- | --- | --- |
| 782 | Medicinal Earthworm: speciation and bioaccessibility of arsenic and its potential health risks | Li Yaolei; Li Hailiang; Zan Ke; Wang Ying; Zuo Tiantian; Jin Hongyu; Zhang Bing; Ma Shuangcheng | Frontiers in Pharmacology | 2022, 13: 795530 | 1.7 |
| 783 | Enhanced potency and persistence of immunity to varicella-zoster virus Glycoprotein E in mice by addition of a novel BC02 compound adjuvant | Li Junli; Fu Lili; Yang Yang; WangGuozhi; Zhao Aihua | Vaccines | 2022, 10 (4): 529 | 1.5 |
| 784 | Transcriptomic analysis of the innate immune signatures of SARS-CoV-2 protein subunit vaccine ZF2001 and a mRNA vaccine RRV | Wang Qian; Song Ziyang; YangJinghuan; He Qian; Mao Qunying; Bai Yu; Liu Jianyang; An Chaoqiang; Yan Xujia; Cui Bopei; Song Lifang; Liu Dong; Xu Miao; Liang Zhenglun | Emerging microbes & infections | 2022, 11 (1): 31 – 32 | 2.3 |
| 785 | Antibody-dependent enhancement (ADE) of SARS-CoV-2 pseudoviral infection requires FcγRIIB and virus-antibody complex with bivalent interaction | Wang Shuang; WangJunchao; Yu Xiaojuan; Jiang Wen; Chen Shuo; Wang Rongjuan; Wang Mingzhu; Jiao Shasha; Yang Yingying; Wang Wenbo; Chen Huilin; Chen Ben; Gu Chunying; Liu Chuang; Wang An; Wang Min; Li Gang; Guo Cuicui; Liu Datao; Zhang Jinchao; Zhang Min; Wang Lan; Gui Xun | Communications biology | 2022, 5 (1): 262 | 2.7 |
| 786 | Hydrogen peroxide responsive covalent cyclodextrin framework for targeted therapy of inflammatory bowel disease | Huang Chenxi; Xu Jian; Li Jing; HeSiyu; Xu Huipeng; Ren Xiaohong; Singh Vikramjeet; Wu Li; Zhang Jiwen | Carbohydrate Polymers | 2022, 285: 119252 | 1.5 |
| 787 | mRNA cancer vaccines: Advances, trends and challenges | He Qing; Gao Hua; Tan Dejiang; Zhang Heng; WangJunZhi | Acta pharmaceutica Sinica. B | 2022, 12 (7): 2969 – 2989 | 2.3 |
| 788 | Aggregation of high-frequency RBD mutations of SARS-CoV-2 with three VOCs did not cause significant antigenic drift | Li Tao; Cui Zhimin; JiaYunfei; Liang Ziteng; Nie Jianhui; Zhang Li; Wang Meng; Li Qianqian; Wu Jiajing; Xu Nan; Liu Shuo; Li Xueli; An Yimeng; Han Pu; Zhang Mengyi; Li Yuhua; Qu Xiaowang; Wang Qihui; Huang Weijin; Wang Youchun | Journal of Medical Virology | 2022, 94 (5): 2108 – 2125 | 2.7 |

续表

| 序号 | 题目 | 作者 | 杂志名称 | 期号、起止页码 | SCI 影响因子 |
| --- | --- | --- | --- | --- | --- |
| 789 | Analysis of SARS-CoV-2 variants B. 1. 617: host tropism, proteolytic activation, cell-cell fusion, and neutralization sensitivity | Zhang Li; Li Qianqian; Wu Jiajing; YuYuanling; Zhang Yue; Nie Jianhui; Liang Ziteng; Cui Zhimin; Liu Shuo; Wang Haixin; Ding Ruxia; Jiang Fei; Li Tao; Nie Lingling; Lu Qiong; Li Jiayi; Qin Lili; Jiang Yinan; Shi Yi; Xu Wenbo; Huang Weijin; Wang Youchun | Emerging microbes & infections | 2022, 11 (1): 31 – 32 | 1. 6 |
| 790 | Identification of dominant strains in Liu Shenqu by MALDI-TOF MS and DNA sequencing methods | WangJunyao; Cheng Xianlong; Ren Xiu; Bai Jichao; Ma Shuangcheng; Cui Shenghui; Wei Feng | Journal of AOAC International | 2022 | 2. 34 |
| 791 | A platform method for plasmid isoforms analysis by capillary gel electrophoresis | Wang Meng; Liu JunKai; Gao Tie; XuLingLi; Zhang XiaoXia; Nie JianHui; Li Yan; Chen HongXu | Electrophoresis | 2022, 43 (11): 1174 – 1182 | 3. 15 |
| 792 | Histones released by NETosis enhance the infectivity of SARS-CoV-2 by bridging the spike protein subunit 2 and sialic acid on host cells | Hong Weiqi; Yang Jingyun; Zou Jun; Bi Zhenfei; He Cai; Lei Hong; He Xuemei; Li Xue; Alu Aqu; Ren Wenyan; Wang Zeng; Jiang Xiaohua; Zhong Kunhong; Jia Guowen; Yang Yun; Yu Wenhai; Huang Qing; Yang Mengli; Zhou Yanan; Zhao Yuan; Kuang Dexuan; Wang Junbin; Wang Haixuan; Chen Siyuan; Luo Min; Zhang Ziqi; Lu Tianqi; Chen Li; Que Haiying; He Zhiyao; Sun Qiu; Wang Wei; Shen Guobo; Lu Guangwen; Zhao Zhiwei; Yang Li; Yang Jinliang; Wang Zhenling; Li Jiong; Song Xiangrong; Dai Lunzhi; Chen Chong; Geng Jia; Gou Maling; Chen Lu; Dong Haohao; Peng Yong; Huang Canhua; Qian Zhiyong; Cheng Wei; Fan Changfa; Wei Yuquan; Su Zhaoming; Tong Aiping; Lu Shuaiyao; Peng Xiaozhong; Wei Xiawei | Cellular & molecular immunology | 2022, 19 (5): 577 – 587 | 3. 21 |

续表

| 序号 | 题目 | 作者 | 杂志名称 | 期号、起止页码 | SCI 影响因子 |
|---|---|---|---|---|---|
| 793 | Prevalence and characteristics of mcr-9-positive Salmonella isolated from retail food in China | Sheng Huanjing；Ma Jiaqi；Yang Qiuping；Li Wei；Zhang Qian；Feng Chengqian；Chen Jin；Qin Mingqian；Su Xiumin；Wang Puyao；Zhang Jie；Zhou Wei；Zhao Linna；Bai Li；Cui Shenghui；Yang Baowei | LWT | 2022，160 | 1.53 |
| 794 | Elevated emissions of melamine and its derivatives in the indoor environments of typical e-waste recycling facilities and adjacent communities and implications for human exposure | Li Juan；Gao Xiaoming；He Yuqing；Wang Ling；Wang Yawei；ZengLixi | Journal of hazardous materials | 2022，432：128652 | 2.1 |
| 795 | The application of mass spectrometry imaging in traditional Chinese medicine：a review | Huang Lieyan；Nie Lixing；Dai Zhong；Dong Jing；Jia Xiaofei；Yang Xuexin；Yao Lingwen；Ma Shuang cheng | Chinese Medicine | 2022，17（1）：35 | 1.7 |
| 796 | Application of transmission raman spectroscopy in combination with partial least-squares（PLS）for the fast quantification of paracetamol | Zhao Xuejia；Wang Ning；Zhu Minghui；Qiu Xiaodan；Sun Shengnan；Liu Yitong；Zhao Ting；Yao Jing；Shan Guangzhi | Molecules | 2022，27（5）：1707 | 1.5 |
| 797 | Clofazimine derivatives as potent broad-spectrum antiviral agents with dual-target mechanism | Zhang Xintong；Shi Yulong；Guo Zhihao；Zhao Xiaoqiang；Wu Jiajing；Cao Shouchun；Liu Yonghua；Li Yuhua；Huang Weijin；Wang Youchun；Liu Qiang；Li Yinghong；Song Danqing | European Journal of Medicinal Chemistry | 2022，234：114209－114215 | 2.3 |
| 798 | Global intercompany assessment of ICIEF platform comparability for the characterization of therapeutic proteins | Madren Seth；McElroy Will；SchultzKuszak Kristin；Boumajny Boris；Shu Yao；Sautter Sabine；Zhao Helen C；SchadockHewitt Abby；Chumsae Chris；Ball Nancy；Zhang Xiaoying；Rish Kimberly；Zhang Shukui；Wurm Christine；Cai Sumin；Bauer Scott P；Stella Cinzia；Zheng Laura；Roper Brian；Michels David A；Wu Gang；Kocjan Bostjan；Birk Matej；Erdmann Simon Erik；He Xiaoping；Whittaker Brad；Song Yvonne；Barrett Hannah；Strozyk Kevin；Jing Ye；Huang Long；Mhatre Vishal；McLean Paul；Yu Tiantian；Yang Huijuan；Mattila Minna | Electrophoresis | 2022，43（9－10）：1050－1058 | 2.7 |

续表

| 序号 | 题目 | 作者 | 杂志名称 | 期号、起止页码 | SCI影响因子 |
|---|---|---|---|---|---|
| 799 | Hemodynamics study on the relationship between the sigmoid sinus wall dehiscence and the blood flow pattern of the transverse sinus and sigmoid sinus junction | Mu Zhenxia；Li Xiaoshuai；Zhao Dawei；Qiu Xiaoyu；Dai Chihang；Meng Xuxu；Huang Suqin；Gao Bin；Lv Han；Li Shu；Zhao Pengfei；Liu Youjun；Wang Zhenchang；Chang Yu | Journal of Biomechanics | 2022，135：111022－111029 | 1.6 |
| 800 | Development of an adeno-associated virus-vectored SARS-CoV-2 vaccine and its immunogenicity in Mice | Qin Xi；Li Shanhu；Li Xiang；Pei Dening；Liu Yu；Ding Youxue；Liu Lan；Bi Hua；Shi Xinchang；Guo Ying；Fang Enyue；Huang Fang；Yu Lei；Zhu Liuqiang；An Yifang；Valencia C. Alexander；Li Yuhua；Dong Biao；Zhou Yong | Frontiers in Cellular and Infection Microbiology | 2022，12：802147 | 2.34 |
| 801 | Pharmacokinetics and metabolism of trans-emodindianthrones in rats | Song Yunfei；Yang Jianbo；Wang Xueting；Chen Junmiao；Si Dandan；Gao Huiyu；Sun Mingyi；Cheng Xianlong；Wei Feng；Ma Shuangcheng | Journal ofEthnopharmacology | 2022，290：115123 | 3.15 |
| 802 | Safety and immunogenicity of the SARS-CoV-2 ARCoV mRNA vaccine in Chinese adults：a randomised，double-blind，placebo-controlled，phase 1 trial | Chen Gui-Ling；Li Xiao-Feng；Dai Xia-Hong；Li Nan；Cheng Meng-Li；Huang Zhen；Shen Jian；Ge Yu-Hua；Shen Zhen-Wei；Deng Yong-Qiang；Yang Shu-Yuan；Zhao Hui；Zhang Na-Na；Zhang Yi-Fei；Wei Ling；Wu Kai-Qi；Zhu Meng-Fei；Peng Cong-Gao；Jiang Qi；Cao Shou-Chun；Li Yu-Hua；Zhao Dan-Hua；Wu Xiao-Hong；Ni Ling；Shen Hua-Hao；Dong Chen；Ying Bo；Sheng Guo-Ping；Qin Cheng-Feng；Gao Hai-Nv；Li Lan-Juan | The Lancet Microbe | 2022，3（3）：e193－e202 | 3.21 |
| 803 | The upregulated intestinal folate transporters direct the uptake of ligand-modified nanoparticles for enhanced oral insulin delivery | Li Jingyi；Zhang Yaqi；Yu Miaorong；Wang Aohua；Qiu Yu；Fan Weiwei；Hovgaard Lars；Yang Mingshi；Li Yiming；Wang Rui；Li Xiuying；Gan Yong | Acta Pharmaceutica Sinica B | 2022，12（3）：1460－1472 | 1.53 |
| 804 | Method improving for isolation and characterization of allergy-inducing polymer impurities in Cefotaxime sodium medicines available from pharmaceutical industry | Fu Yanan；Li Jin；Feng Fang；Yin Lihui | Frontiers in Chemistry | 2022，10：820730 | 2.1 |

续表

| 序号 | 题目 | 作者 | 杂志名称 | 期号、起止页码 | SCI 影响因子 |
|---|---|---|---|---|---|
| 805 | Comparative study on the effect of color spaces and color formats on heart rate measurement using the imaging photoplethysmography (IPPG) method | Zhang Chi; Tian Jing; Li Deyu; Hou Xiaoxu; Wang Li | Technology and Health Care | 2022, 30 (S1): 391 -402 | 1.7 |
| 806 | Nucleosides and amino acids, isolated from Cordyceps sinensis, protected against cyclophosphamide-inducedmyelosuppression in mice | Zhang Yu; Liu Jie; Wang Yan; SunChengpeng; Li Wenjia; Qiu Jianjian; Qiao Yanling; Wu Fan; Huo Xiaokui; An Yue; Zhang Baojing; Ma Shuangcheng; Zheng Jian; Ma Xiaochi | Natural product research | 2022, 36 (23): 1 -4 | 1.5 |
| 807 | Balancing the customization and standardization: exploration and layout surrounding the regulation of the growing field of 3D-printed medical devices in China | Jin Zhongboyu; He Chaofan; Fu Jianzhong; Han Qianqian; He Yong | Bio-design and manufacturing | 2022: 21 -27 | 2.3 |
| 808 | Trace level quantification of 4-Methyl-1-nitrosopiperazin in Rifampicin capsules by LC-MS/MS | Tao Xiaosha; Tian Ye; Liu Wan Hui; Yao Shangchen; Yin Lihui | Frontiers in Chemistry | 2022, 10: 834124 | 2.7 |
| 809 | Finger printing human norovirus-like particles by capillary isoelectric focusing with whole column imaging detection | Du Jialiang; Wu Gang; Cui Chunbo; Yu Chuanfei; Cui Yongfei; Guo Luyun; Liu Yueyue; Liu Yan; Wang Wenbo; Liu Chunyu; Fu Zhihao; Li Meng; Guo Sha; Yu Xiaojuan; Yang Yalan; Duan Maoqin; Xu Gangling; Wang Lan | Virus Research | 2022, 311: 198700 | 1.9 |
| 810 | Safety, immunogenicity and lot-to-lot consistency of Sabin-strain inactivated poliovirus vaccine in 2-month-old infants: A double-blind, randomized phase Ⅲ trial | Zheng Yan; Ying Zhifang; ZouYanxiang; Zhu Taotao; Qian Dinggu; Han Weixiao; Jiang Ya; Jiang Zhiwei; Li Xingyan; Wang Jianfeng; Lei Jin; Xu Li; Jiang Deyu; Li Changgui; Liu Xiaoqiang | Vaccines | 2022, 10 (2): 254 | 3.6 |
| 811 | Anitroaromatic cathode with an ultrahigh energy density based on six-electron reaction per nitro group for lithium batteries | Zifeng Chen; Hai Su; Pengfei Sun; Panxing Bai; Jixing Yang; Mengjie Li; Yunfeng Deng; Yang Liu; Yanhou Geng; Yunhua Xu | Proceedings of the National Academy of Sciences | 2022, 119 (6) | 2.4 |

续表

| 序号 | 题目 | 作者 | 杂志名称 | 期号、起止页码 | SCI影响因子 |
| --- | --- | --- | --- | --- | --- |
| 812 | Levels and health risk of pesticide residues in Chinese herbal medicines | Wang Ying; Gou Yan; Zhang Lei; Li Chun; Wang Zhao; LiuYuanxi; Geng Zhao; Shen Mingrui; Sun Lei; Wei Feng; Zhou Juan; Gu Lihong; Jin Hongyu; Ma Shuangcheng | Frontiers in Pharmacology | 2022, 12: 818268 | 1.8 |
| 813 | Chemical constituents from the aerial parts ofAchillea alpina and their chemotaxonomic significance | Li Xiuwei; Wu Xia; Guo Qiang; Liu Changli; Yue Hucheng; Tian Jiayi; Liu Zongyang; Xiao Meng; Li Ang; Ning Zhongqi; Zan Ke; Chen Xiaoqing | Biochemical Systematics and Ecology | 2022, 101 | 1.7 |
| 814 | Memory B cell repertoire from triplevaccinees against diverse SARS-CoV-2 variants | Wang Kang; Jia Zijing; BaoLinilin; Wang Lei; Cao Lei; Chi Hang; Hu Yaling; Li Qianqian; Zhou Yunjiao; Jiang Yinan; Zhu Qianhui; Deng Yongqiang; Liu Pan; Wang Nan; Wang Lin; Liu Min; Li Yurong; Zhu Boling; Fan Kaiyue; Fu Wangjun; Yang Peng; Pei Xinran; Cui Zhen; Qin Lili; Ge Pingju; Wu Jiajing; Liu Shuo; Chen Yiding; Huang Weijin; Wang Qiao; Qin Cheng Feng; Wang Youchun; Qin Chuan; Wang Xiangxi | Nature | 2022, 603 (7903): 919-925 | 63.57 |
| 815 | The next major emergent infectious disease: reflections on vaccine emergency development strategies. | Bai Yu; Wang Qian; Liu Mingchen; BianLianlian; Liu Jianyang; Gao Fan; Mao Qunying; Wang Zhongfang; Wu Xing; Xu Miao; Liang Zhenglun | Expert review of vaccines | 2022, 21 (4): 11 | 6.1 |
| 816 | Requirements for human-induced pluripotent stem cells | Zhang Ying; Wei Jun; CaoJiani; Zhang Kehua; Peng Yaojin; Deng Hongkui; Kang Jiuhong; Pan Guangjin; Zhang Yong; Fu Boqiang; Hu Shijun; Na Jie; Liu Yan; Wang Lei; Liang Lingmin; Zhu Huanxin; Zhang Yu; Jin ZiBing; Hao Jie; Ma Aijin; Zhao Tongbiao; Yu Junying | Cell proliferation | 2022, 55 (4): e13182-e13186 | 20.7 |
| 817 | A non-ACE2-blocking neutralizing antibody against Omicron-included SARS-CoV-2 variants | Duan Xiaomin; Shi Rui; LiuPulan; Huang Qingrui; Wang Fengze; Chen Xinyu; Feng Hui; Huang Weijin; Xiao Junyu; Yan Jinghua | Signal Transduction and Targeted Therapy | 2022, 7 (1): 23 | 3.5 |

续表

| 序号 | 题目 | 作者 | 杂志名称 | 期号、起止页码 | SCI 影响因子 |
| --- | --- | --- | --- | --- | --- |
| 818 | SNX27 suppresses SARS-CoV-2 infection by inhibiting viral lysosome/late endosome entry | Yang Bo; Jia Yuanyuan; Meng Yumin; Xue Ying; Liu Kefang; Li Yan; LiuShichao; Li Xiaoxiong; Cui Kaige; Shang Lina; Cheng Tianyou; Zhang Zhichao; Hou Ying xiang; Yang Xiaozhu; Yan Hong; Duan Liqiang; Tong Zhou; Wu Changxin; Liu Zhida; Gao Shan; Zhuo Shu; Huang Weijin; Gao George Fu; Qi Jianxun; Shang Guijun | Proceedings of the National Academy of Sciences of the United States of America | 2022，119（4） | 2 |
| 819 | Hemodynamic mechanism of pulsatile tinnitus caused by venous diverticulum treated with coil embolization | Liu Li; Mu Zhenxia; KangYizhou; Huang Suqin; Qiu Xiaoyu; Xue Xiaofei; Fu Minrui; Xue Qingxin; Lv Han; Gao Bin; Li Shu; Zhao Pengfei; Ding Heyu; Wang Zhenchang | Computer Methods and Programs in Biomedicine | 2022，215：106617 | 2.4 |
| 820 | A topical fluorometholone nanoformulation fabricated under aqueous condition for the treatment of dry eye | Wang Tian zuo; Guan Bin; Liu Xin xin; Ke Lin nan; Wang Jing jie; Nan Kai hui | Colloids and Surfaces B：Biointerfaces | 2022，212：112351－112359 | 2.1 |
| 821 | Thermophysical stability and biodegradability of regenerative tissue scaffolds | Ma，Tong; Sun，Wendell Q.; Wang，Jian | Journal of Thermal Analysis and Calorimetry | 2022：1－8 | 1.9 |
| 822 | The antigenicity of SARS-CoV-2 Delta variants aggregated 10 high-frequency mutations in RBD has not changed sufficiently to replace the current vaccine strain | Wu Jiajing; Nie Jianhui; Zhang Li; Song Hao; An Yimeng; LiangZiteng; Yang Jing; Ding Ruxia; Liu Shuo; Li Qianqian; Li Tao; Cui Zhimin; Zhang Mengyi; He Peng; Wang Youchun; Qu Xiaowang; Hu Zhongyu; Wang Qihui; Huang Weijin | Signal Transduction and Targeted Therapy | 2022，7（1）：18 | 2.1 |
| 823 | The impact of different IPV-OPV sequential immunization programs on hepatitis A and hepatitis B vaccine efficacy | Chen Shiyi; Zhao Yuping; Yang Zhiyao; Li Ying; Shi Hongyuan; Zhao Ting; YangXiaolei; Li Jing; Li Guoliang; Wang Jianfeng; Ying Zhifang; Yang Jingsi | Human vaccines & immunotherapeutics | 2022，18（1）：1－6 | 7.5 |
| 824 | A novel STING agonist-adjuvanted pan-sarbecovirus vaccine elicits potent and durable neutralizing antibody and T cell responses in mice，rabbits and NHPs | Liu Zezhong; Zhou Jie; Xu Wei; Deng Wei; Wang Yanqun; Wang Meiyu; Wang Qian; Hsieh Ming; Dong Jingming; Wang Xinling; Huang Weijin; Xing Lixiao; He Miaoling; Tao Chunlin; Xie Youhua; Zhang Yilong; Wang Youchun; Zhao Jincun; Yuan Zhenghong; Qin Chuan; Jiang Shibo; Lu Lu | Cell research | 2022，32（3）：269－287 | 20.7 |

续表

| 序号 | 题目 | 作者 | 杂志名称 | 期号、起止页码 | SCI 影响因子 |
| --- | --- | --- | --- | --- | --- |
| 825 | Immunogenicity of fractional-dose of inactivated poliomyelitis vaccine made from Sabin strains delivered by intradermal vaccination in Wistar rats | Ma Yan; Ying Zhifang; Li Jingyan; Gu Qin; Wang Xiaoyu; CaiLukui; Shi Li; Sun Mingbo | Biologicals | 2022 | 1. 6 |
| 826 | Aggregation of high-frequency RBD mutations of SARS-CoV-2 with three VOCs did not cause significant antigenic drift | Li Tao; Cui Zhimin; Jia Yunfei; Liang Ziteng; Nie Jianhui; Zhang Li; Wang Meng; Li Qianqian; Wu Jiajing; Xu Nan; Liu Shuo; Li Xueli; An Yimeng; Han Pu; Zhang Mengyi; Li Yuhua; Qu Xiaowang; Wang Qihui; Huang Weijin; Wang Youchun | Journal of medical virology | 2022, 94 (5): 2108 - 2125 | 3 |
| 827 | Developing qualitative plasmid DNA reference materials to detect mechanisms of quinolone and fluoroquinolone resistance in foodborne pathogens | Niu Qinya; Su Xiumin; Lian Luxin; Huang Jinling; Xue Shutong; Zhou Wei; Zhao Hongyang; Lu Xing'an; Cui Shenghui; Chen Jia; Yang Baowei | Foods | 2022, 11 (2): 154 | 2. 8 |
| 828 | A platform method for charge heterogeneity characterization of fusion proteins byicIEF | Wu Gang; Yu Chuanfei; Wang Wenbo; Zhang Rongjian; Li Meng; Wang Lan | Analytical Biochemistry | 2022, 638: 114505 | 2. 7 |
| 829 | Quality control and product differentiation of LMWHs marketed in China using $^{1}H$ NMR spectroscopy and chemometric tools | Jiang Haipeng; Li Xinbai; Ma Minglan; Shi Xiaochun; Wu Xianfu | Journal of Pharmaceutical and Biomedical Analysis | 2022, 209: 114472 | 1. 9 |
| 830 | Hazard assessment of beta-lactams: Integrating in silico and QSTR approaches with in vivo zebrafish embryo toxicity testing | Han Ying; Ma Yuanyuan; Chen Bo; ZhangJingpu; Hu Changqin | Ecotoxicology and Environmental Safety | 2022, 229: 113106 | 3. 1 |
| 831 | Sensitivity improved Cerenkov luminescence endoscopy using optimal system parameters | Chen Xueli; Wang Xinyu; Yan Tianyu; Zheng Yun; CaoHonghao; Ren Feng; Cao Xu; Meng Xiangfeng; Lu Xiaojian; Liang Shuhui; Wu Kaichun | Quantitative imaging in medicine and surgery | 2022, 12 (1): 425 - 438 | 2 |
| 832 | Immunological risk assessment of xenogeneic dural patch by comparing with raw material via GTKO mice | Mu Yufeng; Shao Anliang; Shi Li; Du Bin; Zhang Yongjie; Luo Jie; Xu Liming; Qu Shuxin | BioMed research international | 2022: 7950834 | 2. 1 |

续表

| 序号 | 题目 | 作者 | 杂志名称 | 期号、起止页码 | SCI 影响因子 |
| --- | --- | --- | --- | --- | --- |
| 833 | Bridging the structure gap between pellets in artificial dissolution media and in gastro-intestinal tract in rats | Sun Hongyu; He Siyu; Wu Li; Cao Zeying; Sun Xian; Xu Mingwei; Lu Shan; Xu Mingdi; Ning Baoming; Sun Huimin; Xiao Tiqiao; York Peter; Xu Xu; Yin Xianzhen; Zhang Jiwen | Acta Pharmaceutica Sinica B | 2022, 12 (1): 326 – 338 | 1.2 |
| 834 | Determination of the biodistribution of chimeric antigen receptor-modified T cells against CD19 in NSG mice | Wen Hairuo; Huang Ying; Hou Tiantian; Wang Junzhi; Huo Yan | Methods in cell biology | 2022, 167: 15 – 37 | 2.1 |
| 835 | Prognostic factors and clinical characteristics of chronic hepatitis B with or without nucleos(t)ide analogues therapy: A retrospective study | Li Manyu; Li Tingting; Li Kejian; Lan Haiyun; Hao Xiaotian; Liu Yan; Zhou Cheng | Annals of clinical and laboratory science | 2022, 52 (1): 133 – 139 | 1.8 |
| 836 | Generation of a uniform thymic malignant lymphoma model with C57BL/6J p53 gene deficient mice | Liu Susu; Lyu Jianjun; Li Qianqian; Wu Xi; Yang Yanwei; Huo Guitao; Zhu Qingfen; Guo Ming; Shen Yuelei; Wang Sanlong; Fan Changfa | Journal oftoxicologic pathology | 2022, 35 (1): 25 – 36 | 4.1 |
| 837 | Quality comparability assessment of a SARS-CoV-2-neutralizing antibody across transient, mini-pool-derived and single-clone CHO cells | Xu Gangling; Yu Chuanfei; Wang Wenbo; Fu Cexiong; Liu Hongchuan; Zhu Yanping; Li Yuan; Liu Chunyu; Fu Zhihao; Wu Gang; Li Meng; Guo Sha; Yu Xiaojuan; Du Jialiang; Yang Yalan; Duan Maoqin; Cui Yongfei; Feng Hui; Wang Lan | mAbs | 2022, 14 (1): 200507 – 200511 | 5.9 |
| 838 | Synergistic antibacterialphotocatalytic and photothermal properties over bowl-shaped $TiO_2$ nanostructures on Ti-19Zr-10Nb-1Fe alloy. | Wu Yan; Deng Zichao; Wang Xueying; Chen Aihua; Li Yan | Regenerative biomaterials | 2022, 9: rbac025 | 2.3 |
| 839 | Establishment of noninvasive methods for the detection of helicobacter pylori in Mongolian gerbils and application of main laboratory gerbil populations in China | Zhang Xiulin; Wang Cunlong; He Yang; Xing Jin; He Yan; Huo Xueyun; Fu Rui; Lu Xuancheng; Liu Xin; Lv Jianyi; Du Xiaoyan; Chen Zhenwen; Li Changlong | BioMed research international | 2022: 6036457 | 1.8 |
| 840 | Study on the absorption of arsenic species in realgar based on the form and valence | Sun Mingyi; Li Yaolei; Wang Ying; Wu Huimin; Liu Jing; You Longtai; Peng HuLinyue; Huang Huating; Jin Hongyu; Dong Xiaoxu; Qu Changhai; Yin Xingbin; Ni Jian | Evidence-based complementary and alternative medicine: eCAM | 2022: 1026672 | 3.1 |

续表

| 序号 | 题目 | 作者 | 杂志名称 | 期号、起止页码 | SCI影响因子 |
|---|---|---|---|---|---|
| 841 | Pyrazinamide resistance andpncA mutation profiles in multidrug resistant mycobacterium tuberculosis | Shi Dawei; Zhou Qiulong; Xu Sihong; Zhu Yumei; Li Hui; Xu Ye | Infection and drug resistance | 2022, 15: 4985 – 4994 | 2.7 |
| 842 | Prevalence, antimicrobial resistance, and genotype diversity of Salmonella isolates recovered from retail meat in Hebei Province, China | Wang Zan; Zhang Jie; Liu Shuai; Zhang Yan; Chen Chen; Xu Miaomiao; Zhu Yanbo; Chen Boxu; Zhou Wei; Cui Shenghui; Yang Baowei; Chen Jia | International Journal of Food Microbiology | 2021, 364: 109515 – 109518 | 3.6 |
| 843 | Safety and immunogenicity of a Shigella bivalent conjugate vaccine (ZF0901) in 3-month- to 5-year-old children in China | Mo Yi; Fang Wenjian; Li Hong; Chen Junji; Hu Xiaohua; Wang Bin; Feng Zhengli; ShiHonghua; He Ying; Huang Dong; Mo Zhaojun; Ye Qiang; Du Lin | Vaccines | 2021, 10 (1): 33 | 8.8 |
| 844 | Immunogenicity and safety of a three-dose regimen of a SARS-CoV-2 inactivated vaccine in adults: A randomized, double-blind, placebo-controlled phase 2 trial | Liu Jiankai; Huang Baoying; Li Guifan; Chang Xianyun; Liu Yafei; Chu Kai; Hu Jialei; Deng Yao; Zhu Dandan; Wu Jingliang; Zhang Li; Wang Meng; Huang Weijin; Pan Hongxing; Tan Wenjie | The Journal of Infectious Diseases | 2021 | 4.1 |
| 845 | Omicron escapes the majority of existing SARS-CoV-2 neutralizing antibodies | Cao Yunlong; Wang Jing; Jian Fanchong; Xiao Tianhe; Song Weiliang; Yisimayi Ayijiang; Huang Weijin; Li Qianqian; Wang Peng; An Ran; Wang Jing; Wang Yao; Niu Xiao; Yang Sijie; Liang Hui; Sun Haiyan; Li Tao; Yu Yuanling; Cui Qianqian; Liu Shuo; Yang Xiaodong; Du Shuo; Zhang Zhiying; Hao Xiaohua; Shao Fei; Jin Ronghua; Wang Xiangxi; Xiao Junyu; Wang Youchun; Xie Xiaoliang Sunney | Nature | 2021, 602 (7898): 657 – 663 | 63.5 |
| 846 | Requirments for primary human hepatocyte | Peng Zhaoliang; Wu Jiaying; Hu Shijun; Ma Aijin; Wang Lei; Cao Nan; Zhang Yu; Li Qiyuan; Yu Junying; Meng Shufang; Na Tao; Shi Xiaolei; Li Mei; Liu Huadong; Qian Linguang; Tian E; Lin Feng; Cao Jiani; Peng Yaojin; Zhu Huanxin; Liang Lingmin; Hao Jie; Zhao Tongbiao; Cheng Xin; Pan Guoyu | Cell proliferation | 2021: e13147 | 6.7 |

续表

| 序号 | 题目 | 作者 | 杂志名称 | 期号、起止页码 | SCI 影响因子 |
| --- | --- | --- | --- | --- | --- |
| 847 | Human mesenchymal stem cells | Chen Xiaoyong; Huang Jing; Wu Jun; Hao Jie; Fu Boqiang; Wang Ying; Zhou Bo; Na Tao; Wei Jun; Zhang Yong; Li Qiyuan; Hu Shijun; ZhouJiaxi; Yu Junying; Wu Zhaohui; Zhu Huanxin; Cao Jiani; Wang Lei; Peng Yaojin; Liang Lingmin; Ma Aijin; Zhang Yu; Zhao Tongbiao; Xiang Andy Peng | Cell proliferation | 2021: e13141 | 7.9 |
| 848 | High-throughput screening and identification of human adenovirus type 5 inhibitors | Wen Xiaojing; Zhang Li; Zhao Shan; Liu Qiang; Guan Wenyi; Wu Jiajing; Zhang Qiwei; Wen Hongling; Huang Weijin | Frontiers in Cellular and Infection Microbiology | 2021, 11: 767578 | 2.5 |
| 849 | Paenibacillus tianjinensis sp. nov., isolated from corridor air | Liu Hongxiang; Lu Lijing; WangSijin; Yu Meng; Cao Xiaoyun; Tang Sufang; Bai Haijiao; Ma Shihong; Liu Ruina; Liu Rui; Jiang Xiaoying; Yao Su; Shao Jianqiang | International Journal of Systematic and Evolutionary Microbiology | 2021, 71 (12): 005158 - 005162 | 3.6 |
| 850 | Ilexsaponin A1 ameliorates diet-induced nonalcoholic fatty liver disease by regulating bile acid metabolism in mice | Zhao Wen wen; Xiao Meng; Wu Xia; Li Xiu wei; Li Xiao xi; Zhao Ting; Yu Lan; Chen Xiao qing | Frontiers in Pharmacology | 2021, 12: 771976 | 2.4 |
| 851 | Heterologous prime-boost with AdC68- and mRNA-based COVID-19 vaccines elicit potent immune responses in mice | Li Wenjuan; Li Xingxing; Zhao Danhua; LiuJingjing; Wang Ling; Li Miao; Liu Xinyu; Li Jia; Wu Xiaohong; Li Yuhua | Signal Transduction and Targeted Therapy | 2021, 6 (1): 419 | 3.1 |
| 852 | Prevalence and molecular characterization of fluoroquinolone-resistant escherichia coli in healthy children | Zhao Qiang; ShenYueyun; Chen Gang; Luo Yanping; Cui Shenghui; Tian Yaping | Frontiers in Cellular and Infection Microbiology | 2021, 11: 743390 | 2.7 |
| 853 | The significant immune escape ofpseudotyped SARS-CoV-2 Variant Omicron | Zhang Li; Li Qianqian; Liang Ziteng; Li Tao; Liu Shuo; Cui Qianqian; Nie Jianhui; Wu Qian; Qu Xiaowang; Huang Weijin; Wang Youchun | Emerging microbes & infections | 2021, 11 (1): 11 | 1.6 |
| 854 | Rapid identification of adulteration in edible vegetable oils based on low-field nuclear magnetic resonance relaxation fingerprints | Huang ZhiMing; Xin JiaXiang; Sun ShanShan; Li Yi; Wei DaXiu | Foods | 2021, 10 (12): 3068 | 3.2 |

续表

| 序号 | 题目 | 作者 | 杂志名称 | 期号、起止页码 | SCI 影响因子 |
|---|---|---|---|---|---|
| 855 | Key considerations on the development of biodegradable biomaterials for clinical translation of medical devices：With cartilage repair products as an example | Wang Li；Guo Xiaolei；Chen Jiaqing；Zhen Zhen；Cao Bin；Wan Wenqian；Dou Yuandong；Pan Haobo；Xu Feng；Zhang Zepu；Wang Jianmei；Li Daisong；Guo Quanyi；Jiang Qing；Du Yanan；Yu Jiakuo；Heng Boon Chin；Han Qianqian；Ge Zigang | Bioactive Materials | 2022，9：332－342 | 1.8 |
| 856 | Implantable patches assembled with mesenchymal stem cells and gelatin/silk fibroin composite microspheres for the treatment of traumatic optic neuropathy | Wang Jing-jie；Wang Tian-zuo；Guan Bin；Liu Xin-xin；GongZan；Li Yao；Li Ling-li；Ke Lin-nan；Nan Kai-hui | Applied Materials Today | 2022，26 | 2.9 |
| 857 | A Deep-learning pipeline for TSS coverage imputation from shallow cell-free DNA sequencing | Han Bo Wei；Yang Xu；Qu Shou Fang；Guo Zhi Wei；Huang Li Min；Li Kun；Ouyang Guo Jun；Cai Geng Xi；Xiao Wei Wei；Weng Rong Tao；Xu Shun；Huang Jie；Yang Xue Xi；Wu Ying Song | Frontiers in Medicine | 2021，8：684238 | 4.5 |
| 858 | A second functionalfurin site in the SARS-CoV-2 spike protein | Zhang Yue；Zhang Li；Wu Jiajing；YuYuanling；Liu Shuo；Li Tao；Li Qianqian；Ding Ruxia；Wang Haixin；Nie Jianhui；Cui Zhimin；Wang Yulin；Huang Weijin；Wang Youchun | Emerging microbes & infections | 2021，11（1）：31－35 | 1.8 |
| 859 | Novel bioavailability-based risk assessment of Cd in earthworms and leeches utilizing in vitro digestion/Caco-2 and MDCK cells | Zuo，Tian tian；Luo，Fei ya；He，Huai zhen；Jin，Hong yu；Sun，Lei；Xing，Shu xia；Li，Bo；Gao，Fei；Ma，Shuang cheng；He，Lang chong | Environmental Science and Pollution Research | 2021：1－11 | 4 |
| 860 | Dual-modified nanoparticles overcome sequential absorption barriers for oral insulin delivery | Xi Ziyue；Ahmad Ejaj；Zhang Wei；Li Jingyi；Wang Aohua；Faridoon；Wang Ning；Zhu Chunliu；Huang Wei；Xu Lu；Yu Miaorong；Gan Yong | Journal of controlled release：official journal of the Controlled Release Society | 2022，342：1－13 | 7.2 |
| 861 | Heterologous prime-boost：breaking the protective immune response bottleneck of COVID-19 vaccine candidates | He Qian；Mao Qunying；AnChaoqiang；Zhang Jialu；Gao Fan；Bian Lianlian；Li Changgui；Liang Zhenglun；Xu Miao；Wang Junzhi | Emerging microbes & infections | 2021，10（1）：629－637 | 6.2 |

续表

| 序号 | 题目 | 作者 | 杂志名称 | 期号、起止页码 | SCI 影响因子 |
|---|---|---|---|---|---|
| 862 | Multicenter assessment of shotgunmetagenomics for pathogen detection | Liu Donglai; Zhou Haiwei; Xu Teng; Yang Qiwen; Mo Xi; Shi Dawei; Ai Jingwen; Zhang Jingjia; Tao Yue; Wen Donghua; Tong Yigang; Ren Lili; Zhang Wen; Xie Shumei; Chen Weijun; Xing Wanli; Zhao Jinyin; Wu Yilan; Meng Xianfa; Ouyang Chuan; Jiang Zhi; Liang Zhikun; Tan Haiqin; Fang Yuan; Qin Nan; Guan Yuanlin; Gai Wei; Xu Sihong; Wu Wenjuan; Zhang Wenhong; Zhang Chuntao; Wang Youchun | EBioMedicine | 2021, 74: 103649 | 10.48 |
| 863 | Simultaneous determination of eight carbamate pesticide residues in tomato, rice, and cabbage by online solid phase extraction/purification-high performance liquid chromatography-tandem mass spectrometry | Liu Xin; Sun Xiulan; Cao Jin | Se pu = Chinese journal of chromatography | 2021, 39 (12): 1324 - 1330 | 1.01 |
| 864 | Engineering nanoparticles to overcome the mucus barrier for drug delivery: Design, evaluation and state-of-the-art | Liu Chang; Jiang Xiaohe; Gan Yong; Yu Miaorong | Medicine in Drug Discovery | 2021, 12 | 2.4 |
| 865 | Standardization and supervision of tissue engineered medical products in China | Han Qianqian; Wang Rui; WangXiumei | Tissue engineering. Part C, Methods | 2021, 27 (12): 635 - 638 | 1.35 |
| 866 | A reporter gene assay for determining the biological activity of therapeutic antibodies targeting TIGIT | Fu Zhihao; Liu Hongchuan; Wang Lan; Yu Chuanfei; Yang Yalan; Feng Meiqing; Wang Junzhi | Acta Pharmaceutica Sinica B | 2021, 11 (12): 3925 - 3934 | 10.621 |
| 867 | Preclinical efficacy and safety evaluation of interleukin-6-knockdown CAR-T cells targeting at CD19 | Wen Hairuo; Huo Guitao; Hou Tiantian; Qu Zhe; Sun Juanjuan; Yu Zhou; Kang Liqing; Wang Manhong; Lou Xiaoyan; Yu Lei; Huo Yan | Annals of translational medicine | 2021, 9 (23): 1713 | 1.8 |
| 868 | Research method of fatigue performance of surgically implanted heart valve stent | Liu Li; Liu Wei; Zou Wencai; Wang Chenxi; Xu Hongxia; WangChunren | Zhongguo yi liao qi xie za zhi = Chinese journal of medical instrumentation | 2021, 45 (6): 689 - 691 | 1.03 |

续表

| 序号 | 题目 | 作者 | 杂志名称 | 期号、起止页码 | SCI 影响因子 |
|---|---|---|---|---|---|
| 869 | The status of industry and supervision of medical devices for human assisted reproductive technology in China | Sun Xue; Han Qianqian | Zhongguo yi liao qi xie za zhi = Chinese journal of medical instrumentation | 2021, 45 (6): 591 – 593 | 1.03 |
| 870 | Quality control of appliance products of medical devices for human assisted reproductive technology | Li Chongchong; Li Jingli; Wang Chunren; Han Qianqian | Zhongguo yi liao qi xie za zhi = Chinese journal of medical instrumentation | 2021, 45 (6): 594 – 598 | 1.03 |
| 871 | Quality control and safety evaluation of culture medium for human assisted reproduction | Zhao Danmei; Huang Yuanli; Wang Chunren; Ke Linnan; Han Qianqian | Zhongguo yi liao qi xie za zhi = Chinese journal of medical instrumentation | 2021, 45 (6): 599 – 603 | 1.03 |
| 872 | Embryonic toxicity test of medical devices for human assisted reproductive technology | Shi Jianfeng; Wang Rui; Han Qianqian | Zhongguo yi liao qi xie za zhi = Chinese journal of medical instrumentation | 2021, 45 (6): 604 – 607 | 1.03 |
| 873 | Spermic toxicity test of medical devices for human assisted reproductive technology | Lian Huan; Chen Hong; Han Qianqian | Zhongguo yi liao qi xie za zhi = Chinese journal of medical instrumentation | 2021, 45 (6): 608 – 611 | 1.03 |